Bodo Busch

Der Tierheim-Leitfaden

2. Auflage

Bodo Busch

Der Tierheim-Leitfaden

Management und artgemäße Haltung

2. Auflage

Mit einem Geleitwort von
Thomas Blaha
Vorsitzender der Tierärztlichen Vereinigung
für Tierschutz e. V. (TVT)

Mit 94 Abbildungen und 8 Tabellen

Schattauer

Dr. med. vet. Dr. habil. Bodo Busch
Pflaumenallee 45
15234 Frankfurt (Oder)
E-Mail: bodo_busch@t-online.de

Bibliografische Information der Deutschen Nationalbibliothek
Die Deutsche Nationalbibliothek verzeichnet diese Publikation in der Deutschen Nationalbibliografie; detaillierte bibliografische Daten sind im Internet über http://dnb.d-nb.de abrufbar.

Besonderer Hinweis:
Die Medizin unterliegt einem fortwährenden Entwicklungsprozess, sodass alle Angaben, insbesondere zu diagnostischen und therapeutischen Verfahren, immer nur dem Wissensstand zum Zeitpunkt der Drucklegung des Buches entsprechen können. Hinsichtlich der angegebenen Empfehlungen zur Therapie und der Auswahl sowie Dosierung von Medikamenten wurde die größtmögliche Sorgfalt beachtet. Gleichwohl werden die Benutzer aufgefordert, die Beipackzettel und Fachinformationen der Hersteller zur Kontrolle heranzuziehen und im Zweifelsfall einen Spezialisten zu konsultieren. Fragliche Unstimmigkeiten sollten bitte im allgemeinen Interesse dem Verlag mitgeteilt werden. Der Benutzer selbst bleibt verantwortlich für jede diagnostische oder therapeutische Applikation, Medikation und Dosierung.
In diesem Buch sind eingetragene Warenzeichen (geschützte Warennamen) nicht besonders kenntlich gemacht. Es kann also aus dem Fehlen eines entsprechenden Hinweises nicht geschlossen werden, dass es sich um einen freien Warennamen handelt.

E-Mail: info@schattauer.de
Internet: www.schattauer.de
Printed in Germany

Lektorat und Projektleitung: Dr. med. vet. Sandra Schmidt
Umschlagabbildung: animal shelter © Martin Hahn, Fotolia.de
Satz: Fotosatz Buck, Zweikirchener Str. 7, 84036 Kumhausen/Hachelstuhl
Druck und Einband: Himmer AG, Steinerne Furt 95, 86167 Augsburg

Auch als eBook erhältlich:
ISBN 978-3-7945-6737-9

ISBN 978-3-7945-2906-3

Geleitwort zur 2. Auflage

Die schon etwas gewagte Vorhersage vor dem Erscheinen der ersten Ausgabe, dass „...diese gelungene Publikation nicht auf irgendwelchen Regalen verstauben, sondern ein nützliches Instrument zur Wissenserweiterung und zum Nachschlagen sein wird“, hat sich als eine durchaus realistische Annahme herausgestellt, denn bereits 3 Jahre später ist die Erstauflage vergriffen und der Leitfaden wird nach wie vor im Buchhandel nachgefragt.

Der Autor Dr. med. vet. Dr. habil Bodo Busch und die Tierärztliche Vereinigung für Tierschutz (TVT) erhalten bei den unterschiedlichsten Kontakten mit Menschen, die sich direkt und indirekt für Tierheime einsetzen, immer wieder eindeutige Signale dafür, dass das Buch geschätzt und vor allem tatsächlich als Leitfaden und Nachschlagewerk genutzt wird. Die in der zweiten Auflage angebrachten Ergänzungen und Aktualisierungen lassen erneut die Annahme zu, dass auch diese Auflage nicht auf irgendwelchen Regalen verstauben wird.

Bakum, September 2013 **Thomas Blaha**

Geleitwort zur 1. Auflage

Die Städte und Gemeinden der Bundesrepublik Deutschland sind nach § 5a des Ausführungsgesetzes zum Bürgerlichen Gesetzbuch (AGBGB) im Sinne der §§ 965 bis 957 und 973 bis 976 des BGB die amtlichen Fundbehörden. Danach sind sie verpflichtet, auch Fundtiere entgegenzunehmen und entsprechend zu verwahren. Soweit die Fundbehörde für die tierschutzkonforme Betreuung der Tiere nicht in eigenen Einrichtungen sorgen kann, hat sie die Tiere einer geeigneten Person oder Einrichtung zu übergeben und die erforderlichen Aufwendungen dafür zu tragen. Zu den Aufwendungen, die die Fundbehörde zu erstatten hat, gehören die Kosten für eine artgemäße Unterbringung, Pflege und Ernährung. Auch die Kosten für notwendige tierärztliche Behandlungen, also von Verletzungen, akuten Erkrankungen und Parasitenbefall, werden übernommen.

Auch für herrenlose Tiere sind die Städte und Gemeinden zuständig, weil diese Tiere die öffentliche Sicherheit oder Ordnung gefährden können. In diesem Fall sind sie als Ortspolizeibehörde verpflichtet, der jeweiligen Gefährdungssituation angemessene Maßnahmen nach §§ 1 und 3 des Polizeigesetzes zu ergreifen. Auch die dadurch entstehenden Kosten hat die Stadt oder Gemeinde zu tragen.

Nahezu alle Städte und Gemeinden haben zur Erfüllung dieser mit dem Tier verbundenen öffentlichen Aufgaben als Fund- und Ortspolizeibehörde mit den Betreibern von Tierheimen Verträge abgeschlossen.

Dies beruht auf der Erkenntnis, dass von sachkundigen und dem Tierschutz besonders verschriebenen Personen betriebene Tierheime in aller Regel die oben skizzierte staatliche Hoheitsaufgabe der Städte und Gemeinden besser erfüllt wird als von für die Unterbringung und Betreuung von Fund- und herrenlosen Tieren eigenen Einrichtungen.

Damit haben die in der Regel von lokalen und regionalen Tierschutzvereinen betriebenen Tierheime eine wichtige gesellschaftliche Aufgabe, die von den eigentlich verantwortlichen Kommunen nicht angemessen wahrgenommen werden kann.

Nicht unerwähnt bleiben soll die Tatsache, dass die Tierheime über diese aus Verantwortung für das Tier übernommenen staatlichen Aufgaben hinaus auch Tieren eine Bleibe und die nötige artgerechte Pflege gewähren, die weder Fund- noch herrenlose Tiere sind: So werden auch Tiere, deren Halter verstorben sind oder sich die Pflege nicht mehr leisten können, genauso selbstverständlich versorgt wie Wildtiere, verletzt aufgefundene Tiere oder Tiere, die aus tierunwürdigen Haltungssituationen behördlich „befreit“ werden müssen.

Zusammenfassend kann gesagt werden, dass die Tierheime einen unschätzbaren Beitrag zum ethischen Umgang mit dem Tier in unserer Gesellschaft leisten. Der vom Schattauer Verlag herausgegebene „Tierheim-Leitfaden“ ist eine seit langem überfällige Publikation, die Tierheimen und vergleichbaren Institutionen eine sachkundige Anleitung bietet. Dem Autor, Dr. habil. Bodo Busch, langjähriger Vorsitzender der Tierärztlichen Vereinigung für Tierschutz e.V. (TVT), gebührt höchste Anerkennung für dieses Buch, dessen Unverzichtbarkeit für Tierheimbetreiber und -angestellte und alle, die sich um das Wohl von vernachlässigten Tieren kümmern, bescheinigt werden kann. Es ist zu begrüßen, dass der Autor besonderes Gewicht auf die Vermittlung der Kenntnisse zur Tiergesundheit, zur Hygiene, zur veterinärmedizinischen Betreuung und zu den artspezifischen Bedürfnissen auch von eher seltener betreuten Tieren legt. Das Buch richtet sich an tierschützerisch hochgradig Engagierte, die Tiere außer mit großer Zuwendung auch mit der erforderlichen Sachkenntnis betreuen möchten.

Auch dem Schattauer Verlag gebührt Anerkennung für die Herausgabe dieses Buchs, denn der Adressatenkreis ist erwartungsgemäß relativ klein, so dass das Motiv der Buchproduktion nicht Gewinnstreben ist, sondern der Wille, einen dringenden Bedarf zu decken. Es kann mit Fug und Recht gesagt werden: Der größte „Nutznießer“ dieses Buches ist das **Tier**.

Die TVT gratuliert dem Autor und dem Verlag zu dieser gelungenen Publikation, die nicht auf irgendwelchen Regalen verstauben wird, sondern ein nützliches Instrument zur Wissenserweiterung und zum Nachschlagen für diejenigen sein wird, die tagtäglich einen wertvollen Beitrag zur Wahrnehmung der ethischen Verantwortung der Gesellschaft und des Einzelnen für das Tier leisten.

Bakum, im Frühjahr 2010

Prof. Dr. Thomas Blaha
Direktor der Außenstelle für Epidemiologie
Tierärztliche Hochschule Hannover
Vorsitzender der TVT e.V.

Vorwort zur 2. Auflage

Die 1. Auflage des Tierheim-Leitfadens hat sowohl bei Tierheimmitarbeitern als auch bei Tierärzten in Deutschland und Österreich ein positives Echo gefunden und wird auch in der Ausbildung der Tierheim- und Tierpensionspfleger verwendet. Von vielen Kollegen aus Kleintierpraxen und den Veterinärämtern wurde spontan geäußert, dass diese Publikation eine große Hilfe bei der Betreuung und Überwachung von Tierheimen ist.

Deshalb bin ich dem Verlag sehr dankbar, dass er eine zweite Auflage initiiert hat. Diese liegt nun vor und enthält in zahlreichen Kapiteln Ergänzungen in Wort und Bild, die sich aus Besichtigungen von weiteren Tierheimen und dem Erfahrungsaustausch mit deren Mitarbeitern und betreuenden Tierärzten ergeben haben. Mein besonderer Dank gilt den Mitarbeitern der Tierheime in Bremen, Dessau, Hannover und Leipzig, aber auch in Klagenfurt. Dabei wurde wiederum deutlich, dass unterschiedliche Voraussetzungen für den Bau und den Betrieb eines Tierheims vorliegen, alle Mitarbeiter jedoch ihre Tätigkeit mit fundierten Fachkenntnissen und großem Engagement ausübten.

Für die Bereitstellung von Fotos bin ich Herrn MMag. A. Zuzzi und Frau Dr. M. Zuzzi-Krebitz (Klagenfurt), Herrn Mag. Chr. Anderle (Wien), Herrn Graf von Schlieffen (Holzkirchen) und ganz besonders Herrn Dipl. Biol. Jürgen Hirt (Hambrücken) dankbar. Für die Formulare der Dogworld-Stiftung zur Verhaltensbeurteilung danke ich Herrn Th. Baumann sowie Frau I. Schellenbeck für ihre mehrseitigen Ergänzungsvorschläge. Meine Frau hat mich bei der Aufbereitung der Texte und Daten am PC unterstützt, wofür ich ihr danken möchte.

Für die wiederum angenehme Zusammenarbeit mit dem Verlag Schattauer danke ich der Lektorin Frau Dr. Sandra Schmidt.

Ich hoffe und wünsche mir, dass auch die 2. Auflage des Tierheim-Leitfadens dazu beiträgt, den Menschen Hilfe zu geben, die sich mit dem Bau, dem Betrieb eines Tierheims und der Betreuung dessen Insassen beschäftigen. Damit möchte ich einen Beitrag zur Verbesserung des Tierschutzes leisten.

Frankfurt (Oder), im September 2013 **Bodo Busch**

Inhalt

Grundlagen und allgemeines Management

1 Mensch und Tier – Eine lange gemeinsame Geschichte

Die Entwicklung des Menschen ging inmitten der Natur in engem Kontakt mit Tieren und Pflanzen vor sich (Olbrich 2007). Dadurch wurde eine Fülle von Kenntnissen über die Tiere gesammelt, die zum Schutz vor ihnen, aber auch zu ihrer Nutzung Voraussetzung waren. Im Verlauf der Evolution entwickelten sich das Nervensystem und das Verhalten des Menschen in direktem Kontakt mit der umgebenden Natur, insbesondere der Tierwelt (Wilson 1996). Dies ist auch der Grund, dass der Mensch bis heute eine besondere Beziehung zur Natur und zu Tieren hat, die als **Biophilie** bezeichnet wird. Neben der Tiernutzung (utilitaristisch) gibt es eine humanistische Verbundenheit mit allen Lebewesen, insbesondere den Wirbeltieren, aber auch eine ästhetische Wahrnehmung der uns umgebenden Natur einschließlich der Tiere. Ursprünglich wurden Tiere gejagt, später zunehmend domestiziert und als Nutz- und Begleittiere gehalten. Damit verbunden war eine Haltung und Zucht in extensiver Form, die schrittweise intensiver wurde und gegenwärtig überwiegend den menschlichen Interessen dient, wobei die Bedürfnisse der gehaltenen Tiere vielfach unzureichend berücksichtigt werden. Die Palette der gehaltenen Tierarten wurde immer größer und umfasst heute neben den klassischen Nutztieren eine Vielzahl von Arten, die als Hobby- und Heimtiere ohne einen materiellen Nutzen gehalten werden. Damit schaffen sich viele Menschen einen direkten Kontakt zur Tierwelt, der in der freien Natur nur beschränkt oder überhaupt nicht möglich ist. Die Beobachtung des Verhaltens von Kleinsäugern, Vögeln und Reptilien und deren erfolgreiche Fortpflanzung führen zu positiven Erlebnissen und schaffen einen Gegenpol zur technisierten Umgebung. Hunde und Katzen, aber auch Pferde, haben zusätzlich eine soziale Funktion und sind häufig Ersatz für fehlende menschliche Kontakte.

Kinder zeigen ein großes Interesse an Tieren, das jedoch in vielen Fällen temporär ist. Wird ihnen die Pflege und Versorgung von Haustieren übertragen, kann sich die Übernahme einer Verantwortung positiv auf ihre Entwicklung auswirken. Die Eltern stehen jedoch in der Pflicht, dies zu überwachen und für die Tiere auch dann zu sorgen, wenn das Interesse der Kinder nachlässt oder diese das Elternhaus verlassen. Durch Vereine organisierte Besuche mit Tieren in Einrichtungen für Senioren und für Demenzkranke wirken sich positiv auf deren Befinden aus.

Aus der Sicht des Menschen hat die Tierhaltung positive Aspekte. Es erhebt sich jedoch die Frage, ob die Haltung und der Umgang mit den Tieren für diese gleichermaßen positiv einzuschätzen sind.

Tierhaltung,

- die Schutz vor negativen Witterungseinflüssen
- vielfältige Umweltreize,
- eine für die jeweilige Tierart spezifische abwechslungsreiche Ernährung,
- soziale Kontakte mit Artgenossen und dem Menschen und
- Erhaltung der Gesundheit durch prophylaktische und therapeutische Maßnahmen

bietet, ist aus Sicht des Tieres positiv einzuschätzen.

Häufig stehen jedoch die Interessen des Menschen im Vordergrund, die Bedürfnisse der Tiere werden nur unzureichend berücksichtigt. Dies kann an mangelnden Kenntnissen liegen, aber auch an begrenzten räumlichen oder finanziellen Möglichkeiten, besonders, wenn kommerzielle Interessen überwiegen.

In einigen Fällen werden Tiere als Prestigeobjekte gehalten, um sich von der Menge der Tierhalter abzuheben und die eigene Eitelkeit zu befriedigen. So ist kaum Verständnis für die Haltung von Raubkatzen oder von ausschließlich nachtaktiven Kleinsäugern und Reptilien aufzubringen.

Es muss betont werden, dass der Mensch eine hohe Verantwortung für das Leben und Wohlergehen der gehaltenen Tiere tragen muss. Im Widerspruch dazu steht, dass mit der Zunahme der gehaltenen Tiere und Arten die Zahl der Tiere steigt, die nicht mehr erwünscht sind und stattdessen ausgesetzt oder in Tierheime gebracht werden. Die Verantwortung für diese Tiere wird den Betreibern von Tierheimen aufgebürdet, die in der Mehrzahl Tierschutzorganisationen mit hohem Engagement und persönlichem Einsatz ihrer Mitglieder sind. So werden in den Tierheimen des Deutschen Tierschutzbunds e. V. (DTB) jährlich über 270 000 Tiere betreut. Nach den Weihnachtsfeiertagen und mit Beginn der Feriensaison werden besonders viele Tiere ausgesetzt oder ins Tierheim gebracht. Aus der Verantwortungslosigkeit der Menschen entsteht ein zunehmender Bedarf an Tierheimplätzen und eine Vergrößerung des aufzunehmenden Artenspektrums, was eine differenzierte Haltung und Betreuung nach sich zieht und hohe Anforderungen an die Tierheimmitarbeiter stellt. Es muss deutlich ausgesprochen werden, dass Tierheime eine gesamtgesellschaftliche Funktion erfüllen, deren Bedeutung von der Bevölkerung und den Behörden vielfach nicht angemessen bewertet wird. Die Arbeit der angestellten und ehrenamtlichen Mitarbeiter verdient eine hohe Anerkennung und Wertschätzung.

2 Funktion und Aufgabe von Tierheimen

Unter Tierheim wird eine Einrichtung verstanden, die nicht auf finanziellen Gewinn ausgerichtet ist und eine größere Anzahl von Tieren unterbringt. Diese Tiere wurden ursprünglich von Privatpersonen gehalten oder stammen aus frei lebenden Haustier-Populationen. In der Vergangenheit waren das fast ausschließlich nur Hunde und Katzen. Da sich in den letzten Jahrzehnten die Zahl der gehaltenen Tierarten erheblich erhöht hat, finden wir derzeit in den Tierheimen auch Kleinsäuger, Vögel und Reptilien, vereinzelt auch Nutztiere. Wenn Wildtiere in das Tierheim gebracht werden, müssen sie zumindest für kurze Zeit versorgt werden bis eine Überführung in Wildtierstationen möglich ist. Wegen der speziellen Bedürfnisse der einzelnen Tierarten entstehen hohe Anforderungen an die Haltung und Betreuung. Dazu kommt, dass die Mehrzahl der zu haltenden Tiere neben der artgemäßen Haltung und Ernährung Zuwendung durch den Betreuer (soziale Interaktion) braucht, akustischen und körperlichen Kontakt und gemeinsame Aktionen. Dadurch erhöht sich der Betreuungsaufwand ganz erheblich.

2.1 Funktion

Tierheime haben eine wichtige Funktion im Tierschutz. Die Mitarbeiter sollten sich deshalb stets vor Augen halten, dass die Gesellschaft an sie hohe Ansprüche stellt und sie im Blickpunkt der Öffentlichkeit stehen. Außerdem werden Tierheime als Stützpunkte des Tierschutzes wahrgenommen, woraus sich die Verpflichtung ergibt, Maßstäbe für die Haltung und Betreuung von Tieren zu setzen. Und das ist bei der Vielzahl der Tierarten und der begrenzten Kapazität nicht immer leicht. Deshalb ist es wichtig, Beziehungen zu anderen Tierheimen, aber auch zu spezialisierten Einrichtungen, Organisationen und Privatpersonen aufzubauen, um deren Erfahrungen und Unterbringungsmöglichkeiten zu nutzen. Abbildung 2-1 zeigt beispielhaft die Vernetzung von Tierheimen mit anderen Institutionen.

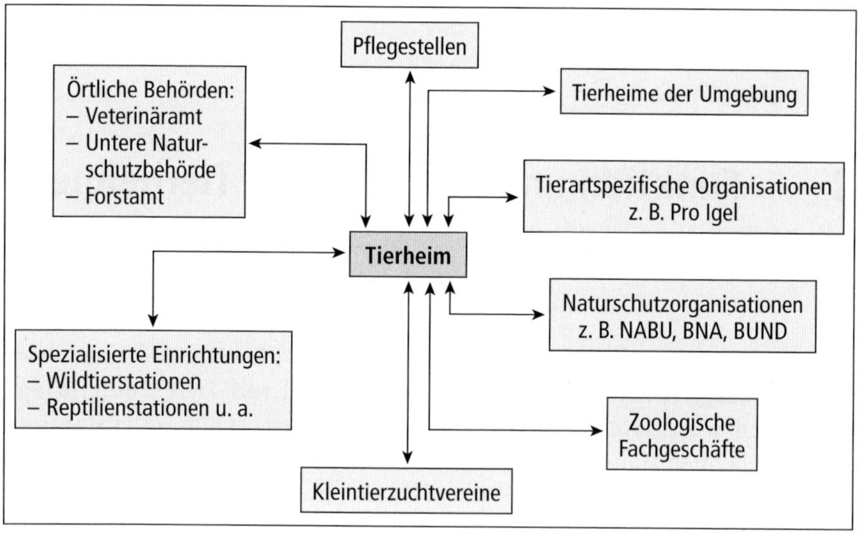

Abb. 2-1 Vernetzung von Tierheimen mit anderen Institutionen

2.2 Aufgabe

Die Aufgabe von Tierheimen ist es, in Not geratene Tiere aufzunehmen und sie artgemäß zu halten. Dabei ist zu berücksichtigen, dass viele Tiere unter einer enormen Belastung stehen. Diese wird durch eine ungewohnte Umwelt, den Verlust von Bezugspersonen oder traumatische Erlebnisse hervorgerufen. Auch die Unterbringung im Tierheim mit vielfältigen ungewohnten Bedingungen und Geräuschen führt zu Stress.

Dem sind gezielte Maßnahmen der Tierpfleger entgegenzusetzen, die Zeit und Einfühlungsvermögen erfordern. Es werden hohe Anforderungen sowohl an den betreuenden Menschen als auch an das aufgenommene Tier gestellt.

Dabei muss immer im Auge behalten werden, dass das Ziel ist, die Aufenthaltsdauer kurz zu halten und die Tiere ihren Besitzern zurückzugeben, sie an neue Halter zu vermitteln bzw. sie auszuwildern oder an Wildtieraufzuchtstationen zu übergeben. Das ist Voraussetzung für die Aufnahme neuer Tiere, denn eine Überbelegung führt zu erheblichen Problemen in der Unterbringung und Betreuung. Und dennoch bleiben in jedem Tierheim Tiere zurück, die lebenslang gehalten werden müssen. Auch diese stellen hohe Anforderungen an die Betreuer und mit zunehmendem Alter auch an die tierärztliche Versorgung. Besonders schwierig ist es, in großen Haltungseinheiten die Ansprüche von Tieren zu erfüllen, die in engem Kontakt mit dem Menschen gelebt haben, wie zum Beispiel Hunde.

Tierheime nehmen im Auftrag der Kommunen Tiere auf, die zur Gefährdung von Sicherheit und Gesundheit von Menschen und Tieren führen können. Sie tragen sowohl zur Gefahrenvermeidung in öffentlichen Räumen als auch zum Vollzug des Tierschutzgesetzes bei. Deshalb liegt die Aufnahme in ein Tierheim in jedem Fall im öffentlichen Interesse. Es ist deshalb ein Widerspruch, dass die Finanzierung von Tierheimen durch die Ordnungsbehörden mit ganz wenigen Ausnahmen nur unzureichend erfolgt. Dabei erfüllen diese eine Pflichtaufgabe der örtlichen Ordnungsbehörden.

2.3 Tierheimträger

Träger von Tierheimen sind überwiegend Tierschutzvereine, nur vereinzelt Kommunen, Stiftungen oder Privatpersonen. So werden mehr als 500 Tierheime von Vereinen der mitgliederstärksten Tierschutzorganisation Deutschlands, des Deutschen Tierschutzbunds e. V. (DTB), betrieben.

2.4 Andere Einrichtungen

Neben den Tierheimen existieren Einrichtungen mit unterschiedlichen Bezeichnungen und Kapazitäten, wie Auffangstation oder Tierstation. Diese sind zur kurzzeitigen Haltung bestimmt, vielfach jedoch im Laufe der Zeit zu einem Tierheim erweitert, ohne dass die Bezeichnung verändert wurde. Eine Tierpension ist zur vorübergehenden Unterbringung, wie z. B. Urlaub oder Krankheit, bestimmt und wird gewerbsmäßig betrieben. In Abhängigkeit von den örtlichen Bedingungen werden in allen Einrichtungen sowohl Fund- als auch Pensionstiere aufgenommen.

Andere Einrichtungen, die als Tierasyl, Pferdeschutzhof, Gnadenhof, Tieraltersheim oder Tierhospiz bezeichnet werden, sind auf die lebenslange Unterbringung von Tieren, auch von Nutztieren, die alters- oder krankheitsbedingt nicht mehr genutzt oder vermittelt werden können, ausgerichtet. Vielfach erfüllen sie außerdem die Funktion eines Tierheims.

2.4.1 Pflegestellen

In Tierschutzvereinen, die nicht über ein eigenes Tierheim verfügen, ist es gängige Praxis, dass Tiere vorübergehend, u. U. auch für längere Zeit, in Pflegestellen untergebracht werden. Dies erfolgt vielfach auch, wenn die Kapazität eines Tierheims ausgelastet oder eine intensive Betreuung erforderlich ist, die im Tierheim nur schwer zu gewährleisten ist. Beispielsweise kann es sich um Hunde- und Katzenwelpen oder chronisch kranke Tiere handeln. Die Anzahl der in diesen Pflegestellen gehaltenen Tiere sollte auf etwa 5 Hunde oder Katzen einschließlich der eigenen Tiere begrenzt werden. Die Betreuung erfolgt durch Personen der jeweiligen Pflegestelle. Die Kosten für die Versorgung werden durch den Tierschutzverein bzw. das Tierheim erstattet. Diese sind auch verpflichtet, bindende Hinweise zur Ernährung, Pflege und Unterbringung zu geben und deren Einhaltung zu kontrollieren. Entsprechend TSchG und der Allgemeinen Verwaltungsvorschrift (AVV) ist in diesen Fällen eine Erlaubnis der zuständigen Behörde (s. a. Kap. 3.2) erforderlich, welche eine Höchstgrenze der zu haltenden Tiere enthält. Dies soll dazu beitragen, eine Überbelegung mit der Gefahr der Vernachlässigung (Animal hoarding) zu verhindern. Liegt die Erlaubnis vor, sind Hunde entsprechend der Regelung für Tierheime in Trägerschaft von Kommunen und Tierschutzvereinen von der Hundesteuer befreit.

2.4.2 Gnadenhöfe

In jüngster Zeit wurden Einrichtungen mit unterschiedlichen Bezeichnungen geschaffen, die sich die Aufgabe gestellt haben, Tiere bis zu ihrem Ableben bzw. bis zur Erlösung von erheblichem Leiden durch die Euthanasie artgemäß zu halten. Sie werden im Folgenden als Gnadenhöfe bezeichnet. Träger sind gemeinnützige Vereine, zum Teil auch Privatpersonen, die Gebäude und Ländereien zur Nutzung bereitstellen. Während Tierheime das Ziel haben, Tiere nur vorübergehend zu beherbergen und möglichst schnell an neue Halter zu vermitteln, erfolgen Vermittlungen an neue Halter nur in Ausnahmefällen. Vielfach erfüllen sie jedoch zusätzlich die Funktion eines Tierheims, indem sie Fundtiere aufgrund vertraglicher Abmachungen mit den Kommunen aufnehmen (Abb. 2-2). Wie die Tierheime bedürfen diese Einrichtungen einer Erlaubnis nach § 11 TSchG durch die zuständige Behörde (s. a. Kap. 3.2). Sie verfügen in der Regel über landwirtschaftliche Gebäude und Weideflächen (Abb. 2-3 und 2-4).

Die aufgenommenen Tiere stammen z. B. aus Haltungen, deren Besitzer verstorben sind. Dies können Hunde, Katzen, Kleinsäuger, Papageien und Ziervögel sein. Weiterhin werden durch Behörden beschlagnahmte verwahrloste Tiere (Animal hoarding) aufgenommen, deren Anzahl die Kapazität von Tierheimen überfordern würde. Neben den oben genannten Arten können das auch Schafe und Ziegen, Rinder, Schweine und Minipigs sein. Schweine (auch Minipigs) müssen dem zuständigen Veterinäramt gemeldet werden.

Einen großen Anteil haben Pferde. Die Ursache liegt darin, dass gegenwärtig die Nutzung von Pferden überwiegend als Reit- und Freizeittier erfolgt und diese nicht wie in früheren Jahren nach der Nutzung zur Schlachtung kommen. Wenn man von einer Nutzung für Freizeit und Sport von 20 Jahren ausgeht, verbleiben bei einem angenommenen Lebensalter von 35–40 Jahren 15–20 weitere Haltungsjahre. Da für die meisten Tiere im Pferdepass eine Schlachtung ausgeschlossen wurde, käme eine Euthanasie in Frage, für die

Abb. 2-2 Hundeanlage mit Innenräumen in ehemaliger Maschinenhalle mit befestigten Ausläufen. Die Tiere bekommen zusätzlich regelmäßig Freilauf im Gelände (Gnadenhof Kunersdorf)

Abb. 2-3 Stallgebäude für Pferde und Katzen, davor Silagelagerung und Zwinger für Fundhunde, rechts Auslauf für Hunde mit Sonnensegel und Tunnel (Pferdeschutzhof Rheda-Wiedenbrück)

Abb. 2-4 Ausgedehnte Weideflächen (Pferdeschutzhof Rheda-Wiedenbrück)

jedoch ein vernünftiger Grund vorliegen muss. Das ist nicht der Fall, wenn das Tier nicht mehr als Leistungsträger im Turniersport eingesetzt werden kann oder eine aufwändige Therapie altersbedingter chronischer Erkrankungen erforderlich wird, was mit erhöhten Kosten verbunden wäre. Auch wegen der engen Bindung zu ihrem Tier lehnen viele Pferdebesitzer eine Euthanasie ab. Dies bedeutet, dass die Mehrzahl der Tiere bis an ihr Lebensende gehalten werden muss. Wenn jüngere Tiere in Nutzung genommen werden, ist die weitere Haltung im Bestand nicht immer möglich. Sie können in einem Gnadenhof untergebracht werden, wenn die Kostenübernahme durch den Besitzer erfolgt. Da es sich um eine langdauernde Haltung handelt, sind hohe Anforderungen an die Haltung und Betreuung zu stellen (s. a. Kap. 8.6). Eine extensive Haltungsform in Gruppen von 6–8 Tieren ist anzustreben, was eine ausreichend große Fläche zur Weidenutzung erfordert, die in der Vegetationsperiode den Futterbedarf weitgehend deckt. Dazu trägt eine Umtriebsweide bei. Für 25 Groß- und Kleinpferde sind mindestens 10 ha Weideland erforderlich, wobei Heu und Silage für den Winter zuzukaufen sind. Bei Stallhaltung muss zumindest tagsüber Auslauf möglich sein. Die Bewirtschaftung des Grünlands muss nach den Grundsätzen einer guten landwirtschaftlichen Praxis erfolgen, deshalb sollten die Mitarbeiter derartiger Einrichtungen über landwirtschaftliche Grundkenntnisse verfügen bzw. sachkundige Berater hinzuziehen. Die Weiden sind mit mehreren Spanndrähten einzuzäunen, können aber auch mit elektrischen Weidezäunen betrieben werden, bei denen jedoch eine regelmäßige Kontrolle bzw. eine Warnanlage bei Stromausfall erforderlich ist. Elektrische Weidezäune sollten wegen der Gefahr von Stromschlägen beim Urinieren der Rüden nicht entlang von Wegen verwendet werden, auf denen regelmäßig Hunde ausgeführt werden. Zumindest sind Warnschilder aufzustellen.

Eine ganzjährige Freilandhaltung von Pferden, Rindern, Schafen und Ziegen ist möglich, wenn der Zugang zu einem Stallgebäude ständig möglich oder als Witterungsschutz ein Unterstand mit 3 geschlossenen Seiten vorhanden ist, der jederzeit eine trockene Liegefläche bietet. Um zu vermeiden, dass ranghohe Tiere den Eingang blockieren, muss dieser ausreichend breit sein bzw. 2 Eingänge vorhanden sein (Abb. 2-5). Fressstände entsprechend der Tierzahl in einer Länge einschließlich der Futterkrippe von 1,8 × Widerristhöhe sowie mindestens 2 Tränken sind erforderlich. In zweiräumigen Laufställen ist eine Trennung der Funktionsbereiche Futter- und Wasseraufnahme sowie Ruhebereich möglich. Im Winter können die Pferde einzeln oder zu zweit in Boxen gehalten werden, die pro Tier eine Mindestfläche von $(2 \times \text{Widerristhöhe})^2$ haben. Sie sollten bei trockenem Wetter Auslauf erhalten. Als Einstreu kann Stroh oder Hanfstreu verwendet werden.

Rinder, Ziegen und Schafe sind in der kalten Jahreszeit in Gruppen freilaufend in allseitig geschlossenen Ställen mit der Möglichkeit des Auslaufs zu halten.

Die üblichen Pflegemaßnahmen, wie Huf- und Klauenpflege und Schafschur, erfordern eine spezielle Ausbildung des Personals bzw. eine vertragliche Verpflichtung von Klauenpflegern, Hufschmieden oder Schafscherern.

Die Hundehaltung (s. a. Kap. 8.1) sollte vorzugsweise in Rudeln erfolgen. Regelmäßiger Wechsel der Ausläufe bzw. Ausführen gehören zu einem abwechslungsreichen Tagesablauf.

Abb. 2-5 Schutzraum für Pferde auf der Weide (Pferdeschutzhof Rheda-Wiedenbrück)

Da auf Gnadenhöfen eine größere Anzahl alter Tiere gehalten wird, bei denen sich zunehmend chronische Erkrankungen entwickeln, können eine spezielle Ernährung und eine intensive tierärztliche Betreuung erforderlich sein. Die Applikation der verordneten Medikamente ist mit einem erheblichen Mehraufwand verbunden. Es stellt sich immer wieder die Frage, ob ein fortschreitender Krankheitsprozess einen so hohen Leidensdruck erzeugt, dass als Alternative die Euthanasie in Betracht gezogen werden muss.

Die Finanzierung von Gnadenhöfen erfolgt in erster Linie aus Spenden, Vermächtnissen und Patenschaften sowie aus Zuwendungen von Tierschutzorganisationen und nur zu einem geringen Teil aus den Gebühren für aufgenommene Tiere.

2.4.3 Tieraltersheime und -hospize

Vereinzelt gibt es von Privatpersonen oder Stiftungen betriebene Tieraltersheime und -hospize, die sich die Aufnahme und Pflege alter oder unheilbar kranker Tiere (überwiegend von Hunden in begrenzter Zahl, teilweise zur Sterbebegleitung) zur Aufgabe gemacht haben. Diese unterliegen ebenfalls einer Erlaubnispflicht. Die besondere Situation in diesen Einrichtungen erfordert zudem einen unabhängigen Beirat unter Beteiligung von Tierärzten, der im konkreten Fall die Entscheidung zur Euthanasie von chronisch kranken oder gar moribunden Tieren trifft. Dadurch sollen die gehaltenen Tiere vor Leiden bewahrt und die Betreiber vor unberechtigten Anschuldigungen geschützt werden.

2.5 Personal

Die Qualifikation und Einsatzbereitschaft des Personals ist für das Wohlergehen der Tiere von entscheidender Bedeutung. Deshalb ist eine entsprechende Ausbildung Voraussetzung. Der Beruf des Tierheimpflegers ist mittlerweile ein anerkannter und beliebter Ausbildungsberuf mit Fachschulabschluss. Die praktische Ausbildung erfolgt in 3 Jahren in einem Tierheim, in dem mindestens 3 Tierarten gehalten werden. Dabei wird dem Auszubildenden die Vielseitigkeit der Tätigkeiten vermittelt, die von der Reinigung und Desinfektion bis zur direkten Betreuung und Versorgung mehrerer Tierarten reicht. Aber auch die für den Umgang mit Vertretern unterschiedlicher Tierarten wichtigen Kenntnisse deren Verhaltens werden vermittelt. Verbunden ist die praktische Ausbildung mit dem Besuch einer Berufsschule, deren Träger überwiegend die Industrie- und Handelskammer des jeweiligen Bundeslands ist, die dann auch die Abschlussprüfung durchführt. Außer diesen qualifizierten Kräften, die als Verantwortliche für einzelne Abteilungen fungieren, können Mitarbeiter ohne eine spezielle Ausbildung unter deren Anleitung und Aufsicht arbeiten.

Neben der Ausbildung ist auch die Weiterbildung von Bedeutung. Diese ist in regelmäßigen Abständen nach einem Jahresplan durchzuführen. Neben erfahrenen Tierheimmitarbeitern sollten auch externe Referenten für spezielle Themen herangezogen werden. Das können Tierärzte aus Ämtern und der Praxis sein, aber auch Vertreter von Organisationen des Tierschutzes und der Haltung spezieller Tierarten, wie z. B. BNA (Bundesverband für fachgerechten Natur- und Artenschutz e. V.) für die Haltung von Kleinsäugern, Reptilien und Vögeln. Auch die Seminare der Dogworld-Stiftung (Lebenshilfe für verwaiste Hunde, Thomas und Ina Baumann) sollten genutzt werden. Vorteilhaft kann auch eine gemeinsame Veranstaltung mehrerer Tierheime sein, die mit einem Erfahrungsaustausch zu verbinden ist.

3 Gesetzliche Grundlagen

3.1 Tierschutz

Für alle genannten Einrichtungen gelten die Forderungen des Tierschutzgesetzes (TSchG). In § 1 heißt es:

„Zweck dieses Gesetzes ist es, aus der Verantwortung des Menschen für das Tier als Mitgeschöpf dessen Leben und Wohlbefinden zu schützen.
Niemand darf einem Tier ohne vernünftigen Grund Schmerzen, Leiden oder Schaden zufügen.“

Dabei sollte der vernünftige Grund als rechtfertigender Grund gewertet werden.

Von besonderer Bedeutung ist § 2, der Tierhalterparagraph:
„Wer ein Tier hält, betreut oder zu betreuen hat,

- *muss das Tier seiner Art und seinen Bedürfnissen entsprechend angemessen ernähren, pflegen und verhaltensgerecht unterbringen,*
- *darf die Möglichkeit des Tieres zu artgemäßer Bewegung nicht so einschränken, dass ihm Schmerzen oder vermeidbare Leiden oder Schäden zugefügt werden,*
- *muss über die für eine angemessene Ernährung, Pflege und verhaltensgerechte Unterbringung des Tieres erforderlichen Kenntnisse und Fähigkeiten verfügen.“*

Daraus ergeben sich hohe Anforderungen an die Unterbringung und Betreuung. Fachlich versierte und engagierte Mitarbeiter leisten in den Tierheimen eine nicht hoch genug einzuschätzende Arbeit.

Es sei darauf hingewiesen, dass in Österreich eine Tierheim-Verordnung (THV; BGBl. II Nr. 490/2004) existiert, die Mindestanforderungen an die räumliche Ausstattung, an die Betreuung der Tiere, die Qualifikation der Leitungs- und Betreuungspersonen sowie der Aufzeichnungen enthält.

3.2 Tierheimerlaubnis und -leitung

Nach § 11 Abs. 1 Nr. 2 TSchG bedarf einer Erlaubnis der zuständigen Behörde, wer Tiere für andere in einem Tierheim oder in einer ähnlichen Einrichtung hält (Abb. 3-1). Die zuständige Behörde ist das Veterinäramt. Es ist eindeutig zum Ausdruck gebracht, dass die Erlaubnispflicht auch für Einrichtungen gilt, die eine andere Bezeichnung führen (Tierasyl, Auffangstation, Tierpension o. ä.).

Die Erlaubnis für ein Tierheim (oder eine Pflegestelle, s. Kap. 2.4.1) darf nur für die im Antrag angegebenen Tierarten erteilt werden. Es müssen geeignete Räume und Einrichtungen vorhanden sein sowie entsprechende fachliche Kenntnisse und die erforderliche Zuverlässigkeit einer verantwortlichen Person vorliegen. Diese ist in der Regel hauptamtlich durch den Tierschutzverein oder die Kommune mit einem Arbeitsvertrag eingestellt und fungiert als Tierheimleiter mit Weisungsbefugnis gegenüber allen Mitarbeitern. Der Tierheimleiter muss Kenntnisse über den Bedarf und die Bedürfnisse der am häufigsten zu haltenden Tierarten haben, um eine sachkundige Haltung, Ernährung und Pflege zu gewährleisten.

Da es keine Ausbildung zum Tierheimleiter gibt, sollten folgende Voraussetzungen vorliegen:

- Absolventen von Fach- oder Hochschulen der Landwirtschaft, Biologie oder Veterinärmedizin
- Ausbildung als Zootierpfleger
- Ausbildung als Tiermedizinische Fachangestellte oder Tierarzthelfer
- Absolvierung eines entsprechenden Lehrgangs einer anerkannten Tierschutzorganisation oder der Industrie- und Handelskammer

Von Vorteil sind betriebswirtschaftliche Kenntnisse und Erfahrungen.

Seiteneinsteiger mit anderen Berufsabschlüssen sollten sich Fachkenntnisse durch Hospitationen in Tierheimen sowie die Teilnahme an Lehrgängen von Tierschutzorganisationen aneignen.

Die Dogworld-Stiftung (www.tierheim-stiftung.de) bietet folgende Module zur Aus- und Weiterbildung an:

Modul 1 und 2: Verhaltensbeurteilung
Modul 3: Der unsichere ängstliche Hund im Tierheim
Modul 4: Der aggressive Hund im Tierheim
Modul 5: Innerartliches Sozialverhalten
Modul 6 und 7: Gruppenzusammenführung bei Tierheimhunden
Modul 8: Erzieherische Grundlagen, Beschäftigung, Vermittlung, Rechtsfragen, Arbeitsschutz

In Ausnahmefällen kann aufgrund vorangegangener Tätigkeiten nach einem intensiven Fachgespräch im zuständigen Veterinäramt die geforderte

Tierheimbetreiber
Name und Anschrift

Ausstellende Behörde
Anschrift
Ansprechpartner
Datum

Ordnungsbehördliche Erlaubnis
nach § 11 des Tierschutzgesetzes in der geltenden Fassung

Hiermit wird Ihnen aufgrund
- des § 11 Abs. 1 Nr. 2 TSchG in Verbindung mit
- VO über Zuständigkeiten auf dem Gebiet des Tierschutzrechts

jeweils in geltender Fassung, die Erlaubnis erteilt, ein Tierheim für Hunde, Katzen und kleine Heimtiere zu unterhalten.

Die Erlaubnis bezieht sich auf die Räume und Einrichtung des Tierheims ____________ in ____________ gemäß beiliegender Skizze.

Verantwortliche Personen für die o. g. Tätigkeit:

____

____

Die Genehmigung wird unter folgenden **Auflagen und Bedingungen** erteilt:

1. Begrenzung der Aufnahmen:
- z.B. maximal 210 Hunde
- z.B. maximal 50 Katzen
- z.B. maximal 25 kleine Heimtiere

2. Führen eines Bestandsbuchs:

Für jedes aufgenommene Tier sind in einem Bestandsbuch (gebunden, durchnummeriert) folgende Daten zu dokumentieren:
- Datum der Aufnahme
- Herkunft (wenn bekannt)
- Art, Rasse, Geschlecht, Name, Geburtsdatum, Kennzeichnung
- Besondere Merkmale (Verhalten, körperlicher Zustand)
- Datum der Vermittlung
- Name und Anschrift des neuen Besitzers

Die Eintragungen in das Bestandsbuch sind unverzüglich vorzunehmen. Der zuständigen Behörde muss während der Geschäfts- und Betriebszeit jederzeit eine Einsichtnahme ermöglicht werden.

Der zuständigen Behörde muss das Bestandsbuch einmal jährlich im Monat Januar für das zurückliegende Kalenderjahr vom 1. Januar bis zum 31. Dezember zur Einsichtnahme vorgelegt werden.

3. Anforderungen an die Tiergesundheit:

Hunde

Fund- und Abgabehunde mit unbekanntem Gesundheitsstatus sind nach Durchführung erforderlicher tierärztlicher Behandlungen und Parasitenbekämpfungsmaßnahmen schnellstmöglich von dem Vertragstierarzt gegen Staupe, Parvovirose, Hepatitis, Leptospirose, Parainfluenza und Tollwut zu immunisieren und nach den Angaben des Impfstoffherstellers nachzuimpfen.

Aus anderen Staaten stammende Hunde dürfen nur aufgenommen werden, wenn sie bereits über einen stabilen Impfschutz gegen Staupe, Parvovirose, Hepatitis, Leptospirose, Parainfluenza und Tollwut verfügen. Die gültigen tierseuchenrechtlichen Vorgaben für die Einfuhr bzw. das Verbringen von Hunden sind zu beachten.

Katzen

Im Quarantänebereich sind alle aufgenommenen Tiere zu entwurmen und gegen Ektoparasiten zu behandeln, nach ca. 3 Tagen durch den Vertragstierarzt gegen Katzenseuche und Katzenschnupfen zu impfen. Wenn innerhalb von 2 Wochen keine klinischen Anzeichen einer Erkrankung zu erkennen sind, kann die Quarantäne beendet werden. Treten in der Quarantäne Erkrankungen auf, verlängert sich die Quarantäne so lange, bis auch das letzte erkrankte Tier genesen ist und die Impfung gegen Katzenseuche und Katzenschnupfen mindestens 2 Wochen zurückliegt.

Kranke Tiere

Bei ansteckenden Erkrankungen sind die betroffenen Tiere isoliert unterzubringen.

Die tierärztliche Betreuung erfolgt durch die Tierarztpraxis ______________ in ______________.

Tierärztliche Behandlungen sind auf den Karteikarten der Tiere zu dokumentieren.

4. Erreichbarkeit der verantwortlichen Person/en:

Die telefonische Erreichbarkeit der verantwortlichen Person/en muss ständig gewährleistet sein.

Hinweis:

Diese Erlaubnis ergeht ausschließlich nach tierschutzrechtlichen Vorschriften. Erforderliche Genehmigungen nach anderen Bestimmungen bleiben davon unberührt.
Sie sind über die bestehenden Vorschriften des Tierschutzes unterrichtet worden. Die Nichtbeachtung kann zur Einleitung eines Bußgeldverfahrens führen.

Rechtsmittelbelehrung:

Gegen diesen Bescheid können Sie innerhalb eines Monats nach Bekanntgabe Klage beim Verwaltungsgericht in ______________ schriftlich oder zur Niederschrift des Urkundsbeamten der Geschäftsstelle erheben.

Die Klage muss den Kläger, den Beklagten und den Gegenstand des Klagebegehrens bezeichnen. Sie soll einen bestimmten Antrag enthalten. Die zur Begründung dienenden Tatsachen und Beweismittel sind anzugeben. Der Klage nebst Anlagen sind so viele Abschriften beizufügen, dass alle Beteiligten eine Ausfertigung erhalten können.

Sollte die Frist durch das Verschulden eines von Ihnen Bevollmächtigten versäumt werden, so würde dessen Verschulden Ihnen zugerechnet werden.

____

Unterschrift des Leiters der Behörde

Abb. 3-1 Muster einer Erlaubnis nach § 11 TSchG

Sachkenntnis unterstellt werden. In größeren Einrichtungen sollte ein Stellvertreter mit gleicher Qualifikation vorhanden sein.

Die verantwortliche Person ist für die Anleitung und Überwachung des Personals verantwortlich. In allen veterinärmedizinischen Belangen ist eine Abstimmung mit dem zuständigen Tierarzt bzw. der zuständigen Behörde erforderlich. Die zuständige Behörde ist das Veterinäramt, das in den Kommunen unterschiedlichen Verwaltungsbereichen angegliedert ist. Der Amtstierarzt bzw. der für den Tierschutz zuständige Tierarzt sollte sich in jedem Fall nach der Besichtigung der Räume und Einrichtungen in einem Gespräch über die fachlichen Kenntnisse und die Vorstellungen der zukünftigen Arbeit informieren. Gleichzeitig sollte eine Information über die geltenden Rechtsgrundlagen erfolgen. Dieses persönliche Kennenlernen ist der erste Schritt für eine vertrauensvolle Zusammenarbeit im Interesse des Tierschutzes. Die Veterinärämter haben neben ihrer Überwachungsfunktion die Aufgabe, spezielle Hinweise zur Haltung und Hygiene sowie zur Krankheitsdiagnostik zu geben.

3.3 Hundeverbringungs- und Einfuhrbeschränkung

Durch das Gesetz zur Beschränkung des Verbringens oder der Einfuhr gefährlicher Hunde in das Inland (Hundeverbringungs- und Einfuhrbeschränkungsgesetz HundVerbrEinfG) von 2001 wurden die Rassen Pitbull-Terrier, American Staffordshire-Terrier, Staffordshire-Bullterrier und deren Kreuzungen sowie nach Landesrecht weitere Hunde als gefährlich eingestuft und ein Einfuhr- und Verbringungsverbot erlassen.

In den Bundesländern gelten unterschiedliche Verordnungen mit Haltungsvorschriften, in denen weitere Rassen in 2–4 Kategorien als gefährlich aufgeführt werden (Tab. 3-1). Da es zu laufenden Diskussionen über Sinn oder Unsinn der für bestimmte Rassen geltenden Regelungen kommt und zum Teil auch ein genereller Hundeführerschein diskutiert wird, sollten die jeweils geltenden Bestimmungen bei den zuständigen Behörden erfragt werden. Die Einordnung einiger Rassen als sogenannte „Listenhunde“ ist äußerst kritisch zu sehen, da es keine hinreichenden wissenschaftlichen Erkenntnisse gibt, eine Gefährlichkeit allein von der Rasse oder dem Körpergewicht über 40 kg abzuleiten. Es bestehen zudem Unterschiede zwischen den Bundesländern in den Rassen und deren Zahl (9–16). So ist die Bordeauxdogge aufgeführt, die zu den kaum auffälligen Rassen gehört, während der Kaukasische Schäferhund nur in zwei Bundesländern genannt wird, mit dessen häufigen Bissverletzungen der Autor in seiner Praxistätigkeit konfrontiert wurde. Nur in

Tab. 3-1 Rasseliste der gefährlich eingestuften Hunde (Stand: März 2009)

Hunderasse	**Bundesland**															
	BW	BY	BE	BB	HB	HH	HE	MV	NI	NW	RP	SL	SN	ST	SH	TH
Alano		2		2						2						
American Bulldog		2					x			2						
American Staffordshire Terrier	2	1	x	1	x	1	x	x		1	x	x	x	x	x	
Bordeauxdogge	2	2		2		2										
Bullmastiff	2	2	x	2		2				2						
Bullterrier	2	2	x	1	x	1	x	x		1			x	x	x	
Cane Corso		2		2												
Dobermann				2												
Dogo Argentino	2	2	x	2		2	x			2						
Fila Brasileiro	2	2	x	2		2	x			2						
Kangal						2	x									
Kaukasischer Schäferhund						2	x									
Mastiff	2	2	x	2		2				2						
Mastín Español	2	2	x	2		2				2						
Mastino Napoletano	2	2	x	2		2				2						
Perro de Presa Canario		2		2												
Perro de Presa Mallorquin		2		2												
American Pitbull Terrier	2	1	x	1	x	1	x	x		1	x	x	x	x	x	
Rottweiler		2		2		2	x			2						
Staffordshire Bullterrier	2	1		1	x	1	x	x		1	x	x		x	x	
Tosa Inu	2	1	x	1		2				2						

BW: Baden-Württemberg, BY: Bayern, BE: Berlin, BB: Brandenburg, HB: Bremen, HE: Hessen, HH: Hamburg, MV: Mecklenburg-Vorpommern, NI: Niedersachsen, NW: Nordrhein-Westfalen, RP: Rheinland-Pfalz, SL: Saarland, SN: Sachsen, ST: Sachsen-Anhalt, SH: Schleswig-Holstein, TH: Thüringen.

1: Kategorie 1 bedeutet, die Rasse ist als gefährlich eingestuft.

2: Kategorie 2 bedeutet, die Gefährlichkeit der Rasse wird vermutet, kann aber widerlegt werden (Wesenstest).

Die genannten Kategorien werden in den Bundesländern unterschiedlich definiert.

x: Die Rasse ist als gefährlich eingestuft, keine Unterscheidung zwischen Kategorie 1 und 2.

wenigen Bundesländern werden aggressive Reaktionen als Kriterium für die Gefährlichkeit gewertet. Für die Haltung gefährlicher Hunde werden spezielle Anforderungen gestellt, die auch im Tierheim einzuhalten sind. In einigen Bundesländern kann ein Wesenstest durchgeführt werden, dessen Ergebnis für Haltungsvorschriften herangezogen wird. Bei Kreuzungstieren ist es schwierig, die Abstammung zu bestimmen. Dies erfolgt in der Regel durch ein Sachverständigengutachten. Die Sachverständigen für den Wesenstest und die Rassenzuordnung werden durch die Ordnungsbehörden bestellt und können Diensthundeführer, erfahrene Hundetrainer oder Tierärzte sein.

Sowohl das Gesetz als auch die erlassenen Verordnungen sind ausschließlich ordnungspolitisch begründet und berücksichtigen den Tierschutz unzureichend.

Die Tötung eines als gefährlich eingestuften Hundes darf nicht grundsätzlich erfolgen. In einem Urteil des Oberverwaltungsgerichts Nordrhein-Westfalen (Az.: 5 B 412/11–54/11) wurde entschieden, dass es unverhältnismäßig und unzulässig ist, eine behördliche Anordnung zur Tötung eines Hundes zu treffen, der als gefährlich eingestuft ist, sich in einem Tierheim befindet und bei dem nach einem vorliegenden Gutachten eine Therapierbarkeit nicht sicher ausgeschlossen werden kann. Da er einer speziellen Therapieeinrichtung zugeführt werden soll, gehen von ihm für Dritte keine Gefahren aus. Wenn gesichert wird, dass der Hund vor einer Vermittlung erneut amtstierärztlich begutachtet wird, ist eine gegenwärtige, von dem Hund ausgehende Gefahr nicht belegt. Soweit das o. g. Urteil.

3.4 Tierkörperbeseitigung

Die Beseitigung toter Tiere hat nach der Verordnung (EG) Nr. 1069/2009 des Europäischen Parlaments und des Rates vom 21. Oktober 2009 mit Hygienevorschriften für nicht für den menschlichen Verzehr bestimmte tierische Nebenprodukte und zur Aufhebung der Verordnung (EG) Nr. 1774/2002, Kategorie 2, zu erfolgen. In der Bundesrepublik gilt weiterhin das Gesetz zur Durchführung gemeinschaftsrechtlicher Vorschriften über die Verarbeitung und Beseitigung von nicht für den menschlichen Verzehr bestimmten tierischen Nebenprodukten (Tierische Nebenprodukte-Beseitigungsgesetz – TierNebG in der Fassung vom April 2006) sowie die Verordnung zur Durchführung des Tierische Nebenprodukte-Beseitigungsgesetzes (Tierische Nebenprodukte-Beseitigungsverordnung – TierNebV in der Fassung vom Juli 2007). Der Tierhalter hat die Pflicht, ein verendetes, tot geborenes, ungeborenes oder getötetes Tier der zuständigen beseitigungspflichtigen Einrichtung (Tierkörperbeseitigungsanlage TBA) zu melden, sofern nicht vertraglich eine regelmäßige Abholung vereinbart wurde. Er hat die Pflicht, die Tierkörper bis zur Abholung in geeigneten verschließbaren Behältnissen aufzubewahren, die regelmäßig zu reinigen und zu desinfizieren sind.

Das Vergraben einzelner Tiere auf dem Gelände des Tierheims ist nicht zulässig.

Vielen Tierheimen ist jedoch ein Tierfriedhof angeschlossen, für den eine nach den geltenden Gesetzen erteilte Genehmigung zu beantragen ist. Auch zugelassene Tierkrematorien dürfen Tierheimtiere einäschern.

3.5 Arbeitsschutz

Selbstverständlich ist, dass auch im Tierheim die Anforderungen an den Arbeitsschutz entsprechend dem Arbeitsschutzgesetz erfüllt werden. Dieses fordert für Betriebe mit mehr als 50 Beschäftigten eine Fachkraft für Arbeitsschutz. In Tierheimen mit weniger Beschäftigten kann der Leiter diese Funktion ausüben, wenn er folgende Voraussetzungen erfüllt:

- erfolgreiche Teilnahme an Seminaren zu Arbeitssicherheit und Gesundheitsschutz
- regelmäßige Teilnahme an Fortbildungsveranstaltungen der Berufsgenossenschaft
- Hinzuziehung von Spezialisten zu besonderen Fällen

Im Arbeitsschutz geht es konkret um die Verhinderung von Körperverletzungen durch die Ausrüstungen, den Betriebsablauf und die gehaltenen Tiere, aber auch um die Senkung des Infektionsrisikos (s. Kap. 6). Schon bei der Planung ist dies zu berücksichtigen. Da die Personaldecke in Tierheimen ohnehin meist dünn ist, müssen alle Bauten und Ausrüstungen auf einen effektiven und kräftesparenden Einsatz der menschlichen Arbeitskraft ausgerichtet sein. Dies ist Voraussetzung für eine intensive Betreuung der Tiere, zu der auch Beschäftigung und Pflege sowie persönliche Zuwendung gehören.

Die Verwaltungs- und Berufsgenossenschaft (VBG) hat neben konkreten Anforderungen zur Sicherheit im Umgang mit Geräten, zum Arbeits-, Gesundheits- und Brandschutz auch Checklisten zur Unterweisung der Beschäftigten sowie der Überprüfung von Einrichtungen und Prozessen veröffentlicht (www.vbg.de).

Weitere gesetzliche Grundlagen, Gutachten, Leitlinien u. a. werden in den Abschnitten zur Haltung der einzelnen Tierarten sowie im Anhang angeführt.

4 Herkunft der Tierheimtiere

Tiere im öffentlichen Raum können verlorene oder herrenlose Tiere, frei lebende Haustiere oder Wildtiere sein. Sie stellen ein Tierschutzproblem dar, zugleich aber auch ein Problem der öffentlichen Ordnung und Sicherheit. Der Aufenthalt im öffentlichen Verkehrsraum kann zu einer Gefahr für die Verkehrssicherheit werden. Deshalb ist es keine Seltenheit, dass z. B. Rüden auf „Brautschau" eingefangen und einem Tierheim übergeben werden. Der Tierhalter ist verpflichtet, alle daraus entstehenden Unkosten zu erstatten, auch die für einen Feuerwehr- oder Polizeieinsatz. Der Absatz von Kot und Urin in öffentlichen Anlagen kann besonders auf Kinderspielplätzen die Gesundheit gefährden, die Futtersuche an Müllsammelstellen zu Verschmutzungen führen. Darüber hinaus kann das Jagen und Töten von Vögeln und jagdbaren Tieren die Belange von Naturschutz und Jagd verletzen.

4.1 Fundtiere

Fundtiere sind Tiere, die von Bürgern in das Tierheim gebracht oder anonym auf das Gelände des Tierheims gesetzt wurden, von denen nicht bekannt ist, wer ihr Besitzer ist oder war oder ob sie überhaupt einen Besitzer haben. Sie können hilfsbedürftig sein, aber auch die öffentliche Ordnung gefährden. Fundtiere können ihren Halter verloren haben, ihm entlaufen sein, aus frei lebenden Populationen stammen, wie z. B. Katzen, Stadttauben und Wildtiere, oder ihr Besitzer hat das Eigentum an ihnen aufgegeben, sich ihrer entledigt. Leider werden unerwünschte Jungtiere von Hunden, Katzen, Meerschweinchen oder Kaninchen häufig in Kartons an Müllcontainern oder vor Tierheimen in der Hoffnung abgesetzt, dass sich jemand der Tiere annimmt. Auch am Zaun von Tierheimen angebundene Hunde oder über den Zaun gesetzte Tiere sind keine Seltenheit. Dies stellt eindeutig einen Verstoß gegen § 3 Nr. 3 TSchG dar, der nach § 18 Nr. 4 TSchG den Tatbestand einer Ordnungswidrigkeit erfüllt. Da in den meisten Fällen der Halter nicht zu ermitteln ist, kann kein Ordnungswidrigkeitsverfahren eingeleitet werden.

Für alle Fundtiere gilt uneingeschränkt, was am 31. Juli 2002 durch die Aufnahme des Tierschutzes in das Grundgesetz beschlossen wurde, wo es in Artikel 20a heißt:

> *„Der Staat schützt auch in Verantwortung für die künftigen Generationen die natürlichen Lebensgrundlagen und die Tiere im Rahmen der verfassungsmäßigen Ordnung durch die Gesetzgebung und nach Maßgabe von Gesetz und Recht durch die vollziehende Gewalt und die Rechtsprechung.“*

Sichere Hinweise auf einen Besitzer können die Kennzeichnung durch Chip oder Tätowierung, nicht aber der Ernährungs- und Pflegezustand, die Rassenzugehörigkeit sowie das Verhalten geben. Es gilt deshalb in jedem Falle das **Fundrecht**, geregelt in den Paragraphen 965–984 des Bürgerlichen Gesetzbuchs (BGB). Fundtiere sind Fundsachen gleichzustellen, bei denen keine Unterscheidung etwa in verlorene oder in entledigte Gegenstände vorgenommen wird. Dementsprechend gibt es nur die Kategorie „Fundtiere“, ungeachtet ihrer möglichen Herkunft.

Der Finder ist zur Anzeige an den Besitzer oder, wenn dieser nicht bekannt ist, an die zuständige Behörde verpflichtet (§ 965 BGB). Da Fundtiere häufig direkt in Tierheimen abgegeben werden, ist es vielerorts so geregelt, dass die **Fundtieranzeige** durch das Tierheim erfolgt. Der Finder muss das Tier bis zur Übergabe so verwahren und versorgen, dass ihm kein Schaden entsteht. Diese Verpflichtung geht mittels Auftrag zur Wahrung der **Verwahrungspflicht** auf ein Tierheim über. Die Aufbewahrungsdauer beträgt für alle aufgefundenen Tiere 6 Monate (§ 973 BGB). Nimmt der Besitzer das Tier wieder in seine Obhut, ist er nach § 970 BGB zur Erstattung der dem Finder bzw. dem Tierheim entstandenen Kosten verpflichtet. Dadurch werden der Ordnungsbehörde alle entstandenen Kosten ersetzt. Bei Aufnahme eines Tieres in ein Tierheim geht die Verpflichtung zum Ersatz von Aufwendungen während der gesetzlich vorgeschriebenen Aufenthaltsdauer gemäß § 970 BGB auf die Behörde als Auftraggeber über. Sie ist verpflichtet, dem Tierheim die entstehenden Kosten zu ersetzen. Dazu gehören nicht nur die Kosten für die artgemäße Haltung entsprechend § 2 TSchG, sondern auch für Prophylaxemaßnahmen und tierärztliche Behandlungen bei Verletzungen und akuten Krankheiten. Es muss immer wieder darauf hingewiesen werden, dass die vielerorts auf 28 Tage beschränkte Kostenerstattung durch die Kommunen im Widerspruch zum Tierschutzgesetz und auch zum Grundgesetz steht.

Wenn eine Person ein verletztes Tier direkt zu einer Notfallversorgung zu einem Tierarzt bringt, ist die Behörde ebenfalls zur Kostenübernahme verpflichtet. Voraussetzung ist, dass der Finder den Fund unmittelbar danach bei der Ordnungsbehörde meldet.

Die Kostenerstattung durch die Ordnungsbehörden wird örtlich geregelt, wobei zum Teil Beträge festgelegt werden, die unter den entstandenen Kosten liegen. Dabei wird der Arbeitsaufwand ungenügend berücksichtigt, der sich nicht nur auf Futterverabreichung und Reinigungsarbeiten beschränkt, sondern auch Beschäftigung und Ausbildung umfasst. Realistisch liegen die täglichen Kosten für einen Hund bei 10–15 €, für eine Katze bei 5–6 €, dazu kommen die Kosten für Transport und gegebenenfalls tierärztliche Behandlungen. Es muss darauf hingewiesen werden, dass die Tierheime zur Sicherung der Unterbringung in Vorleistung gehen müssen, indem sie Personal und Unterbringungsmöglichkeiten vorhalten. Dem entspricht eine Kostenerstattung gegen Rechnungslegung in keiner Weise. Die Tierheime und Tierschutzvereine erfüllen eine Pflichtaufgabe der Ordnungsbehörden und sollten deshalb Verträge mit nicht kostendeckender Vergütung ablehnen.

Nach Ablauf der Aufbewahrungspflicht geht das Tier in den Besitz des Finders über, bei dessen Verzicht das Tier Eigentum des Tierheims wird. Eine Vermittlung vor Ablauf der Frist ist im Interesse des Tieres und der verwahrenden Einrichtung anzustreben, darf jedoch nur unter Eigentumsvorbehalt erfolgen.

Häufig ergeben sich Probleme bei der Kostenerstattung für tierärztliche Therapie- bzw. Prophylaxemaßnahmen von Fundtieren. Da der Impfstatus von Fundtieren nicht bekannt ist, wird eine Impfung nach der Aufnahme erforderlich. Von einer sofortigen Kastration sollte bei Rassetieren zur Vermeidung von späteren Regressansprüchen abgesehen werden. Bei der Weitervermittlung ist in den Abgabevertrag eine Klausel aufzunehmen, die eine Rückgabe an den Besitzer enthält, der jedoch zur Kostenerstattung verpflichtet ist.

4.2 Durch Behörden eingewiesene Tiere

Bei Verstößen gegen das Tierschutzgesetz kann die zuständige Behörde nach § 12 Abs. 2 Nr. 5 „*das Halten von Wirbeltieren, an denen Schäden feststellbar sind, von denen anzunehmen ist, dass sie den Tieren durch tierschutzwidrige Handlungen zugefügt worden sind, verbieten, wenn das Weiterleben der Tiere nur unter Leiden möglich ist*“.

Das kann im Falle von Animal hoarding der Fall sein. Die Entscheidung ist dem Amtstierarzt vorbehalten.

Wird ein **Tierhaltungsverbot** ausgesprochen, müssen die Tiere unverzüglich in einer geeigneten Einrichtung untergebracht werden. Wenn es sich um landwirtschaftliche Nutztiere in größerer Anzahl handelt, sollten diese in Landwirtschaftsbetriebe verbracht werden. Heimtiere werden dagegen in ein Tierheim eingewiesen. Die Behörde ist in diesen Fällen zur vollen Kostenübernahme verpflichtet und muss dann die Kostenerstattung durch den Besitzer bzw. den Verkauf der Tiere in die Wege leiten. Es ist nicht statthaft, dass Amtstierärzte dem Tierbesitzer bei nicht artgemäßer Haltung empfehlen, ihre Tiere einem Tierheim zu übereignen und das mit einer Spende zu verbinden. Diese deckt selten die mit dem Tierheimaufenthalt entstehenden Kosten. Dem Amt würden so Verwaltungsaufwand und Kosten erspart, für die das Tierheim auf unbestimmte Zeit aufkommen muss.

In Vollzug des Hundeverbringungs- und Einfuhrbeschränkungsgesetzes (2001) und der auf dessen Grundlage erlassenen Länderverordnungen weisen Behörden **„gefährliche" Hunde** in Tierheime ein, wo sie nach besonderen Kriterien (s. Kap. 3.3) unterzubringen und zu betreuen sind. Eine Vermittlung an neue Halter ist nur in einigen Bundesländern möglich, was für die verbleibenden Tiere einen lebenslangen Aufenthalt im Tierheim bedeutet. Es gibt einige Tierheime, die sich schwerpunktmäßig um die artgemäße Haltung dieser Tiere bemühen.

In neuerer Zeit tritt verstärkt das Problem des **„Animal hoarding"** auf, das heißt, eine Person hält eine unverhältnismäßig große Zahl von Tieren, die zudem häufig zu unterschiedlichen Arten gehören, nicht artgerecht gehalten und nicht ausreichend versorgt werden. Die Motive dieser Menschen sind unterschiedlich:

- **Pflegertyp:** Menschen in sozialer Isolation, die anfangs die Tiere als Ersatz für menschliche Kontakte gut versorgen. Wenn es aber zu einer hohen Vermehrungsrate kommt, steigen die Tierzahlen so stark, dass sie überfordert sind.
- **Rettertyp:** Menschen, die sich verpflichtet fühlen, kranke, alte und leidende Tiere aufzunehmen, aber aus Gründen des Tierschutzes Euthanasien kategorisch ablehnen.
- **Ausbeutertyp:** Menschen, die sich Tiere aus eigennützigen Gründen anschaffen, um ihre Persönlichkeit aufzuwerten, ohne Schuld- oder Mitgefühl.
- **Züchtertyp:** Menschen, die mit Tieren Geld verdienen wollen, aber den Bestand so stark vergrößern, dass der Absatz und damit die artgemäße Unterbringung und Versorgung nicht mehr gewährleistet ist.

In den meisten Fällen kommt es zu einer unkontrollierten Vermehrung, erheblichen hygienischen Mängeln sowie vermehrten Krankheits- und Todesfällen. So wird die Unterbringung einer großen Anzahl von Tieren erforderlich, die zum Teil zu unterschiedlichen Arten gehören. Animal hoarding ist eine psychische Erkrankung, deren Anerkennung als Sucht zu fordern ist. Die Wegnahme der Tiere und ein Tierhaltungsverbot hat in der Regel nur eine kurzzeitige Wirkung, weil dann oftmals eine andere Person als Halter angegeben wird. Deshalb ist eine psychologische Betreuung erforderlich, wozu jedoch die Bereitschaft der Betroffenen vorliegen muss. Positiv hat sich in einigen Fällen die Erlaubnis zur Haltung einer begrenzten Tierzahl mit regelmäßigen Kontrollen ausgewirkt.

Zunehmend werden im Zuge von **Privatinsolvenzen** und Wohnungsräumungen Tiere ihren Besitzern entzogen. Vielfach bemühen sich Gerichtsvollzieher um deren Unterbringung in Tierheimen. Wenn dies erfolgt, sollten auch die Haltungseinrichtungen (Käfig, Terrarium, Aquarium) übergeben werden, falls in ihnen eine artgemäße Haltung möglich ist.

4.3 Straßenhunde aus Süd- und Osteuropa

Von einigen Tierschutzorganisationen, aber auch von Einzelpersonen, werden frei laufende Hunde aus süd- und osteuropäischen Ländern in die Bundesrepublik verbracht, die bis zur Vermittlung an neue Halter zunächst in Tierheimen und Pflegestellen untergebracht werden. Das Motiv ist durchaus ehrenwert, denn es soll Tieren geholfen werden, die einen schlechten Ernährungs-, Pflege- und Gesundheitszustand aufweisen und in einigen Ländern sogar grausam getötet werden. Andererseits bringt diese Vorgehensweise erhebliche Probleme mit sich. Einmal besteht die Gefahr der Einschleppung von Krankheitserregern. Dies betrifft insbesondere die Tollwut, aber auch bei uns nicht vorkommende Krankheiten, wie Leishmaniose, Babesiose, Ehrlichiose und Herzwurm (Dirofilariose). Staupe wurde auf diesem Wege in ein deutsches Tierheim eingeschleppt und führte zu erheblichen Problemen und Kosten. Zum anderen sind die frei lebenden Straßenhunde anders sozialisiert als die bei uns als Familienhunde gehaltenen Tiere, woraus sich häufig Probleme bei den neuen Besitzern ergeben, was dann zur Rückgabe an das Tierheim führt.

Der Transport der Tiere aus den Herkunftsländern erfolgt einzeln durch Privatpersonen, sogenannte Flugpaten, oder in größeren Stückzahlen durch Tierschutzvereine, was eine Zulassung als Transportunternehmer voraussetzt. Dabei sind die Anforderungen der Verordnung (EG) Nr. 1/2005 hinsichtlich der Ausstattung der Transportfahrzeuge, des Umgangs mit den Tieren, der Durchführung des Transports und der erforderlichen Dokumente zu erfüllen.

Die gesetzlichen Regelungen für eine Einfuhr von Hunden aus Mitgliedsstaaten der EU und aus Drittländern gelten für die Einfuhr zu Handelszwecken, aber auch zu Nichthandelszwecken, und sind unbedingt einzuhalten. Dazu gehören tierseuchengesetzliche Regelungen, die in EU-Mitgliedsstaaten, in gelisteten (z. B. USA, Kanada, Australien) und in ungelisteten Drittländern (z. B. Türkei, Marokko, Tunesien) unterschiedlich sind, wie Nachweis der Tollwutschutzimpfung, Blutuntersuchung auf Tollwutantikörper oder klinische Untersuchung vor dem Transport. Besonders für die Einfuhr von Welpen gelten strenge Vorschriften. Es kommt häufig vor, dass bei den Transporten schwere Mängel festgestellt werden, die mit Leiden für die Tiere verbunden sind.

Neben Mischlingen werden auch Rassetiere, vielfach im Welpenalter, importiert, woraus sich ein Verdacht auf geschäftsmäßige Zucht ergibt. Sie kommen in Tierheime bzw. Pflegestellen und werden gegen eine Schutzgebühr an private Halter vermittelt. Diese liegt in der Regel niedriger als der in Deutschland übliche Preis.

Voraussetzung für die Aufnahme in Tierheime oder Pflegestellen ist die Kennzeichnung der Tiere mittels Transponder, eine Grundimmunisierung (Staupe, Parvovirose, Leptospirose, Hepatitis, Zwingerhusten, Tollwut) bereits im Herkunftsland, der eine tierärztliche Untersuchung und Nachimpfung im Tierheim bzw. der Pflegestelle folgt.

Ausführliche Informationen zur Einfuhr von Hunden enthält das Merkblatt 113 der Tierärztlichen Vereinigung für Tierschutz e. V. „Hundeimporte aus Süd- und Osteuropa" (2012).

Insgesamt bestehen ethische Bedenken zur Einfuhr von Hunden aus Süd- und Osteuropa, weil der Transport vielfach qualvoll vor sich geht und geschäftliche Interessen im Vordergrund stehen. Die eingeführten Hunde sind zu einem Großteil Jungtiere oder gehören kleinen Rassen an und sind deshalb leichter zu vermitteln. Es drängt sich der Verdacht auf, dass sie planmäßig gezüchtet wurden. Zudem wird bei der Vermittlung dieser Tiere das Mitleid der Menschen ausgenutzt und die Vermittlung von Tierheimtieren verhindert. Deshalb sollten die Tierschutzorganisationen durch Kastrationsaktionen und durch Unterstützung der Tierheime in den Herkunftsländern das Problem an der Wurzel bekämpfen.

4.4 Abgabe- und Pensionstiere

Abgabetiere sind Tiere, die aus unterschiedlichen Gründen vom Besitzer an ein Tierheim abgegeben und diesem übereignet werden. Es können objektive Gründe vorliegen, wie Tod oder schwere Krankheit des Besitzers, Wechsel des Wohn- oder Arbeitsorts, aber auch subjektive Gründe. Der Besitzer muss den Besitzanspruch an das Tierheim abtreten und diesem eine Abgabegebühr (s. Kap. 5.3) zahlen. Diese Gebühr soll dazu beitragen, leichtfertige Anschaffungen von Tieren zu verhindern, um diese dann aus fadenscheinigen Gründen kostenlos an ein Tierheim abzugeben. Die Gebühr kann erlassen werden, wenn der Halter nicht über die geforderten Mittel verfügt.

Es kommt nicht selten vor, dass ein Hund unter falschen Voraussetzungen angeschafft wurde. Wenn dem Halter die für die Ausbildung und Erziehung erforderlichen Kenntnisse und Fähigkeiten fehlen, können daraus erhebliche Probleme entstehen, die im Extremfall dazu führen, dass der Hund zu einer Gefahr für Menschen wird. In Tierheimen gelingt es vielfach, diese Tiere durch Erfahrung und Einfühlungsvermögen zu therapieren. Und dennoch bleibt die Mehrzahl dieser Tiere lebenslang im Tierheim.

Die Aufnahme von **Pensionstieren** für eine begrenzte Zeit ist möglich, wenn dadurch nicht die Aufnahme in Not geratener Tiere eingeschränkt wird. Für diese Tiere sind die im Tierheim üblichen Schutzimpfungen durch den Impfausweis nachzuweisen. Mit dem Tierbesitzer ist ein Pensionsvertrag abzuschließen, in dem die Besonderheiten des Tieres in Verhalten und Gesundheit sowie die Haftung und die Kostenübernahme bei erforderlichen tierärztlichen Maßnahmen ebenso die Aufenthaltsdauer und die Tagessätze (s. Kap. 5.3) aufgeführt werden. Es empfiehlt sich, dass durch den Besitzer als Sicherheit eine Kaution in Höhe von 50–200 € hinterlegt wird. Dadurch soll verhindert werden, dass das Tier nicht oder nicht zum vereinbarten Zeitpunkt abgeholt wird.

4.5 Wildtiere

Zu den Wildtieren gehören die Tierarten, die nicht domestiziert wurden. Sie leben weitgehend frei. Ihr Lebensraum ist durch den Menschen zum Teil eingeschränkt. Andererseits wandern sie in menschliche Lebensräume ein, wenn sie günstige Bedingungen finden. Beispiele dafür sind Fuchs, Waschbär, Marderhund und Wildschwein, die selbst in den Zentren von Großstädten vorkommen. Wildtiere sind nach § 960 BGB herrenlos, solange sie sich in Freiheit befinden. Sie unterliegen der Artenschutz- bzw. Jagdgesetzgebung und sollten nur vorübergehend in Tierheimen Aufnahme finden. Unverzüglich ist die für den Umweltschutz bzw. das Jagdwesen zuständige Behörde zu benachrichtigen, die das weitere Vorgehen bestimmt. Zulässig ist auch, sich direkt an Wildtieraufnahmestationen zu wenden. Es empfiehlt sich, ein Verzeichnis der entsprechenden Einrichtungen und der zuständigen Behörden anzulegen. In Abstimmung mit der zuständigen Behörde ist eine zeitweilige Haltung im Tierheim mit dem Ziel einer Auswilderung möglich.

4.6 Verletzt aufgefundene Tiere

Wenn verletzte Tiere, Haus- oder Wildtiere, von einem Bürger zum Tierarzt gebracht werden, ist dieser nach der Berufsordnung zur Behandlung verpflichtet. In vielen Orten lehnt die Behörde die Übernahme der Behandlungskosten ab, wenn sie nicht die tierärztliche Behandlung gefordert hat. Und das wird weitgehend vermieden. Dieses Vorgehen widerspricht dem geltenden Tierschutzgesetz und wurde in einigen Bundesländern so abgeändert, dass die Kommune die Notfallbehandlung bezahlt unter der Voraussetzung, dass das Tier anschließend in die Obhut eines Tierheims bzw. einer Wildtierstation gegeben wird. Für Wildtiere gilt § 43 BNatSchG:

> *„Vorbehaltlich jagdrechtlicher Vorschriften ist es zulässig, verletzte, hilflose oder kranke Tiere aufzunehmen, um sie gesund zu pflegen. Sie sind jedoch unverzüglich in die Freiheit zu entlassen, sobald sie sich dort selbstständig erhalten können".*

In jedem Fall ist eine Meldung an die untere Naturschutzbehörde erforderlich.

4.7 Frei lebende Tauben und Katzen

In Städten, aber auch in Industrieanlagen und Landwirtschaftsbetrieben, gibt es frei lebende Populationen von **Tauben**, die von manchen Menschen als Belästigung angesehen werden, von vielen aber mit Futter versorgt werden. Sie sind jedoch nicht, wie häufig behauptet wird, als Krankheitsüberträger anzusehen. Als Maßnahme zur Begrenzung der Bestände wurde in vielen Städten ein Fütterungsverbot ausgesprochen, was schwer durchzusetzen und mit dem Tierschutz nicht zu vereinbaren ist. Eine Alternative zur Begrenzung der Bestände sind Taubenhäuser oder -schläge, in denen die Tiere gefüttert werden und gleichzeitig ihre Vermehrung durch Austausch der Eier gegen Gipseier verhindert wird.

In fast allen Städten gibt es auch frei lebende **Katzen** in unterschiedlicher Gruppengröße. Die Fütterung dieser Tiere ist in vielen Kommunen durch die Satzung untersagt. Es ist jedoch vielfach erlaubt, dass sie regelmäßig von Menschen gefüttert werden, die sich dem Schutz dieser Tiere verpflichtet fühlen. Die Einrichtung von offiziellen Futterstellen schützt die fütternden Personen, die andererseits als Tierhalter anzusehen wären. Viele Tierschutzvereine suchen den Kontakt zu den Betreuern und stellen Futter bzw. finanzielle Mittel zum Kauf von Futter bereit. So gibt es z. B. in der Stadt Cottbus (knapp 100 000 Einwohner) 50 Futterstellen, deren Betreuer durch den Tierschutzverein über das Tierheim mit Futter versorgt werden. Aus hygienischen Gründen sollte ausschließlich Trockenfutter eingesetzt werden. Außerdem ist dafür zu sorgen, dass keine Futterreste zurückbleiben, die Ratten oder Füchse anlocken. In einem Zeitraum von maximal einer Stunde haben auch scheue Tiere Futter aufgenommen, die Reste können entfernt werden. Die Versorgung durch Futterstellen ermöglicht eine Zählung der frei lebenden Katzen als Voraussetzung für die Durchführung von jährlichen Aktionen zur Kastration. Dies trägt entscheidend zur Begrenzung der Population bei. Zusammen mit organisierten Tierschützern und dem Tierheim werden die Katzen in Kastenfallen gefangen, kastriert und an den Ursprungsort zurückgebracht. Zur Erkennung bereits kastrierter Katzen ist eine individuelle Kennzeichnung erforderlich, die durch Tätowierung mit einer fortlaufenden Nummer in einem Ohr und einem Ortskennzeichen im anderen Ohr vorgenommen werden kann. Es ist auch möglich, die kastrierten Tiere durch eine Kerbe in der Ohrspitze (Ear tipping) zu kennzeichnen. Dies ermöglicht, bereits kastrierte Tiere aus den Fallen zu entlassen. Ob Schutzhütten für die Katzen aufgestellt werden, hängt von den örtlichen Gegebenheiten ab und setzt die Zustimmung des Geländebesitzers voraus. Sie sind regelmäßig zu kontrollieren und zu reinigen, im Winter mit Stroh einzustreuen.

5 Allgemeine Anforderungen an Tierheime

Der Bau eines Tierheims erfordert eine klare Zielstellung und eine gründliche Vorbereitung, wofür ein realistischer Zeitrahmen vorzusehen ist. Dazu kann die Abarbeitung der folgenden Checkliste hilfreich sein, wodurch die Phase der Realisierung verkürzt werden kann.

5.1 Checkliste: Errichtung und Betrieb von Tierheimen

Grundsatz

- keine Primitivbauten
- Sicherung der Finanzierung
- nicht nur tiergerecht, sondern auch menschengerecht
- frühzeitige Abstimmung mit dem zuständigen Veterinäramt sowie dem Bauamt

Aufgaben des Tierheims

- Verwahrung von Fundtieren (im Auftrag der Kommune)
- Verwahrung von Abgabetieren
- Verwahrung von Tieren, die in Not geraten oder vernachlässigt sind
- Aufnahme von Wildtieren
- Pensionstiere

Kapazität des Tierheims

- statistische Erhebungen (zu erwartende Tierzahlen und -arten)
- Erfahrungswerte anderer Tierheime

Wahl des Bauplatzes

- > 5 km Abstand von Wohngebieten (auch Perspektive berücksichtigen)

- Flächenbedarf 3500–6000 m²
- Kosten des Baulandes
- Beschaffenheit des Baulandes (Erschließung, Bodenbeschaffenheit, Höhenunterschiede)
- Verkehrsanbindung
- Erweiterungsmöglichkeit
- Nutzung vorhandener Gebäude

Träger des Tierheims

- örtlicher Tierschutzverein, in seltenen Fällen Kommune
- Kommune sollte kostengünstig Bauland zur Verfügung stellen und ggf. Kreditbürgschaft übernehmen

Kosten

- Bau
- Betrieb
  - Personal
  - Futter (Handelsfuttermittel, Schlachtabfälle)
  - Versorgung (Strom und Wasser)
  - Entsorgung (Abwasser, Tierkörper)
  - Reparaturkosten
  - tierärztliche Maßnahmen (Prophylaxe, Therapie, Kastrationen bzw. Sterilisationen, Euthanasie)

Finanzierung

- Kredit
- Mitgliederbeiträge, Spenden, Erbschaften
- Kostenerstattung durch Kommunen für die Aufnahme von Fundtieren

Gestaltung des TH

Dezentral mit isolierten Gebäuden

⊕ **Vorteile:** Seuchenhygienische Abtrennung

⊖ **Nachteile:** Lange Versorgungsleitungen und -wege, Unübersichtlichkeit, Witterungseinflüsse auf Tierpfleger, höherer Flächen- und Wegebedarf

Zentral – nicht gegliedert

⊕ **Vorteile:** Kurze Versorgungsleitungen und -wege, gute Übersicht, Arbeitserleichterung für Tierpfleger

⊖ **Nachteile:** Unruhe, keine getrennten seuchenhygienischen Einheiten

Zentral – gegliedert (Baukastenprinzip)

⊕ **Vorteile:** Erweiterungsfähig, Gliederung in seuchenhygienische Einheiten möglich

Erforderliche Räume und Außenanlagen

Funktionsräume

- Büro- und Sozialräume
- Futterlager (Trockenlager, Kühlgeräte bzw. Kühlraum)
- Futterküche und Waschraum für Futternäpfe und Einrichtungsgegenstände
- Tierdusche
- Lagerraum
- Tierarztraum
- Werkstatt
- Garage
- Tierkörpersammelraum (Kühlgerät bzw. -raum)

Tierräume und -plätze

- Hunde
- Katzen
- Quarantäne
- Krankenräume
- Mehrzweckräume (Vögel, Kleinsäuger, Reptilien, Wochenstube)

Außenzwinger, Ausläufe

- Einzelhaltung
- Gruppenhaltung
- Rudelhaltung ständig
- Rudelhaltung zeitweise

Wohnung

Einzäunung des gesamten Geländes

Stellfläche für Abfallcontainer

Bauausführung

- Wände und Decke wärmegedämmt
- Innenwände und Fußböden gefliest bzw. epoxidharzbeschichtet
- stabile Inneneinrichtung

Gebühren

Fundtiere

Kosten für Futter, Betreuung und Raumnutzung, zuzüglich Kosten der tierärztlichen Prophylaxe und Therapie, Erstattung durch die Kommune (lt. § 669 BGB ist das Tierheim berechtigt, einen Vorschuss zu verlangen)

Abgabetiere

Festzulegender Betrag für begrenzte Zeit

Pensionstiere

Volle Kosten für Futter, Betreuung und Raumnutzung, ggf. tierärztliche Behandlung

Ordnungen, vertragliche Regelungen

- Tierheimordnung (entspr. aktueller Tierheimordnung des Deutschen Tierschutzbunds e. V.)
- Muster-Tierheimordnung der Tierärztlichen Vereinigung für Tierschutz e. V.
- Kommission für Euthanasieentscheidungen
- Vertrag zwischen Tierheim und Kommune über die Verwahrung von Fundtieren
- Regelung einer nachträglichen Meldung von Fundtieren an die Kommunen
- tierärztliche Betreuung

5.2 Bedarfsanalyse, Standort und Bauplanung

Bei einem Tierheim müssen die artgemäße Haltung einer Vielzahl von Tierarten und ein rationeller Ablauf aller Arbeitsschritte unter Berücksichtigung der zur Verfügung stehenden Mittel das Ziel sein. Dem hat sich die Architektur unterzuordnen, was aber nicht bedeutet, dass sich Zweckmäßigkeit und schönes Aussehen gegenseitig ausschließen. In den letzten 20 Jahren hat sich die Tierhaltung wesentlich verändert. Ursprünglich stand die Hygiene im Vordergrund. Die Haltung von Hunden und Katzen erfolgte überwiegend einzeln in massiven Gebäuden in gekachelten und gefliesten Räumen mit Ausläufen. Inzwischen wird das artgemäße Verhalten stärker berücksichtigt, was zur ständigen oder zeitweisen Gruppen- und Rudelhaltung in größeren Gehegen mit natürlichem Boden und Bewuchs führte. Für den Bau oder die Erweiterung eines Tierheims sind folgende Voraussetzungen erforderlich:

- Bedarfsanalyse auf der Grundlage von eigenen Erfahrungswerten bzw. den Erfahrungen vergleichbarer Einrichtungen
- Planung der erforderlichen Kapazität und der Baukosten
- geeigneter Standort
- Vorhandensein finanzieller Mittel

Bedarfsanalyse

Zunächst ein Beispiel zur Bedarfsanalyse: Ein Tierschutzverein mit derzeit 130 Mitgliedern hat über mehrere Jahre Tiere in Pflegestellen aufgenommen. Es zeigt sich jedoch, dass die Zahl der anfallenden Tiere die Möglichkeiten einer artgerechten Unterbringung stark erschwert. Deshalb wird in einer Mitgliederversammlung der Beschluss zum Bau eines kleinen Tierheims gefasst. Dabei werden für die Planung der erforderlichen Kapazität die Einwohnerzahl des voraussichtlichen Einzugsgebiets und die Zahl der in den Jahren

2002 bis 2007 aufgenommenen Tiere zugrunde gelegt (Tab. 5-1). Deutlich zeigt sich eine steigende Tendenz der Tieraufnahme. Im Jahre 2007 wurden außer Hunden und Katzen 19 Heim- und 203 Wildtiere aufgenommen. Fast alle Hunde, aber weniger als 1 % der Katzen konnten an die Besitzer zurückgegeben werden. Auch die Zahl der vermittelten Tiere muss berücksichtigt werden, weil diese nur eine begrenzte Haltungsdauer im Tierheim haben, wobei es zwischen den Tierarten erhebliche Unterschiede gibt. Es empfiehlt sich deshalb, Tierheimtage für die einzelnen Tierarten zu errechnen und für die Planung zugrunde zu legen (Tab. 5-2). Daraus ergibt sich, dass 2008 pro Tag 55 Katzen, 6 Hunde, 18 Heim- und 10 Wildtiere zu versorgen waren. Aus den vorliegenden Daten kann die erforderliche Kapazität eines Neubaus abgeleitet werden. Dabei sind die Pflegestellen zu berücksichtigen, die im angeführten Beispiel weiterhin genutzt werden sollen. Das geplante Tierheim mit einer Kapazität von 4 Hunde- und 2 Katzenräumen, jeweils mit Auslauf, sowie einem Raum zur variablen Nutzung soll vorwiegend zur Quarantäne genutzt werden.

Ein anderes Beispiel: In das Tierheim Leipzig mit einer Kapazität für 110 Hunde und 180 Katzen wurden im Jahr 2008 aus dem Einzugsbereich der Stadt mit 580 000 Einwohnern aufgenommen:

- 511 Hunde
- 784 Katzen
- 441 Kleinsäuger
- 94 Vögel
- 64 Reptilien

Tab. 5-1 Aufnahme von Hunden und Katzen in den Jahren 2002–2007 (TierfreundLich e. V.)

Tierart	2002	2003	2004	2005	2006	2007
Hunde	9	2	6	2	11	29
Katzen	25	35	50	52	169	179

Tab. 5-2 Tierheimtage (TierfreundLich e. V.)

Tierart	Neuaufnahmen		Tierheimtage	
	2007	2008	2007	2008
Hunde	28	36	724	2 257
Katzen	179	153	20 764	19 880
Heimtiere	19	41	2 153	6 372
Wildtiere	141	114	2 494	3 698

Vom DTB (2003) werden folgende Richtwerte für die Kapazität von Tierheimen angegeben, wobei die Zahl der Plätze für Hunde als Maßstab herangezogen wird:

- 40 000–45 000 Einwohner: 15 Hundeplätze
- 200 000–300 000 Einwohner: 50 Hundeplätze

Der Bedarf an Arbeitskräften ist von der Intensität der Betreuung und den örtlichen Gegebenheiten abhängig.

Rusch (1998) hält 1 Hundeplatz pro 2000 Einwohner für erforderlich.

Die Zahl der Katzenplätze ist eineinhalb- bis zweifach höher anzusetzen. Der Radius des Einzugsbereichs sollte nicht über 30 km betragen und nicht über die Grenzen der Stadt bzw. des Landkreises hinausreichen, weil das die Kostenerstattung erschweren kann.

Wenn keine verlässlichen Zahlen aus dem Einzugsbereich des geplanten Tierheims vorliegen, sollten Zahlen aus mehreren Tierheimen mit etwa gleichem Einzugsgebiet zugrunde gelegt werden, wobei die Unterschiede zwischen Städten unterschiedlicher Bevölkerungsstärke und ländlichen Regionen zu berücksichtigen sind.

Es empfiehlt sich in jedem Fall, mehrere Tierheime aufzusuchen, um deren Erfahrungen kennen zu lernen. Besonders wichtig ist, den Verantwortlichen die Frage zu stellen, was sie bei einem Neubau anders machen würden. So können Fehler vermieden werden.

Liegt die geplante Kapazität fest, ist der **Personalbedarf** zu planen. Für ein Tierheim zur Haltung von Hunden, Katzen, Kleinsäugern und wenigen Vögeln und Reptilien kann die Zahl der erforderlichen Mitarbeiter nach der Zahl der Hundeplätze berechnet werden. Auf 7–12 Hundeplätze ist ein vollbeschäftigter Mitarbeiter zu rechnen. Der Bedarf an Arbeitskräften ist von der Intensität der Betreuung und den örtlichen Gegebenheiten abhängig. Untersuchungen in einem Tierheim haben ergeben, dass ein Tierpfleger während seiner Arbeitszeit bis zu 15 km zurücklegen muss. Möglichst kurze Wege und Hilfsmittel zur Fortbewegung sind deshalb schon bei der Planung zu berücksichtigen. Die Mehrzahl der Mitarbeiter sollte eine abgeschlossene Ausbildung zum Tierpfleger für Haus- und Heimtiere oder für Zootiere haben. In größeren Einrichtungen (über 200 Hundeplätze, Großstädte mit über 1 Mio. Einwohnern) sind zusätzlich Personen mit buchhalterischer und betriebswirtschaftlicher Ausbildung erforderlich. Ehrenamtlich tätige Mitglieder der Trägervereine können organisatorische Aufgaben übernehmen, aber auch für bestimmte Arbeitsgänge in der Tierbetreuung geschult und eingesetzt werden.

Dies gilt auch für Praktikanten und für Personen im Zuge von Maßnahmen der Agentur für Arbeit. Bewährt hat sich auch die Zusammenarbeit mit Organisationen, die beeinträchtigte Menschen betreuen. Deren Tätigkeit in Tierheimen kann sowohl eine Mitarbeit unter Anleitung als auch eine Ausbildung zum Tierpfleger beinhalten. Sie erfüllt in jedem Fall eine doppelte Funktion, nämlich die Integration dieser Personen in ein Arbeitskollektiv und die Unterstützung bei der Tierbetreuung.

Standort

Ein geeigneter Standort ist die Voraussetzung für alle folgenden Maßnahmen zum Bau eines Tierheims. Dieser sollte die folgenden Voraussetzungen bieten:

- ausreichende Fläche für die vorgesehenen Bauten und Ausläufe mit der Möglichkeit einer Erweiterung, mindestens 6 000 m^2 für ein Tierheim mittlerer Größe
- keine dichte Wohnbebauung in der näheren Umgebung, da mit hohen Lärmemissionen (Hundegebell) gerechnet werden muss
- gute Verkehrsanbindung (befestigte Straßen, öffentliche Verkehrsmittel)
- keine umweltbedingten Störfaktoren (Lärm, Industrieabgase)
- keine Schadstoffbelastung des Baugrunds
- Möglichkeit, vorhandene Bauten in das Gesamtkonzept zu integrieren

Die zur Verfügung stehenden Flächen sollten möglichst keine erheblichen Höhenunterschiede aufweisen, die Anpflanzung von Gehölzen erlauben, die Windschutz und Schatten schaffen, aber auch eine gärtnerische Gestaltung und Strukturierung des Geländes ermöglichen. Keine Pflanzen mit giftigen Trieben oder Früchten anpflanzen! Es ist auf schattengebende Pflanzungen zu achten, andererseits eine Verschattung zu vermeiden. Weiterhin ist zu beachten, dass die Gestaltung der Anlagen unter Berücksichtigung eines vertretbaren Arbeitsaufwands erfolgt. Ungepflegte Außenanlagen führen zu der Annahme, dass auch im eigentlichen Tierheimbetrieb Mängel vorliegen. Auch Anpflanzungen entlang der Einzäunung erfordern eine regelmäßige Pflege, die nur bei einem Pflanzabstand ab 0,8 m vom Zaun möglich ist. Flächen für Veranstaltungen und Spielplätze für Kinder erhöhen die Attraktivität der Anlage. Die Angliederung eines Hundeausbildungsplatzes führt zu Kontakten mit Hundehaltern und kann auch für Tierheimhunde genutzt werden.

Bestehende Tierheime liegen in Städten überwiegend am Stadtrand außerhalb von Bebauungszonen, zunehmend auch in Gewerbegebieten. Dies ist besonders im Hinblick auf die Lärmbelastung durch Hundegebell wichtig. In der Nähe von Wohngebieten, aber auch von Kleingartenanlagen kommt es häufig zu Beschwerden der Anwohner, die zu einer ablehnenden Haltung gegenüber dem Tierheim führen. Dadurch wird das Zusammenleben erheblich erschwert. Abhilfe ist durch Veränderung des Arbeitsablaufs im Tierheim oder kostenintensive Schallschutzvorrichtungen zu erreichen. Auch im ländlichen Raum sind Ortsrandlagen zu bevorzugen. Günstig ist, wenn es in unmittelbarer Nähe Flächen zum Ausführen von Hunden gibt. Für die Planung eines Neubaus ist die Ortssatzung zu beachten, welche u. a. den Nutzungszweck und die Geschosshöhe festlegt.

Sind auf dem Gelände bereits Bauten vorhanden, muss zunächst eine Bestandsaufnahme mit Beurteilung des Bauzustands erfolgen. Es kann durchaus sein, dass ihr Zustand, ihre Abmessungen und Lage einen Abriss erfordern, um Baufreiheit zu schaffen. Geeignete Bauten können zumindest für eine Übergangsperiode genutzt werden, wenn ihr Zustand es erlaubt. Sie sind in die Gesamtplanung einzubeziehen. In den neuen Bundesländern begann der Bau von Tierheimen erst nach der politischen Wende. In vielen Fällen wurden ehemalige militärische oder landwirtschaftliche Liegenschaften genutzt und ausgebaut.

Es ist zweckmäßig, ein Funktionsgebäude mit Büro-, Personal-, Lagerräumen und Werkstatt sowie angeschlossene oder/und separate Tierhäuser zu errichten. Für den Bau gilt, dass oberstes Ziel die Zweckmäßigkeit für die artgemäße Haltung der verschiedenen Tierarten ist. Dem muss die Funktionalität entsprechen, weil ein rationeller und kräftesparender Arbeitsablauf sich positiv auf die Versorgung der Tiere auswirkt. Auch das Vorhandensein und die Ausstattung von Aufenthalts- und Sozialräumen haben einen erheblichen Einfluss auf die Einsatzbereitschaft der Mitarbeiter und kommen so indirekt den Tieren zugute. Die Entscheidung zu einer kompakten oder aufgelockerten Anordnung der einzelnen Bereiche ist von der zur Verfügung stehenden Fläche und der benötigten Kapazität abhängig. In ländlichen Gebieten kann die Haltung extensiver, d. h. auf größeren Flächen als in städtischen Bereichen gestaltet werden, in denen es darauf ankommt, auf der vorhandenen Fläche möglichst viele Tiere unterzubringen. Dazu sind massive Gebäude mit Innenräumen und angeschlossenen befestigten oder naturbelassenen Ausläufen geeignet, in denen jeweils 1–3 Hunde bzw. 10–15 Katzen gehalten werden. Bei einer extensiven Haltung in größeren Ausläufen mit hölzernen Schutzhütten und einer guten Strukturierung können auch größere Gruppen gehalten werden, sie sind zudem kostengünstig. Auch Ställe mit Volieren für Kleinsäuger, wie Kaninchen, Meerschweinchen und Frettchen, können im Freien errichtet werden. Dabei ist auf kurze Wege zu den Versorgungseinrichtungen und Schutz gegen Witterungseinflüsse zu achten.

Die Gesamtanlage kann nach folgenden Grundprinzipien aufgebaut werden:

Dezentralisiert mit mehreren Baukörpern (Pavillonbau, Container): Wenn auf einem weitläufigen Gelände Gebäude vorhanden sind, die dem Nutzungszweck mit vertretbaren Kosten angepasst werden können, kann durch Erweiterungs- und/oder Ergänzungsbauten ein voll funktionsfähiges Tierheim entstehen.

Auch Büro- oder Frachtcontainer können als Schutzräume genutzt werden. Sie erfordern lediglich einen Stromanschluss und unter Umständen eine zusätzliche Wärmedämmung der Innenwände oder eine Ausstattung mit wärmegedämmten Schlafboxen (Abb. 5-1 und 5-2).

Abb. 5-1 Containeranlage für Hunde (TH Berlin)

Abb. 5-2 Container als Katzenhaus (TH Kranenburg)

- ⊕ **Vorteile:** Nutzung vorhandener Gebäude, kostengünstig, räumliche Entfernung zwischen den Haltungseinheiten (Infektionsschutz, gegenseitige Beunruhigung wird vermieden).
- ⊖ **Nachteile:** Hoher Arbeitsaufwand bei der Versorgung der Tiere, lange Transportwege, erschwerte Übersicht, lange Strecken für Strom- und Wasserversorgung sowie Abwasserbeseitigung, zentrale Heizung erschwert bzw. unmöglich.

Zentralisiert mit einem gegliederten Baukörper: An ein Funktionsgebäude werden ein- oder beidseitig (im rechten Winkel oder V-förmig) Flügel mit Tierräumen angegliedert (Abb. 5-3). Dabei sind an durchgehenden Mittel- oder Seitengängen (Kammstall) die Tierunterkünfte einseitig oder beidseitig (mit oder ohne Trennwand) angeordnet. Die Aufteilung erfolgt nach Tierarten, zu erwartenden Tierzahlen und der geplanten Gruppengröße.

- ⊕ **Vorteile:** Kurze und gerade Versorgungs- und Transportwege, niedriger Arbeitsaufwand, gute Übersicht, kurze Strecken für Strom-, Wärme- und Wasserversorgung sowie Abwasserbeseitigung.
- ⊖ **Nachteile:** Hohe Baukosten, seuchenhygienische Abgrenzung nur bedingt möglich.

Die Gangbreite sollte in allen Gebäuden nicht unter 2 m liegen.

Eine Kombination dieser Grundtypen kann Vorteile bringen, besonders, wenn vorhandene Bauten in die Gesamtanlage eingegliedert werden oder wenn es sich um Erweiterungsbauten handelt. Für Quarantänegebäude ist eine räumliche Entfernung von den übrigen Tierunterkünften vorteilhaft. Die Tierräume sind entweder für eine einzige Tierart, wie Hunde und Katzen, bestimmt oder aber zur Unterbringung unterschiedlicher und wechselnder Tierarten (Kleinsäuger, Vögel, Reptilien). Eine zweigeschossige Bauweise senkt die Baukosten. Das Dachgeschoss kann zur Unterbringung von Tierarten genutzt werden, für die ein Außenbereich nicht erforderlich ist. Das wären Vögel, Reptilien und Pensionskatzen. Es ist aber auch möglich, in zweigeschossigen Gebäuden balkonartige Ausläufe für Katzen zu schaffen (Abb. 5-4). Für Obergeschosse ist ein Lastenaufzug vorzusehen. Eine Innentreppe ist günstiger als eine Außentreppe in Stahlkonstruktion. Die Außentreppe wird bei Ergänzungsbauten bevorzugt, ist aber aus Sicht des Arbeitsschutzes wegen der Unfallgefahr bei Frostwetter kritisch zu sehen.

Ein Kellergeschoss mit direktem Zugang von außen kann Umkleide-, Sanitär- und Lagerräume aufnehmen.

Da Tierheime aus Gründen des Lärmschutzes abseits von Wohnbebauungen liegen sollten, sind sie durch geeignete Maßnahmen vor Einbruch und Vandalismus zu schützen. Dazu kann die Einzäunung und der sichere Verschluss der Gebäude, aber auch der nächtliche Freilauf von Hunden im

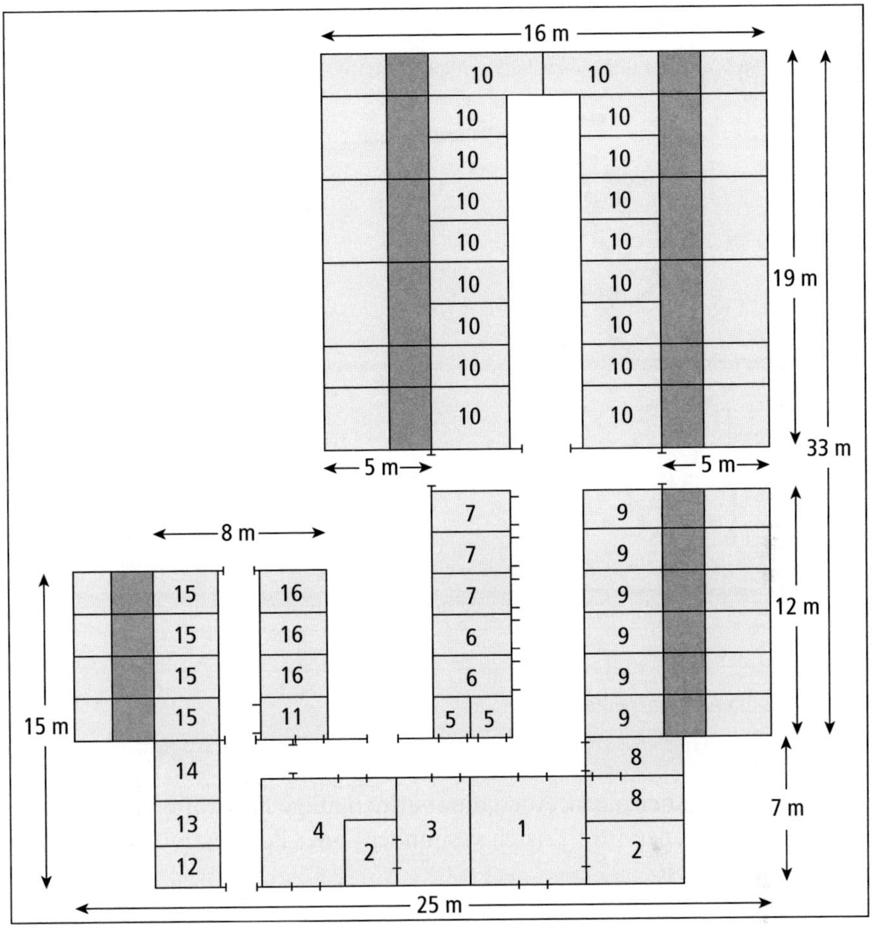

Abb. 5-3 Zentralisiertes Tierheim in Kompaktbauweise mit angeschlossenem Quarantänegebäude für 35 Hunde und 50 Katzen:

1 = Empfang
2 = Büro
3 = Frühstücks- und Versammlungsraum
4 = Lager
5 = WC
6 = Umkleideraum mit Dusche
7 = Wirtschaftsraum
8 = z. B. V. (Vögel, Kleinsäuger, Reptilien in Behältern)
9 = Katzenraum mit Auslauf
10 = Hunderaum mit Auslauf
11 = Personenschleuse zur Quarantänestation
12 = kurzzeitige Unterbringung eingelieferter Tiere
13 = Tierdusche
14 = tierärztlicher Behandlungsraum
15 = Quarantäne Hunde
16 = Quarantäne Katzen, Krankenstation (Käfige)

Erläuterungen: Die Ausläufe haben 2 m Überdachung, es gibt Zwischentüren zwischen allen Ausläufen (nicht in der Quarantänestation!). Ausläufe für Hunde sind überwiegend von 2 Innenräumen zugänglich. Es wurden nur Türen nach außen bzw. zu Funktionsräumen eingezeichnet, die Türen im Lager (4) und zu Gängen der Tierräume (9, 10) sind 2 m breit, sonst entspricht die Breite Zimmertüren.

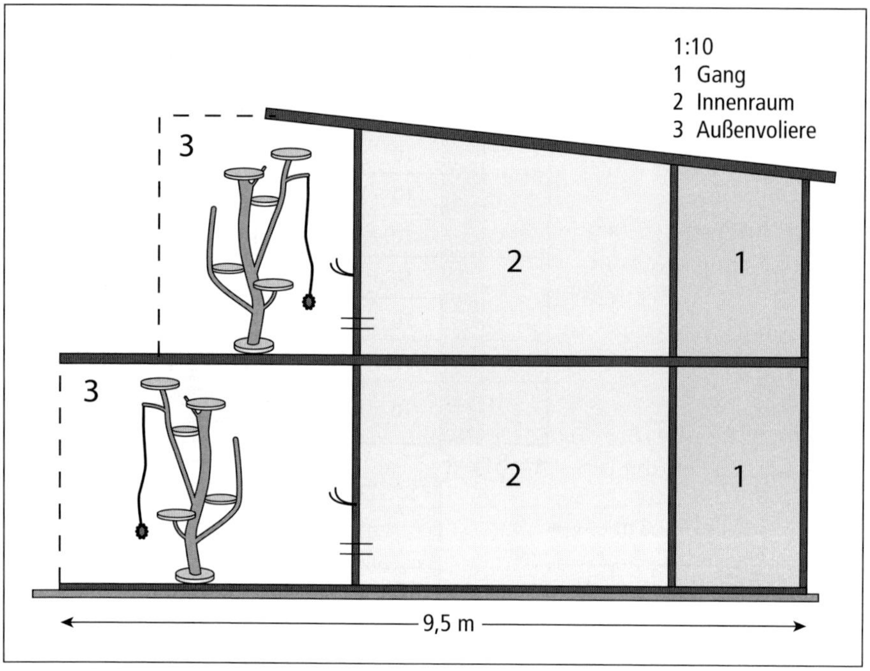

Abb. 5-4 2-etagiges Katzenhaus

Tierheimgelände beitragen. Auch die routinemäßige Kontrolle durch Wachschutzorganisationen (mit Kosten verbunden) oder Polizeistreifen kann diesen Zweck erfüllen.

Bauplanung

Für den Bau eines Tierheims ist eine Vielzahl gesetzlicher Regelungen zu beachten, die an dieser Stelle nicht ausführlich behandelt werden können. Es sollen aber einige Hinweise zur Vorgehensweise gegeben werden.

Da nicht davon auszugehen ist, dass jeder Architekt die Besonderheiten eines Tierheims kennt, ist es besonders wichtig, klare Vorgaben für die Größe, Zuordnung und Ausstattung der verschiedenen Räume zu geben. Hilfreich ist, wenn mit ihm gemeinsam mehrere Tierheime besucht werden, um an konkreten Beispielen Vor- und Nachteile unterschiedlicher Lösungen zu erkennen und möglichst auch Kontakt zu deren Architekten aufzunehmen.

Ein Neubau, aber auch der Umbau vorhandener Gebäude, stellt eine baugenehmigungspflichtige Maßnahme dar, welche die Anforderungen der Bauordnung des jeweiligen Bundeslands erfüllen muss. Erfolgt dies nicht, wird im äußersten Fall ein Rückbau angeordnet. Die Vorbereitung und die Bauausführung erfolgen in mehreren Abschnitten und erfordern in Abhängigkeit von der Größe des Objekts u. U. mehrere Jahre:

- Vorbereitungsphase
- Vorplanung
- Umweltverträglichkeitsgutachten
- Entwurfsphase
- Genehmigungsphase
- Ausführungsplanung
- öffentliche Ausschreibung
- Bauausführung

Es muss darauf hingewiesen werden, dass sich die Kosten infolge von Preissteigerungen von Jahr zu Jahr erhöhen!

Die Hinzuziehung eines Architekten und/oder Bauingenieurs von Anbeginn an sichert den reibungslosen Ablauf. Es sollte in jedem Fall das gesamte Projekt geplant werden, auch wenn nur eine zeitlich versetzte Realisierung möglich ist. Wegen der Besonderheiten eines Tierheims sind allen Projektanten eindeutige Angaben zu machen, die von den Haltungs- und Bewirtschaftungsanforderungen abgeleitet werden.

Vorbereitungsphase: In dieser ersten Phase ist mit dem zuständigen Bauamt Verbindung aufzunehmen, um sich über die einschlägigen gesetzlichen Regelungen zu informieren. In der **Bauordnung** werden u. a. folgende grundsätzliche Forderungen aufgeführt:

- Eignung der Fläche und des Baugrunds
- Zahl und Höhe der Geschosse
- Abstand zu anderen Bauten
- Gestaltung des Außenbereichs
- Bestandsschutz bei Erweiterungsbauten

Vorplanung: Die anschließende Phase umfasst spezielle Angaben zum geplanten Bau. Neben den baurechtlichen Vorschriften sind im konkreten Fall Vorschriften des **Baunebenrechts** zu beachten, wie Naturschutz, Umweltschutz, Immissionsschutz, Denkmalschutz, Arbeitsschutz. Da ein Tierheim als Arbeitsstätte gilt, ist die **Arbeitsstättenverordnung** zu berücksichtigen, die u. a. den Tageslichteinfall, in Altbauten auch den Schutz vor Schadstoffen (Asbest, Holzschutzmittel) und Hausschwamm regelt.

Entwurfsphase: Es schließt sich die Entwurfsphase an, in der durch einen Architekten ein Gesamtentwurf mit der Raumplanung einschließlich Zweckbestimmung und Fläche, Bauausführung, Bauablauf und ggf. Bauabschnitten und den Kosten erarbeitet wird. Zu speziellen Planungen kann die Hinzuziehung von Bauingenieuren zu Baugrunduntersuchung, Statik, Heizung, Lüftung, Sanitär- und Elektroanlagen sowie ggf. für Freiflächen erforderlich sein. Auch zum Brandschutz sind Spezialisten einzubeziehen.

Genehmigungsphase: In dieser Phase sind dem zuständigen Bauamt für Neubauten, aber auch bei Umnutzung bestehender Bauten, folgende Unterlagen entsprechend der Verordnung über Bauvorlagen einzureichen:
- amtlicher Lageplan 1 : 200 (Vermessung erforderlich)
- einfacher Lageplan (Flurkarte)
- Bauzeichnung 1 : 100
- Baubeschreibung und Betriebsbeschreibung (Vordrucke)
- bautechnische Nachweise (Statik, Brand-, Schall-, Wärmeschutz)
- Nachweis der Grundstücksentwässerung
- Nachweis für Stellplätze

Es ist mit einer Bearbeitungsdauer von bis zu 3 Monaten zu rechnen.

Ausführungsplanung: Liegt die Baugenehmigung vor, wird die Ausführungsplanung erarbeitet. Dazu gehören Zeichnungen (1 : 50) mit Details, z. B. für Fußböden, Wände, Fenster- und Türöffnungen sowie Anforderungen nach der Wärmeschutzverordnung. Die sich aus den angeführten Positionen ergebenden Baunebenkosten liegen bei 15–18 % der Bausumme, sinken mit steigenden Baukosten.

Öffentliche Ausschreibung: Bei allen Baumaßnahmen, für die Fördermittel beantragt werden, ist zur Vorbereitung der Vergabe eine öffentliche Ausschreibung als Gesamtprojekt oder nach Gewerken Pflicht, weil die Vorlage von mindestens 3 Angeboten gefordert wird. Dabei sind gleichlautende Formblätter zu verwenden, um einen direkten Vergleich der Angebote zu ermöglichen.

Bauausführung: An die Vergabe schließt sich die Bauausführung entsprechend der genehmigten Bauunterlagen an. Die Einhaltung der in der Ausschreibung enthaltenen Materialien und Ausführungen sollte durch eine sachkundige Person (Architekt, Bauingenieur, sachkundiger Laie) überwacht und kontrolliert werden. Gefordert wird auch ein Nachweis über die verwendeten Baumaterialien, wie z. B. Mischbeton.

Einige Richtwerte zu den Kosten für Räume je 1 m² Bruttogeschossfläche:
- Büro- und Aufenthaltsräume: 1 000–1 300 €
- Sanitär-, Lager-, Werkstatt-, Geräte-, Tierräume: 700–1 200 €

Für die Gründung bzw. Baugrube sind in Abhängigkeit von Baugrund und Unterkellerung 15–30 % der Baukosten erforderlich. Zusätzlich sind 20 % der

Bausumme für Preiserhöhungen von Baumaterial und im Laufe der Baumaßnahmen erforderlich werdende Zusatzleistungen einzuplanen.

Vom ersten Spatenstich bis zur Inbetriebnahme eines Tierheims ist mit einem Zeitraum von 18 Monaten zu rechnen.

5.3 Finanzierung von Bau und Betrieb eines Tierheims

Baufinanzierung

Überwiegend sind gemeinnützige Tierschutzvereine Träger von Tierheimen und für die Finanzierung aller Baumaßnahmen voll verantwortlich. Nur in Ausnahmefällen stellen Kommunen als Träger von Tierheimen die erforderlichen Mittel bereit.

Aus der Gemeinnützigkeit der Tierschutzvereine ergeben sich bestimmte Rechte, aber auch Pflichten. Es darf kein Gewinn erwirtschaftet, Rücklagen dürfen maximal in Höhe eines Jahreseinnahmesatzes gebildet werden. Zulässig ist, projektbezogene Rücklagen zu bilden, z. B. für den Bau oder die Erweiterung eines Tierheims. Dazu ist ein Termin oder ein zu erreichender Betrag für den vorgesehenen Baubeginn anzugeben. Die verfügbaren finanziellen Mittel müssen mit den geplanten übereinstimmen. Ist das nicht der Fall, sind Anstrengungen zu unternehmen, um zusätzliche Mittel zu gewinnen. Durch die Einwerbung von Spenden und Fördermitteln, aber auch die Aufnahme von Krediten ist die Finanzierung zu sichern. Gelingt dies nicht, muss der Baubeginn verschoben, der Umfang der Baumaßnahmen verringert oder eine zeitliche Staffelung der Baumaßnahmen vorgenommen werden. In letzterem Fall ist festzulegen, in welcher Reihenfolge die Bauten entsprechend ihres Verwendungszwecks errichtet und in Betrieb genommen werden sollen. Unter Umständen werden Veränderungen des Projekts erforderlich. So sind z. B. Haltungseinrichtungen für Hunde und Katzen im Freien kostengünstiger als Massivbauten. Auch auf dem Gelände bereits genutzte, zum Teil provisorische Einrichtungen zur Haltung von Hunden und Katzen sind unter Berücksichtigung ihres Zustands in die Gesamtplanung einzubeziehen, wobei die voraussichtliche Nutzungsdauer anzugeben ist. Der erste Bauabschnitt sollte Büro- und Sozialräume sowie eine Quarantänestation vorsehen. Damit werden gute Arbeitsbedingungen des Personals und zugleich die Begleitung der Baumaßnahmen gesichert. Es ist auch eine zeitweilige Nutzung einzelner Räume abweichend vom geplanten Nutzungszweck möglich, so z. B. Abteile für Hunde zunächst auch zur Haltung von Katzen, Kaninchen oder Meerschweinchen.

Ausgaben

Ein jährlicher Finanzplan, in dem eine Übereinstimmung von Ausgaben und Einnahmen erreicht wird, ist die Grundlage für den Betrieb des Tierheims. Es fallen folgende Kosten (fix oder variabel) an:
- Zinstilgung für Kredite
- Lohnkosten
- Reisekosten
- Sachkosten (z. B. Futtermittel, Streu, Büromaterial, Porto)
- Betriebskosten (Energie, Wasser, Abwasser, Entsorgung)
- Steuern
- Versicherungen
- Beiträge für die Berufsgenossenschaft
- tierärztliche Leistungen und Medikamente
- Fremdleistungen (Reparaturen, Transporte)
- Ersatzinvestitionen

Zu den Steuern sind Informationen vom Finanzamt oder einem Steuerberater einzuholen. Erforderliche Versicherungen sind:
- gesetzliche Unfallversicherung
- Tierhalterhaftpflichtversicherung
- Gebäudeversicherung gegen Feuer-, Sturm- und Hagelschäden

Weiterhin sind Versicherungen gegen Leitungswasserschaden, Einbruch und Glasschaden möglich.

Einnahmen

Die Einnahmen des Tierheims setzen sich wie folgt zusammen:
- fester Betrag aus den Mitgliedsbeiträgen des Trägervereins
- Spenden
- Vermächtnisse
- Eigeneinnahmen (Vermittlungen, Veranstaltungen)

Für Geldspenden über 100 € ist eine Spendenbescheinigung auszustellen, aus der eindeutig die Gemeinnützigkeit des Spendenempfängers hervorgeht. Das Spendenaufkommen (Geld, Sachmittel) ist regional sehr unterschiedlich und schwer planbar. Wenn ein Gericht einem Antrag auf Zuweisung entspricht, können dem Tierheim aus Strafprozessen Geldbeträge zur Verfügung gestellt werden oder Personen zur Leistung von gemeinnütziger Arbeit. Dadurch konnte z. B. in einem Tierheim eine Freianlage für Katzen angelegt werden.

Durch eine aktive Öffentlichkeitsarbeit (s. Kap. 5.12) ist die Gewinnung finanzieller oder materieller Mittel von Sponsoren zu erreichen. Wenn dem Tierschutzverein oder Tierheim Vermächtnisse zufallen, ist das ein Glücksfall, der den laufenden Betrieb sichern, aber auch Rekonstruktions- und/oder Baumaßnahmen ermöglichen kann. Einnahmen für Fundtiere kommen von den Tierhaltern bzw. Behörden. Werden Tiere durch Behörden wegen schwerer Verstöße gegen das Tierschutzgesetz in Tierheime eingewiesen, sind diese zur vollen Kostenübernahme verpflichtet. Auch das Bestreben, die Aufenthaltsdauer der Tiere möglichst kurz zu halten, indem sie an neue Halter vermittelt werden, ist mit Einnahmen in Form einer Schutzgebühr für die abgegebenen Tiere verbunden. Für Tiere, deren Besitzer diese nicht mehr halten können (oder wollen) und die dem Tierheim übereignet werden (Abgabetiere), sowie für Pensionstiere sind ebenfalls festgelegte Beträge zu erheben. Für Pensionstiere können zusätzlich Kosten für die Reinigung und Desinfektion in Rechnung gestellt werden. In Tabelle 5-3 sind beispielhaft Gebühren und Tagessätze für verschiedene Tierarten dargestellt.

Die geforderten Beträge für die Tierübereignung und -vermittlung sollen sowohl die leichtfertige Abgabe als auch die unüberlegte Anschaffung eines Tieres verhindern. Die angegebenen Beträge können nach dem Alter des Tieres, den regionalen Bedingungen und den persönlichen Verhältnissen des Tierbesitzers oder zukünftigen Halters variiert werden.

Von den Kommunen ist ein Betrag je Fundtier zu zahlen oder eine Pauschale auf der Basis von Einwohnerzahlen im Einzugsbereich. Letzteres hat den Vorteil, dass mit einer festen Summe geplant werden kann. Zusätzliche Mittel können durch Vermietung von Werbeflächen auf den Kraftfahrzeugen oder an Gebäuden eingeworben werden. Gut sichtbar aufgestellte Tafeln im Eingangsbereich mit den Namen von Personen und Unternehmen, die Geld,

Tab. 5-3 Tagessätze und Gebühren für verschiedene Tierarten

Tierart	Tagessätze für Fund- und Pensionstiere	Gebühren für Abgabetiere* (in Klammern Welpen)	Gebühren für die Tiervermittlung**
Hunde	7,50–10 €	150–200 € (50–80 €)	150–200 €
Katzen	4–5 €	50–80 € (15 €)	50–60 €
Kleinsäuger	2–4 €	2–15 €	2–15 €
Mäuse, Ratten, Degus	3–5 €		
Vögel	2–5 €	2–50 €	2–35 €
Papageien			200–300 €

* Zusätzlich können die Kosten für Impfung und Kastration in Rechnung gestellt werden.
** Inklusive Impfung (Hunde, Katzen) und Kastration (Katzen).

Futter, Baumaterial oder sonstige Leistungen zur Verfügung gestellt haben, regen zu weiteren Spenden an.

Jahresfinanzplan

Alle Kosten müssen mit den geplanten Beträgen in einem Jahresfinanzplan (Jahreshaushalt) aufgeführt werden, wobei eine Aufschlüsselung erfolgen sollte. So gehören zu den tierärztlichen Leistungen Behandlungen einschließlich prophylaktischer Maßnahmen, Kastrationen und Medikamenten, zu den Kosten für die Haltung von Fundtieren Futter und Streu. Die umfassende Finanzplanung ist die Grundlage für die erforderlichen Einnahmen, um einen ausgeglichenen Haushalt zu erreichen, der weder erhebliche Defizite, noch einen hohen Überschuss erreichen darf.

Kostenstellen sind nach folgendem Beispiel einzuplanen:

- Personal: 50–55 %
- Tierärztliche Behandlungen: 10–15 %
- Futter: 10 %
- Betriebskosten: 20–25 %
- Sonstiges: 5–10 %

Die in einen Jahresfinanzplan eingestellten Mittel können sich wie folgt zusammensetzen:

- Mittel der Kommunen
- Einnahmen (Abgabetiere, Veranstaltungen)
- Spenden (gewidmet, ungewidmet, Geldwert von Futter- und Sachspenden)
- Mitgliedsbeiträge
- Patenschaften

Der jährliche Finanzplan ist vom Vorstand zu bestätigen. In einigen Tierheimen erfolgt außerdem eine Bestätigung durch die Mitgliederversammlung des Trägervereins. Die in Finanzangelegenheiten zeichnungsberechtigten Personen sind festzulegen, unter Umständen in Abhängigkeit von der Höhe der Beträge. Nach Abschluss des Geschäftsjahres erfolgt die Prüfung aller Unterlagen durch die gewählten Kassenprüfer, die nicht Mitglieder des Vorstands sein dürfen. Ihnen sind die folgenden Unterlagen vorzulegen:

- Haushaltsabrechnung
- Rechnungsein- und -ausgänge
- Bankbelege
- Buchhaltung
- Porto- und Kassenbuch
- Handkasse

Die Jahresabrechnung ist mit dem schriftlichen Bericht der Rechnungsprüfer der Mitgliederversammlung zur Bestätigung vorzulegen. Die Einbeziehung von Steuerbüros in die Kassenprüfung ist mit Kosten verbunden, sollte jedoch in großen Einrichtungen erfolgen, ebenfalls wenn ein Anfangsverdacht auf Veruntreuung von Mitteln durch Einzelpersonen besteht. Es hat sich bewährt, die Lohnzahlung für die Angestellten über ein Steuerberatungsbüro zu regeln.

Bei der Jahresabrechnung auftretende Differenzen sind zu begründen und bei der Aufstellung des Finanzplans für das nächste Jahr zu berücksichtigen.

5.4 Gebäude und Anlagen

Zu den grundlegenden Voraussetzungen einer Tierheimanlage gehört ein Hinweisschild an der Straße, eine befestigte Zufahrt und ein geräumiger Parkplatz sowie ein klar erkennbarer Eingang für Besucher mit einer Tafel, aus dem der Name und die Öffnungszeiten sowie weitere Informationen zu ersehen sind (Abb. 5-5). Das gesamte Gelände muss durch einen stabilen Zaun eingefriedet sein, der sowohl das Eindringen von Menschen oder Tieren als auch das Entweichen von Tieren sicher verhindert. Dazu sind eine Mindesthöhe von 2 m und ein nach innen gerichteter Überkletterschutz sowie ein Fundament (Streifenfundament aus Beton oder senkrecht gestellte Rasengittersteine) erforderlich.

Abb. 5-5 Beispiel für die Beschilderung: Tierheim Dresden

Für Geh- und Fahrwege sind Materialien zu verwenden, die den Boden nicht versiegeln. Wege für Fußgänger sind mit Gehwegplatten oder Kleinpflaster anzulegen. Für befahrene Wege sind recycelte Materialien oder eine lehmgebundene Kiesschicht zu bevorzugen, deren Aufbau und Schichtdicke der zu erwartenden Belastung entspricht.

Empfang, Verwaltung und Personalräume

Hinsichtlich des Publikumsverkehrs gibt es in den Tierheimen unterschiedliche Regelungen. In einigen Tierheimen besteht jederzeit die Möglichkeit, das Gelände zu betreten und die Tiere in ihren Unterkünften zu besichtigen. Dagegen gibt es in anderen Tierheimen festgelegte Besuchszeiten für die Tierhäuser, um einen störungsfreien Arbeitsablauf zu sichern. Ein frei zugänglicher Eingangsbereich ist in diesem Fall vom eigentlichen Tierheimgelände durch einen Zaun abzugrenzen. In kleineren Einrichtungen ohne feste Öffnungszeiten sollte eine verschlossene Tür mit Klingel, Wechselsprechanlage und automatischem Türöffner vorhanden sein. Um freilaufende Tierheimtiere am Entweichen zu hindern, ist eine 5–8 m^2 große Eingangsschleuse zu empfehlen. Berechtigte Fahrzeuge kommen durch einen gesonderten verschließbaren Eingang auf das Gelände (Abb. 5-6).

Der Empfang als „Visitenkarte" des Tierheims sollte im Idealfall ein großzügiger Raum sein, der als Wartezimmer mit Möglichkeiten zum Sitzen und

Abb. 5-6 Eingangsbereich mit Schleuse, Öffnung durch Fernbedienung (TH Märkisch Buchholz)

zum Abstellen von Transportbehältern dient. Er kann mit Tieren in Volieren und Käfigen sowie Postern und Fotos an den Wänden und Grünpflanzen ausgestattet werden (Abb. 5-7). Vielfach findet man Bilder der vermittelten Tiere in großer Zahl, welche die erfolgreiche Arbeit dokumentieren. Ein Versammlungsraum, vom Empfang aus zu betreten, kann für Schulklassen und Versammlungen der Tierschutzvereine genutzt werden, aber auch für die Schulung von Mitarbeitern und Tierpaten. Dieser Raum sollte auch Standort für eine Bibliothek mit Fachliteratur sein. Außerdem sind sanitäre Anlagen vorzusehen.

Es schließt sich der interne Bereich an, bestehend aus einem oder mehreren Räumen, zu dem ein Zugang nur durch berechtigte Personen möglich ist. Zur Ausrüstung der Büros gehören Schreibtische, Schränke und Regale für die Unterbringung von Akten und Schreibmaterial, ein PC mit Drucker und Kopierer sowie ein Telefon. Zur Aufbewahrung von Geld und wichtigen Dokumenten ist ein fest in der Wand verankerter Tresor vorzusehen. In kleineren Einrichtungen ist es üblich, Besucher im Büro zu empfangen. Dadurch wird ein enger Kontakt zwischen dem Tierheimmitarbeiter und dem Besucher hergestellt. Es ist aber auch möglich, mit Besuchern durch ein breites Fenster (Schalter) zu kommunizieren, was einem höheren Sicherheitsstandard entsprechen würde.

Abb. 5-7 Demonstration artgemäßer Haltung von Kaninchen und Meerschweinchen im Eingangsbereich (TH Dresden)

Das Vorhandensein und die Ausstattung von Aufenthalts-, Umkleide-, Dusch- und Büroräumen haben einen wesentlichen Einfluss auf das Betriebsklima, die Leistungsfähigkeit und Zufriedenheit der Mitarbeiter. Dies gilt auch für die Zuordnung der Funktionsräume. Nur wenn dies alles berücksichtigt wird, sind die Voraussetzungen für eine gute Betreuung der Tiere gegeben.

Zu den Personalräumen gehört ein ansprechend ausgestatteter Aufenthaltsraum, in dem gegessen werden kann und Arbeitsberatungen stattfinden. Dazu sind, auf die Personenzahl abgestimmt, Tisch und Stühle erforderlich. Eine Teeküche mit Kühlschrank, Kaffeemaschine, Mikrowelle und Geschirrschrank erfüllt in den Pausen die Bedürfnisse der Mitarbeiter. Da die Tierräume erst nach Wechsel der Straßenkleidung mit der Arbeitskleidung zu betreten sind (u. U. über eine Schleuse mit angeschlossener Dusche) sind geschlechtergetrennte Wasch- und Umkleideräume und Toiletten sowie für die Unterbringung der Straßenkleidung verschließbare Schränke vorzusehen. In größeren Tierheimen befinden sich diese Räume jeweils in den einzelnen Abteilungen.

Schon bei der Bauplanung sind Maßnahmen zum Objektschutz, wie Fenstergitter und Alarmanlagen, vorzusehen.

Wirtschaftstrakt

Lager- und Geräteräume

In großen Einrichtungen muss ein zentrales Lager (Abb. 5-8) von öffentlichen Straßen gut zu erreichen und mit Technik zum Transport großer Gebinde ausgerüstet sein. In den Haltungseinrichtungen für die einzelnen Tierarten sind abhängig von der Anzahl der Tierplätze kleinere Lagerräume mit begrenzter Kapazität erforderlich. Da der Bezug größerer Mengen an Futter und Einstreu mit günstigeren Preisen verbunden ist und auch als Spende u. U. größere Mengen ankommen, muss eine ausreichende Lagerkapazität vorhanden sein. Regale bis zur Decke mit unterschiedlichen und zu verändernden Höhen und Tiefen der Etagen sichern eine hohe Raumauslastung. Außerdem sollten zusätzlich stapelbare Plastikbehälter in unterschiedlichen Größen vorhanden sein. Es empfiehlt sich eine nach Tierarten getrennte Lagerung mit exakter Beschilderung, wobei das jeweilige Verfallsdatum zu berücksichtigen ist. Dies ist insbesondere zur Vermeidung von Verwechslungen und zur Arbeitserleichterung bei Vertretungen erforderlich. In ein Bestandsbuch oder eine Kartei sind alle angelieferten Futtermittel mit Menge, Tierart und Verfallsdatum einzutragen. Um eine kontinuierliche Fütterung zu sichern, ist festzulegen, bei welchen Bestandsmengen Nachbestellungen erfolgen müssen.

Für Hunde, Katzen, Kleinsäuger, Vögel und Reptilien bestimmte Futtermittel können in einem Raum gelagert werden, wenn es sich um Trockenfutter (Alleinfutter, Einzelkomponenten) handelt bzw. wenn diese luftdicht verpackt sind. Futterrüben und Mohrrüben werden in Kellern (kühl, trocken) gelagert, größere Mengen besser in Mieten im Freiland.

Die einzelnen Tierarten stellen unterschiedliche Ansprüche an die Einstreu. Aus der Fülle der angebotenen Einstreuarten ist eine Auswahl zu treffen, um einerseits die Bedürfnisse der einzelnen Tierarten zu erfüllen, andererseits die Kosten zu minimieren. Die Lagerung muss in Innenräumen erfolgen. Es ist möglich, Futtermittel und Einstreu in einem Raum zu lagern (Abb. 5-9). Heu und Stroh sind in trockenen Räumen, auf Böden oder in Holzschuppen so zu lagern, dass Schimmelbildung vermieden wird und ihre Qualität erhalten bleibt.

Zur Unterbringung eines (realistischen) Vorrats oder zeitweise nicht genutzter Gegenstände, wie Futter- und Tränkgefäße, Käfige, Transportbehältnisse, Heizgeräte, Reinigungsmittel und -geräte, ist ein Raum vorzusehen. Günstig ist, Kühlgeräte in einem gesonderten Raum aufzustellen. Es ist jedoch

Abb. 5-8 Zentrallager (TH Berlin)

Abb. 5-9 Futtermittel- und Einstreulager für Hunde und Katzen (TH Cottbus)

auch möglich, dass diese in einem Raum mit Waschmaschinen stehen. Neben Haushaltskühlschränken unterschiedlicher Kapazität oder Gewerbekühlschränken sind dies Tiefkühlschränke oder -truhen, in denen beispielsweise Futter für Reptilien gelagert wird. Zur Aufnahme toter Tiere bis zur Abholung durch die Tierkörperbeseitigungsanstalt ist eine gesonderte Tiefkühltruhe geeignet. Es sollte eine Berechnung unter Berücksichtigung der vorliegenden Bedingungen (Kapazitätsbedarf, Entfernung der einzelnen Bereiche) angestellt werden, ob eine zentrale Kühlzelle rentabler ist als die Aufstellung von Kühlschränken in den einzelnen Abteilungen.

Wenn ausschließlich Fertigfutter oder Mischungen verschiedener Trockenfutterarten eingesetzt werden, wird keine Futterküche benötigt. Stehen Fleisch und Schlachtabfälle zur Verfügung, sind Geräte zur Zerkleinerung (Fleischwolf, Cutter) und Erhitzung erforderlich. Zur Reinigung der Futter- und Tränkgefäße dienen Räume mit einer Kücheneinrichtung (Warmwasser, Abwaschbecken, Abtropffläche, Geschirrspülmaschinen oder Industriespülmaschinen mit größerem Volumen (Abb. 5-10 und 5-11).

Weiterhin ist ein zentraler Waschmaschinen- und Trocknerraum mit jeweils mehreren Geräten vorzusehen, in dem Arbeitsbekleidung, für Tiere benötigte Textilien und Transportbehälter gesammelt und separat gewaschen und getrocknet werden. Dies kann in größeren Abteilungen für die einzelnen

Abb. 5-10 Spülküche (TiKo Klagenfurt, Zuzzi)

Abb. 5-11 Industriespülmaschine (TiKo Klagenfurt, Zuzzi)

Tierarten dezentral erfolgen. Ein Wäscheraum sollte in der Nähe des Waschmaschinenraums liegen, in dem Arbeitsbekleidung, Handtücher und für Tiere verwendete Unterlagen gelagert werden.

Ein weiterer Raum mit Warmwasseranschluss dient als Tierdusche, die vorwiegend für Hunde genutzt wird. Dazu ist ein Becken (ca. 1,0 × 0,7 m) erforderlich, dessen Boden zur Erleichterung der Arbeit 40–50 cm über dem Raumboden liegen sollte (Abb. 5-12). Um für die Tiere einen festen Stand zu ermöglichen, ist auf den Beckenboden eine Anti-Rutsch-Matte zu legen. Auf einem Arbeitstisch können Pflegemaßnahmen, wie Bürsten und Scheren des Fells sowie Reinigen der Ohren erledigt werden. Zum Trocknen nach dem Baden dienen Holzboxen mit Warmlufttrockner, bei kleinen Hunden ist dies auch mit einem Fön möglich, wenn die Tiere das tolerieren. Außerdem kann

Abb. 5-12 Tierdusche (TH Dresden)

dieser Raum zur Feinreinigung von Gegenständen aus dem Tierbereich genutzt werden, die bei starker Verschmutzung im Freien grob gereinigt wurden, wie Schalen und Transportbehälter aus Plastik, Vogelkäfige und Terrarien, aber auch Abfallbehälter.

Um die körperliche Belastung in Grenzen zu halten, sind zum Transport unterschiedlicher Güter innerhalb der Gebäude gummibereifte Futterwagen oder Karren vorzusehen (Abb. 5-13).

Werkstatt

In jedem Tierheim fallen Reparaturen an, die von handwerklich begabten Mitarbeitern oder Betriebshandwerkern erledigt werden. Ein gesonderter Raum mit Werkbank, Schraubstock und einem kompletten Werkzeugsatz sowie elektrischen bzw. akkubetriebenen Geräten, wie Bohrmaschine, Schraubendreher und Säge, sollte dafür eingerichtet werden. In diesem Raum können auch die Geräte für die Pflege der Außenanlagen untergebracht werden.

Kraftfahrzeug und Garage

Jedes Tierheims benötigt mindestens ein Kraftfahrzeug, das zum Transport von Tieren, aber auch von unterschiedlichem Material ausgerüstet ist. Geeignet sind Mittelklassewagen als Kombi (Abb. 5-14). Für große Einrichtungen sind Nutzfahrzeuge, wie sie von Gewerbetreibenden genutzt werden, besser geeignet. Es ist möglich, in den Fahrzeugen stationäre Käfige zu installieren,

Abb. 5-13 Futterwagen für die Katzenabteilung (TH Berlin)

was einerseits Standsicherheit beim Transport bietet, andererseits eine variable Nutzung einschränkt. Es können aber auch unterschiedliche Transportbehälter verwendet werden, die sicher fixiert werden müssen. Eine Garage schützt gegen Diebstahl und sichert die Betriebsbereitschaft auch bei Schnee und Eis. Sie kann auch bei Veranstaltungen zweckentfremdet genutzt werden. Vorteilhaft ist, wenn ausreichender Platz zur Lagerung von Transportbehältnissen im Garagentrakt vorhanden ist (Abb. 5-15). Damit wird abhängig von der zu

Abb. 5-14 Kombi mit mobilen Transportbehältern, gleichzeitig Werbeträger (TH Märkisch-Buchholz)

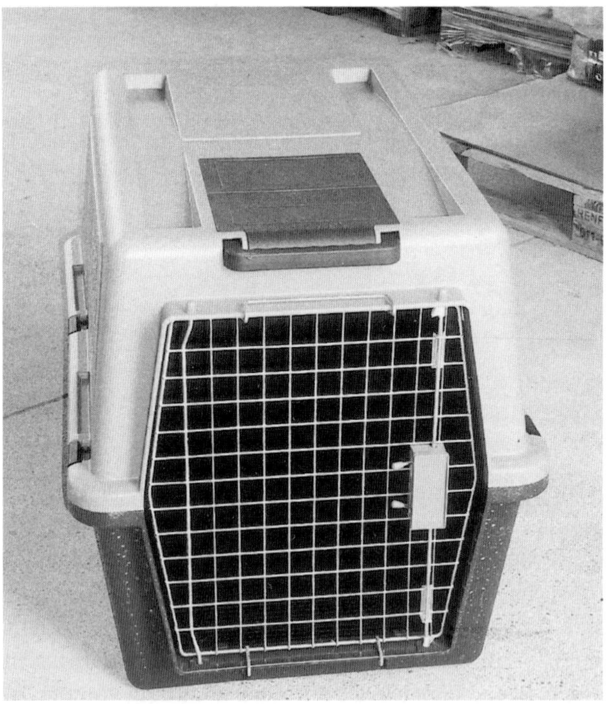

Abb. 5-15 Stabile Transportbehälter für Hunde und Katzen gibt es in verschiedenen Größen

transportierenden Tierart ein schneller Einsatz ermöglicht. Zum Einfangen freilaufender Tiere sind Hilfsmittel, wie Fangstange, Kescher, Halsbänder und Leinen, erforderlich.

5.5 Tierunterkünfte

Die häufigsten Tierheimbewohner sind Hunde, Katzen, Kaninchen und Meerschweinchen, für die eine artgerechte Unterbringung in speziell ausgestatteten Räumen bzw. Freianlagen mit Schutzräumen erfolgt. Für die Unterbringung von Vögeln, Kleinsäugern und Reptilien in mobilen Behältnissen sind Räume mit weitgehend gleicher Ausstattung (Tische, regalartige Flächen zur Aufstellung von Käfigen und Terrarien) einzurichten, die variabel belegt werden können. Volieren für einige Arten von Kleinnagern und Vögeln können bei Bedarf mit relativ niedrigen Kosten in Eigenbau geschaffen werden. Bei Altbauten können die Raummaße, die verwendeten Baustoffe und der Erhaltungszustand Kompromisse erfordern. Für einige Tierarten, wie Minipigs, Schafe, Ziegen, Ponys und Esel, sind eingezäunte Flächen im Freien mit angeschlossenem Schutzraum vorzusehen, die im Bedarfsfall der zu haltenden Tierart angepasst werden können. Im Laufe der Jahre können sich nicht vorhersehbare Veränderungen hinsichtlich Tierzahlen und -arten ergeben, die eine Änderung der Raumnutzung oder zusätzliche Bauten erfordern. Provisorien sind nur für kurze Zeiträume möglich, da sie auf Kosten der Tiere gehen, aber auch die Betreuung erschweren.

Im Folgenden sollen deshalb Anforderungen unabhängig von konkreten Bedingungen und Erfordernissen formuliert werden, die an örtliche Bedingungen, wie vorhandene Bauten, zur Verfügung stehende Mittel und zu erwartende Tierzahlen und -arten anzupassen sind.

Massivbauten

Massivbauten können mit oder ohne Wärmedämmung errichtet werden. Für Tierarten, wie Vögel und Reptilien, die bei Zimmertemperatur, also zeitweiser Heizung, gehalten werden müssen, sind wärmegedämmte Bauten erforderlich. Zu empfehlen ist die Gewinnung erneuerbarer Energie durch Wärmepumpen, Photovoltaik-Module oder Holzpellets. Damit sind zwar höhere Investitionskosten verbunden, die nur zum Teil durch Fördermittel ausgeglichen werden. Langfristig (7–13 Jahre) führen sie unter Berücksichtigung des zu erwartenden Anstiegs der Energiekosten jedoch zu einer Einsparung. Durch entsprechende Bauweise und zusätzliche Maßnahmen, wie Einbau von Thermofenstern oder Fassadendämmung, kann ein Wärmeverlust vermieden werden. Die Fensterflächen sollten außerdem begrenzt sein, um Wärmeverluste, aber auch starke Aufheizung der Innenräume zu vermeiden. Scheiben im Schaufensterformat erfordern höheren Pflegeaufwand und schränken zudem die Möglichkeiten der Tiere zum Rückzug ein. Die Anordnung der Fenster im oberen Drittel ermöglicht die Nutzung einer Standfläche unter ihnen. Kippfenster sind für Katzenstuben nicht geeignet, weil kletternde Katzen sich einklemmen können. Türen müssen aus Glas, Metall oder innen mit Metallverkleidung versehen sein, wenn sie direkt mit den Tieren in Berührung kommen. Da Hunde und Katzen es in kurzer Zeit lernen, Türen zu öffnen, sind normale Türklinken zumindest an der Innenseite nicht geeignet, auch wenn die Klinke innen senkrecht steht. Geeignet sind stattdessen Drehknöpfe, Schlösser mit Vierkantschlüssel oder außen Riegel und innen Haken.

Die Belüftung kann über die Fenster erfolgen, die bei freilaufenden Tieren u. U. ein Außengitter haben müssen. Zusätzlich können Ventilatoren in den Gängen vorgesehen werden, welche die Innenluft nach außen führen (Unterdruckbelüftung). Dies macht nur Sinn, wenn der gesamte Innenraum nicht durch geschlossene Wände unterteilt ist. Dringend ist zu empfehlen, für die Ent- und Belüftung spezielle Lösungen zu projektieren, da Nachbesserungen mit erhöhten Kosten verbunden sind.

Holzbauten

Es gibt in Baumärkten eine große Auswahl an Holzbauten in unterschiedlicher Größe, die zum Teil am Saisonende zu niedrigen Preisen abgegeben werden. Sie sind auf eine Betonplatte als Fundament oder ein Streifenfundament mit Betonestrich zu setzen. Wegen der geringen Wärmedämmung eignen sie sich nur zur Unterbringung von nicht kälteempfindlichen Tierarten. Ihre Nutzungsdauer ist von einem regelmäßigen Anstrich mit Holzschutzmitteln abhängig. Außerdem muss ein Benagen sicher verhindert werden. Bei hohen Außentemperaturen ist durch Lüftung und Ventilatoren dafür zu sorgen, dass es nicht zu Hitzeschäden kommt. Eine zusätzliche Wärmedämmung durch innen angebrachte Styroporplatten und Faser- oder Gipsplatten ist mit wenig Aufwand und geringen Kosten möglich. Wegen der meist kleinen Fensterflächen ist eine elektrische Beleuchtung erforderlich. Eine Heizung ist wenig effektiv. Der Einsatz von mobilen Heizstrahlern verbietet sich aus Brandschutzgründen.

Ausläufe und Volieren mit Schutzraum

Ständig oder zeitweise zugängliche Ausläufe und Volieren bieten den Tieren die Möglichkeit zu artgemäßer Bewegung sowie Klimareizen. Sie müssen in ihren Abmessungen für die einzelnen Tierarten geeignet sein. Besonders wichtig ist die Einzäunung. Provisorien verhindern nicht sicher das Entweichen der Tiere. Für Pferde, Esel und kleine Wiederkäuer sind deshalb Begrenzungen aus Metall erforderlich oder hölzerne, die mit einem zusätzlichen elektrischen Weidezaun versehen werden, um das Benagen zu verhindern. Stacheldraht ist nicht zulässig. Für kleinere Säugetiere, wie Kaninchen oder Meerschweinchen, und Vögel, sind allseitige Begrenzungen aus Maschendraht bzw. Metallstäben erforderlich, die für grabende Tierarten in die Erde eingelassen werden oder einen Betonsockel haben, um das Entweichen zu verhindern. Außerdem müssen sie das Eindringen von Fressfeinden sicher verhindern. Für Hunde sind Gitter aus Metallstäben geeignet, aber auch die kostengünstigen Bauzäune oder Estrichmatten. Zumindest ein Teil der Ausläufe ist mit einem Überkletterschutz zu versehen, da es immer wieder Hunde mit Kletterkünsten gibt. Katzenausläufe sind mit Drahtgeflecht einzuzäunen, das mit nach innen weisenden längslaufenden Stangen oder Geflecht gegen Entweichen geschützt ist, wenn nicht ein Dach oder eine vollständige Abdeckung mit Drahtgeflecht oder einem Netz vorhanden ist.

Die Bodenfläche muss frei von stauender Nässe sein, ggf. ist eine Drainage einzubauen. Naturboden hat den Nachteil, dass er sich verfestigt, was zu Pfützen führen kann. Dies ist besonders an viel begangenen Stellen, wie Futterplätzen, der Fall. Durch eine begrenzte Betonfläche, Pflaster oder Rasengittersteine kann dies verhindert werden. Bewährt hat sich auch eine Aufschüttung von Sand, möglichst Flusssand, die allerdings in halbjährlichem Abstand gewechselt werden muss, was mit einem erheblichen Arbeitsaufwand verbunden ist. Außerdem müssen Kotstellen regelmäßig gereinigt werden. Eine Strukturierung der Ausläufe und Volieren durch Sichtschutz in Form von Stämmen, Zweigen, Stein- und Reisighaufen ermöglicht artgemäßes Verhalten und Körperpflege durch Scheuern.

Schutzräume müssen einen undurchlässigen Boden haben, d.h. gefliest oder mit einem Anstrich aus Epoxidharz versehen sein. Wenn sie eingestreut sind und Schutz gegen Niederschläge und Wind bieten, ist für Kaninchen, Huf- und Klauentiere eine Wärmedämmung nicht erforderlich. Für Meerschweinchen und einige Vogelarten darf jedoch die Raumtemperatur nicht unter 15–18 °C sinken. Deshalb sind eine massive Bauweise und die Möglichkeit einer zeitweiligen Heizung erforderlich. Es empfiehlt sich, Schutzräume, die zur Unterbringung wechselnder Tierarten bestimmt sind, als Reihenbauten zu errichten, was zur Einsparung von Baumaterial und geringeren Wärmeverlusten führt. Ein Beispiel ist in Abbildung 5-16 dargestellt. Die angegebenen Maße dürfen nicht unterschritten werden. Ein massives Gebäude (Mauerwerk > 30 cm) mit einem Gang und abgeteilten Schutzräumen (Mauerwerk 10 cm oder Leichtbauweise) mit angeschlossenen Volieren kann wahlweise zur Unterbringung von Kleinvögeln, Sittichen und bis 40 cm großen Papageien oder aber Kaninchen und Meerschweinchen genutzt werden. Für Frettchen kann eine Voliere am Rand genutzt werden, wenn sie durch eine Mauer von der Nachbarvoliere getrennt ist. Die Front hat Fenster sowie Einflugöffnungen und bodennahe Klappen, was die Nutzung für unterschiedliche Tierarten ermöglicht. Die Volieren werden durch Drahtgeflecht auf einem Streifenfundament abgeteilt, dessen Stärke und Maschenweite Vögeln unterschiedlicher Größe entsprechen muss. Zum Schutz gegen das Entweichen bzw. das Eindringen von Fressfeinden ist eine Abdeckung mit Maschendraht erforderlich. Der Boden ist Naturboden, Kies oder Sand, zur Strukturierung dienen Steine, Sitz- und Kletterstangen in unterschiedlicher Stärke. Die Volieren sollten jeweils einen Zugang von außen besitzen.

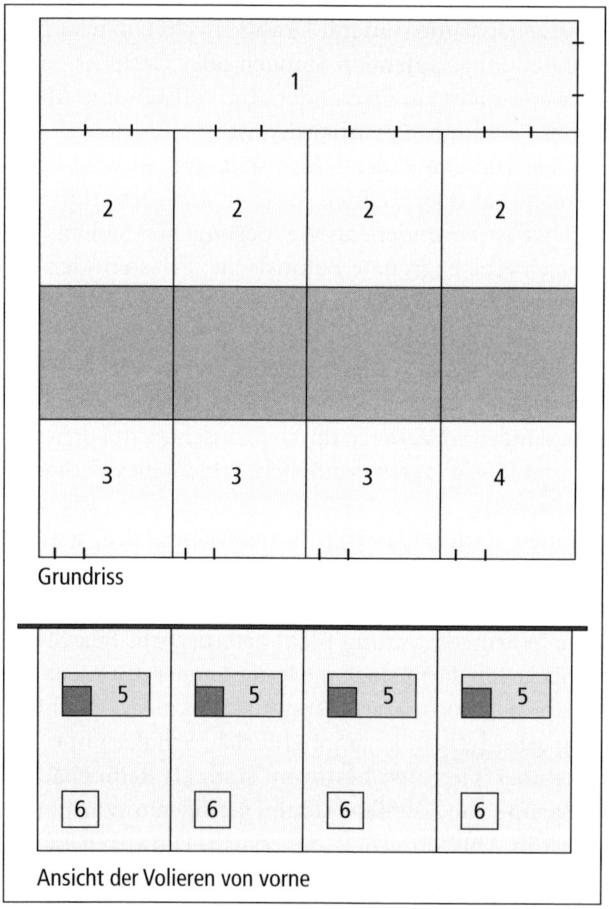

Abb. 5-16 Volieren mit Schutzraum für Geflügel, Vögel, Kaninchen, Meerschweinchen und Frettchen in Reihenbauweise:
1 = Bedienungsgang
2 = Schutzraum
3 = Voliere (zur Hälfte überdacht, Außentür 0,6 m)
4 = Voliere mit massiver, blickdichter Abtrennung (Frettchen)
5 = Fenster (1,0 × 0,5 m) mit Ausflugklappe (0,2 × 0,3 m), vom Gang zu bedienen
6 = Auslaufklappe (0,25 × 0,3 m), vom Gang zu bedienen

5.6 Tieraufnahme und -abgabe

Tiere werden während der Öffnungszeiten durch einen Mitarbeiter des Tierheims in Empfang genommen. Außerhalb der Öffnungszeiten durch Bürger aufgefundene Tiere sind der Ordnungsbehörde (Polizei, Feuerwehr) zu melden, die für die Verbringung in ein Tierheim sorgen muss. Zum Teil ist für derartige Fälle ein Bereitschaftsdienst des Tierheims oder des Tierschutzvereins organisiert. In einigen Städten gibt es einen Tierrettungsdienst mit einem eigenen Fahrzeug. Dieser hat wie Feuerwehr und Polizei außerhalb der Arbeitszeit Zugang zu einem Raum in einem Gebäude mit Boxen für Hunde und Katzen oder zu einem Bereich vor den Gebäuden. Um nicht Ratten anzulocken, ist Trinkwasser nicht in offenen Gefäßen auf Vorrat aufzustellen, sondern bei Bedarf aus einer verschlossenen Flasche einzufüllen. Aus dem gleichen Grund ist auf ein Futterangebot zu verzichten (Abb. 5-17).

Für Fundtiere müssen spezielle Formulare (s. auch DTB 2003) ausgefüllt werden. Es handelt sich nicht um eine bürokratische Maßnahme, sie entspricht vielmehr dem Fundrecht entsprechend BGB und dient dem persönlichen Schutz des Finders und des Tierheimmitarbeiters, aber insbesondere dem Schutz des Tieres. Eine **Fundtieranzeige** wird in dreifacher Ausfertigung ausgefüllt, wobei zwei gleiche Exemplare für das Tierheim und die Ordnungsbehörde bestimmt sind. Neben anderen Angaben enthält dieses Formular folgende Daten:

- Empfangsbescheinigung
- Abtretung des Tieres an das Tierheim
- Verbleib des Tieres

Abb. 5-17 Außerhalb der Dienstzeiten zugängliche Hundezwinger (TH Dresden)

- Aufstellung der dem Tierheim entstandenen Kosten, die durch die Ordnungsbehörde zu erstatten sind

Jeweils ein weiteres Exemplar erhalten der Finder sowie die Ordnungsbehörde als Fundtiermeldung.

Für vermittelte Fundtiere ist ein **Fundtierabgabevertrag** in dreifacher Ausfertigung auszufüllen, der folgende Daten enthält:
- Personendaten des neuen Halters
- Angaben zum Tier:
  - äußere Beschaffensmerkmale
  - besondere Eigenschaften
  - Erkrankungen und durchgeführte Prophylaxemaßnahmen
- Festlegungen zu Herausgabeanspruch des Eigentums, Kostenerstattung, artgemäßer Haltung, Weitergabe, Euthanasie, Gewährleistungs- und Haftungsausschluss, Datenschutz
- Nachweis, dass eine Tierhaltung durch den Vermieter erlaubt ist

Eine Schutzgebühr für vermittelte Tiere (s. Kap. 5.3) wird durch das Tierheim unter Berücksichtigung des Alters, der Rasse, der durchgeführten prophylaktischen Maßnahmen oder Kastration festgelegt. Sie kann im Einzelfall gesenkt werden.

In einigen Orten wurden durch Tierschutzvereine **Welpenklappen** eingerichtet, in die anonym Jungtiere von Hunden und Katzen, aber auch Kleinsäuger verbracht werden können. Ein automatisches Meldesystem sorgt für eine zeitnahe Versorgung der Tiere. Diese Einrichtung ist kritisch zu betrachten, da durch die Anonymität die Hemmschwelle zur Entledigung von Tieren gesenkt wird. Zudem stellen die Ausrüstung und die Organisation einer umgehenden Abholung hohe Anforderungen an die Träger. Es besteht auch die Gefahr, dass untereinander unverträgliche Tiere eingesetzt werden. In einem konkreten Fall wurden im Mittel alle 3 Tage Hunde, Katzen, Frettchen, Kaninchen und Meerschweinchen abgelegt, überwiegend Jungtiere, zum großen Teil mit Verletzungen und Infektionskrankheiten. Da die vorhandenen Pflegestellen überlastet und die finanziellen Möglichkeiten durch die zusätzlich erforderlichen tierärztlichen Behandlungen ausgeschöpft waren, musste eine der Welpenklappen vorerst geschlossen werden.

Bei der Abgabe von Tieren durch den Halter an das Tierheim ist ein **Übereignungsvertrag** abzuschließen, der die folgenden Daten enthält:
- persönliche Daten des Übereigners
- Zusicherung des Übereigners, dass das Tier sein unbestrittenes Eigentum ist oder dass er die unwiderrufliche Vollmacht hat, das Tier zu übereignen
- bisherige Haltung
- besondere Eigenschaften

- Kennzeichnung
- vorangegangene Erkrankungen
- Impfungen und andere Prophylaxemaßnahmen

Mit Abschluss des Vertrages wird das Tierheim Eigentümer des Tieres und erhält das Recht, das Tier weiterzuvermitteln, wobei der Name des Übereigners einem neuen Halter aus datenrechtlichen Gründen nicht mitgeteilt werden darf. Für die Übernahme des Tieres hat der Übereigner eine angemessene Gebühr (s. Kap. 5.3) zu zahlen, welche die Futterkosten sowie Alter und Rasse, Gesundheitszustand sowie Impfungen und sonstige Prophylaxemaßnahmen berücksichtigt.

5.7 Entsorgung

Die Sammlung von Abfällen jeglicher Art sollte in den einzelnen Abteilungen in Behältnissen mit Deckeln erfolgen, die regelmäßig in verschließbare Behältnisse oder Container im Freien entleert werden. Letztere sind auf befestigten Flächen aufzustellen, die auf kurzen Wegen zu erreichen sind. Für die Abfuhr der Behälter nach einem Plan ist zu sorgen. Es sollte eine Trennung in recycelbare und kompostierbare Abfälle sowie Restmüll erfolgen. Die Abfuhr erfolgt durch regionale Entsorgungsfirmen. Wenn ein geeigneter Platz vorhanden ist, kann auch eine Kompostierung auf dem Tierheimgelände durchgeführt werden, um den Kompost zur Bodenverbesserung auf Rabatten und Blumenbeeten einzubringen.

Tote Tiere sind in geeigneten Behältnissen (geschlossen, desinfizierbar) gesondert bei niedrigen Umgebungstemperaturen (Kühlschrank, Kühlraum, Keller) zu lagern. Für eine umgehende bzw. regelmäßige Abholung ist zu sorgen (s. a. Kap. 3.4).

5.8 Sicherheit und Brandschutz

Um ein Entweichen von Tieren und das Eindringen von Unbefugten und Tieren, einschließlich Wildtieren, zu verhindern, ist die sichere Einzäunung der gesamten Anlage mit einem 2 m hohen Zaun und Verschluss bzw. Kontrolle des Eingangs erforderlich. Auch die einzelnen Haltungseinheiten und Abteilungen sind sicher zu verschließen. Ein unbefugtes Füttern der Tiere ist zu verhindern. Das Betreten der Einrichtung durch betriebsfremde Personen ist nur in einem abgeschlossenen öffentlichen Bereich oder mit einem Tierheimmitarbeiter zulässig. Dadurch soll verhindert werden, dass Tiere gefüttert, freigelassen oder belästigt werden, Anlagen beschädigt werden oder Feuer gelegt werden kann. Der innere Bereich darf ausschließlich durch die Beschäftigten oder in deren Anwesenheit betreten werden.

Dem Brandschutz ist großes Augenmerk zu schenken, um Verluste von Tieren und Einrichtungen zu vermeiden. Dabei muss sowohl eine Brandstiftung von außen durch die Einzäunung als auch ein Brand durch defekte Elektrogeräte oder achtlosen Umgang mit brennbarem Material verhindert werden. Besonders gefährdet sind Tierheime außerhalb der Ortslage oder direkt in Waldgebieten, noch dazu wenn Personal nur in der Dienstzeit anwesend ist. Schon bei der Planung von Tierheimen, aber auch bei Erweiterungsbauten und Rekonstruktionen, muss der Brandschutz berücksichtigt werden. Dazu gehört, dass eine Löschwasserentnahme aus der Natur oder aus Hydranten möglich ist. Wenn dies nicht oder nicht ausreichend gesichert ist, wird die Anlage eines Löschteichs erforderlich. Auch bei der Wahl der Baustoffe und der Bauausführung ist eine mögliche Brandgefahr zu berücksichtigen. Eine enge Zusammenarbeit mit der Feuerwehr ist in der Planungsphase, aber auch beim laufenden Betrieb erforderlich.

In bestehenden Anlagen sind elektrische Geräte in jedem Fall nach den Angaben der Hersteller zu installieren und in regelmäßigen Abständen durch Fachkräfte zu überprüfen, worüber ein Nachweis zu führen ist. Der provisorische Anschluss von Elektrogeräten ist mit einer hohen Brandgefahr verbunden und darf deshalb keinesfalls erfolgen. Rauchmelder und Feuerlöscher sind in den einzelnen Abteilungen zu installieren und ebenfalls regelmäßig auf ihre Funktion zu überprüfen.

Über Brände in Landwirtschaftsbetrieben mit hohen Verlusten an Tieren wird regelmäßig in den Medien berichtet. Die Ursachen liegen überwiegend in Brandstiftung oder in technischen Defekten. Als häufigste Todesursache bei Bränden ist die Rauchvergiftung durch Kohlendioxid und -monoxid anzusehen. Ursache können Schadgase aus der Isolierung sowie unterschiedlichen Plastikmaterialien sein, was u. U. durch Löschwasser verstärkt wird. Brandverletzungen haben eine schlechte Heilungstendenz und sind bei größerer Ausdehnung tödlich.

In allen Stallabteilungen ist dafür zu sorgen, dass mindestens zwei Fluchtwege (Ausgänge) vorhanden sind. In massiven Gebäuden können Brandschutzmauern und -türen die Ausbreitung von Bränden verhindern. Die Evakuierung der Tiere gestaltet sich in einem Tierheim sehr schwierig, weil die Haltung einzeln oder in kleinen Gruppen erfolgt und die Tiere bestrebt sind, immer wieder ihre gewohnten Unterkünfte aufzusuchen. Deshalb muss sie in der Nähe des Brandherds beginnen. Wenn eine Ausbreitung zu befürchten ist, sollten jedoch vorbeugend auch weiter entfernte Abteilungen evakuiert werden. Durch Absperrungen muss verhindert werden, dass die Tiere in ihre brennenden Ställe zurück laufen. Schwierigkeiten können sich ergeben, wenn unverträgliche Tiere aufeinander treffen.

Es ist eine unbedingte Notwendigkeit, einen Notfallplan einschließlich eines Alarmierungsplans auszuarbeiten, der Hinweise für Havarien, Sturm- und Wasserschäden sowie die Brandbekämpfung und Evakuierung enthält (s. a. www.vbg.de).

Dabei muss, auch wenn dies als sehr unwahrscheinlich angesehen wird, ein Szenario in Gedanken durchgespielt werden, um daraus zu schaffende Voraussetzungen und Handlungsweisen abzuleiten, die in den Notfallplan aufzunehmen sind. In regelmäßigen Abständen muss dieser auf die Aktualität überprüft und mit allen Mitarbeitern besprochen werden. Darüber ist ein schriftlicher Nachweis zu führen. Wie wichtig das ist, kann der Autor aus eigener Erfahrung bestätigen. Es war zu einem Brand in einem kürzlich bezogenen Versuchsstall mit Schweinen gekommen. Da kurz vorher eine Brandschutzbelehrung aller Mitarbeiter stattgefunden hatte, hat die dort im Nachtdienst eingesetzte Mitarbeiterin so gehandelt, dass ein größerer Schaden vermieden werden konnte.

Um die Folgen eines Stromausfalls hinsichtlich Heizung und Lüftung zu minimieren, ist zu prüfen, ob für besonders sensible Abteilungen ein Notstromaggregat vorzusehen ist.

Für die Einrichtung ist eine Versicherung gegen Sturm- und Wasserschäden zu empfehlen. Um die Mitarbeiter gegen Schadenersatzforderungen abzusichern, ist der Abschluss einer Haftpflichtversicherung unerlässlich!

5.9 Tierheimordnung

Die Tierheimordnung soll alle für den Betrieb, die zuständige Behörde und die Öffentlichkeit wichtigen Informationen in kurzer Form sowie Regelungen zur Dokumentation enthalten:

- Name, Anschrift, Telefonnummer der Einrichtung
- Öffnungszeiten der Einrichtung
- Name, Anschrift, Telefonnummer der verantwortlichen Person sowie des Stellvertreters
- Name, Anschrift, Telefonnummer des zuständigen Tierarztes
- Anschrift, Telefonnummer der zuständigen Veterinärbehörde
- Beschreibung der Räumlichkeiten (Bauweise, Raummaße, Ausstattung)
  - Tierräume (Tierart, max. Belegungsstärke)
  - Quarantänestation

  - Krankenstation
  - Funktionsräume (Sanitär-, Kühlgeräte-, Futtermittellager-, Büro-, Aufenthalts-, Versammlungsräume)
  - Schleuse zur Tierübergabe durch Behörden außerhalb der Öffnungszeiten oder externe Zwinger
- Tagfertige Dokumentation durch fälschungssicheres Tierbestandsbuch (gebunden, durchnummeriert), aus dem Zugang, Abgang und Verbleib der Tiere hervorgeht. Eine PC-Dokumentation ist nicht fälschungssicher! Die Unterlagen sind mindestens 5 Jahre aufzubewahren.
  - Für das Einzeltier sind aufzuführen: Tierart, Rasse, Geschlecht, Alter, Farbe und Zeichnung, besondere Kennzeichen, ggf. Kennzeichnung (Tätowierung, Chip), Gesundheitsdaten (Krankheiten und deren Verlauf mit Zeitangaben), Besonderheiten im Verhalten, durchgeführte prophylaktische und therapeutische Maßnahmen
  - Hinweis auf Fundtieranzeigen
  - Aufnahme- und Abgabeverträge
  - durchgeführte Euthanasien und Verbleib toter Tiere
- Vorschriften zur Tiervermittlung
- Anschriften, Telefonnummern, E-Mail-Adressen von benachbarten Tierheimen, sachkundigen Personen, Forstämtern und Wildtierstationen
- Lageskizze des Objekts als Anlage

Besonders wichtig ist, für jedes aufgenommene Tier objektive Kriterien zu erfassen, um es jederzeit zu identifizieren. Die Bestimmung der Tierart ist in den meisten Fällen leicht möglich, eine Ausnahme bilden Jungtiere sowie Kleinnager-, Vogel- und Reptilienarten, die in großer Artenvielfalt vorkommen. Das Geschlecht ist bei den größeren Säugetieren eindeutig festzustellen, nicht jedoch bei einigen Kleinsäugern, Vögeln und Reptilien. Bei der Rassenvielfalt einiger Tierarten ist auch die Zuordnung zu einer Rasse nicht immer leicht. Für Hunde und Katzen gibt es Tafeln von Pharmaunternehmen, auf denen die wichtigsten Rassen abgebildet sind. Der zuständige Tierarzt kann sie ordern. Wenn keine präzise Rassenzuordnung möglich ist, z. B. bei Kreuzungstieren, kann jedoch ein bestimmter Typ erkannt werden. Sind Tiere elektronisch mit einem Chip gekennzeichnet und in ein Haustierregister eingetragen, kann der Besitzer ermittelt werden.

Es hat sich bewährt, das äußere Erscheinungsbild des Tieres (Exterieur), die Größe, Farbe und Zeichnung, durch ein Foto zu dokumentieren. Deshalb gehört zur Grundausstattung eines jeden Tierheims ein Fotoapparat!

5.10 Hygieneordnung

Die Hygieneordnung muss konkrete Festlegungen zu Quarantäne, Reinigung und Desinfektion, Bestandsuntersuchungen, prophylaktischen Maßnahmen, Tierkörper- und Abproduktentsorgung enthalten (s. a. www.vbg.de). An der Erarbeitung ist der zuständige Tierarzt maßgeblich zu beteiligen. Sie ist zu überarbeiten, wenn sich die Krankheitssituation verändert und durch die zuständige Behörde zu bestätigen. Bei Verdacht oder Auftreten seuchenartiger Erkrankungen ist die zuständige Behörde unverzüglich zu informieren. Durch Einsendung von Proben bzw. Tierkörpern an Untersuchungseinrichtungen ist eine sichere Diagnose zu erreichen.

Zur Verhinderung der Einschleppung von Erregern und zur Sicherung der Gesundheit aller Tierheiminsassen sind eindeutige Regelungen zur Quarantäne, zur veterinärmedizinischen Betreuung und zu Hygienemaßnahmen erforderlich. Auch für die Beschäftigten sind konkrete Maßnahmen zum Schutz vor Krankheitserregern festzulegen, die von Tieren übertragen werden können (sog. Zoonosen). Voraussetzung ist, dass Handwaschbecken mit fließend kaltem und warmem Wasser sowie Seifenspendern und Desinfektionsmitteln vor den Quarantäneabteilungen vorhanden sind und auch genutzt werden (Abb. 5-18).

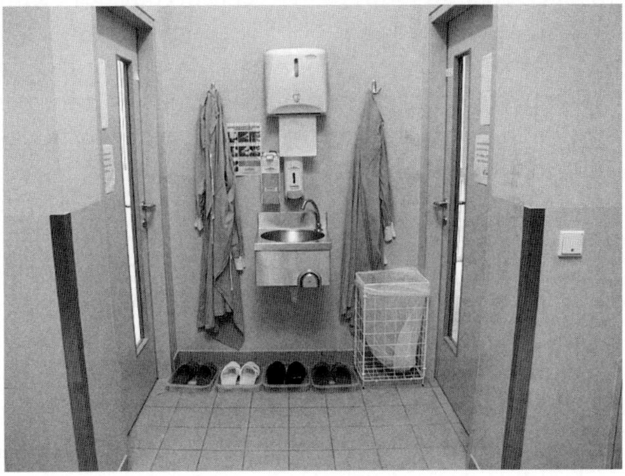

Abb. 5-18 Handwaschbecken mit Seifenspender und Desinfektionsmittel (TiKo Klagenfurt, Zuzzi)

5.11 Mitarbeit betriebsfremder Personen

Um einen engen Kontakt der Tiere zum Menschen zu sichern, ist neben der Verabreichung von Futter und Wasser sowie Reinigungsarbeiten eine Beschäftigung durch Spielen, Ausführen, Körperpflege oder zeitweiligen Auslauf mit

Artgenossen erforderlich. Letzteres kann durch die angestellten Tierheimmitarbeiter nur begrenzt gewährleistet werden. Deshalb muss Unterstützung durch Personen gesucht werden, die nicht zum Personal gehören, jedoch eine entsprechende Eignung haben. Das können z. B. **Tierpaten** sein, die einen bestimmten Hund regelmäßig betreuen. Möglich ist das regelmäßige Ausführen eines bestimmten Hundes, aber auch von wechselnden Hunden. In einigen Tierheimen gibt es Patenschaften für Tiere, die sich auch zeitweise im Haushalt des Paten aufhalten. So kann alleinstehenden Personen, auch wenn sie im Beruf oder gar im Schichtbetrieb stehen, eine zumindest begrenzte Tierhaltung ermöglicht werden. Das bringt Vorteile für beide Seiten, erfordert aber eindeutige schriftliche Vereinbarungen und eine Kontrolle. Voraussetzung ist in jedem Fall die Zuverlässigkeit der Gassigeher und Tierpaten. Die Hinterlegung des Personalausweises im Tierheim kann bei neu hinzugekommenen Personen Sicherheit bieten. Jugendliche unter 16 Jahren dürfen Hunde nur mit schriftlicher Genehmigung der Eltern, Kinder unter 14 Jahren nur gemeinsam mit einer erwachsenen Person ausführen. Für als gefährlich eingestufte Hunde bzw. in den Listen der Landesverordnungen aufgeführte Hunderassen gelten die in diesen aufgeführten Anforderungen, wie Maulkorbpflicht und Führen durch eine sachkundige Person. Wichtig ist in jedem Fall, dass für die den Hund ausführende Person eine Haftpflichtversicherung besteht, die individuell oder im Rahmen der Versicherung des Tierheims abzuschließen ist.

Aus den Erfahrungen des Tierheims Leipzig sollen mit dem Ausführen von Tierheimhunden verbundene Probleme und Erfahrungen dargestellt werden. Zunächst wurde dankbar angenommen, wenn sich Personen zum Ausführen bereit erklärten. Es zeigte sich jedoch, dass trotz des guten Willens Probleme im Verhalten der Hunde auftraten. Durch die allzu großzügige Gabe von Leckerlis kam es dazu, dass die Personen bedrängt und zum Teil von den Hunden angegriffen wurden, wenn diese ihr vermeintliches Recht auf Leckerlis einforderten. Ihnen wurde (unbeabsichtigt) ein Fehlverhalten antrainiert, was sich negativ auf die Vermittlungschancen auswirkte. Dadurch wurde klar, dass den Menschen im Interesse des Tier- als auch des Personenschutzes Sachkunde vermittelt werden muss. Es wurde ein entsprechender Lehrgang in Theorie und Praxis organisiert, in dem ein erfahrener Tiertrainer das erforderliche Wissen vermittelte. Die Teilnahme und das Bestehen einer praktisch und schriftlich abgelegten Prüfung, vom zuständigen Amtstierarzt abgenommen und zertifiziert, war fortan die Voraussetzung für das Ausführen von Tierheimhunden und führte zu einer deutlichen Abnahme von Zwischenfällen.

Der Personalbestand in Tierheimen kann durch **Praktikanten, Zivildienstleistende, ein freiwilliges ökologisches Jahr Leistende, Klienten aus Organisationen, die Personen mit Handicap betreuen** sowie durch **gerichtlich zu gemeinnütziger Arbeit verpflichtete Personen** erweitert werden. Auch für diesen Personenkreis muss ein Versicherungsschutz bestehen, der sich auf Schäden dieser Personen bzw. von diesen verursachte Schäden bezieht. Deshalb ist vor Aufnahme der Tätigkeit eine Rückfrage beim Versicherer nötig.

5.12 Öffentlichkeitsarbeit

Einer der wichtigsten Tätigkeitsfelder der Tierheimleitung ist die Öffentlichkeitsarbeit, für die ein Mitarbeiter hauptverantwortlich sein sollte. Voraussetzung für eine gelungene Öffentlichkeitsarbeit ist, dass das Tierheim jederzeit besichtigungsfähig ist, weil es täglich von einer unterschiedlichen Zahl von Menschen besucht wird. Das muss allen Mitarbeitern klar sein! Zu empfehlen sind Öffnungszeiten zu unterschiedlichen Tageszeiten, die zur Beratung der Besucher genutzt werden, andererseits Störungen im internen Arbeitsablauf verhindern.

Als Zielstellung gilt weiterhin, allen Kreisen der Bevölkerung Informationen über die tägliche Arbeit, aber auch über Probleme und Schwierigkeiten zu vermitteln. Ein persönlicher Kontakt zu Journalisten der örtlichen und regionalen Medien (Zeitungen, Fernsehen) schafft die Voraussetzungen für planmäßige, regelmäßige und sachliche Informationen. Dadurch können Vermittlungen gefördert, aber auch Unternehmen und Privatpersonen als Sponsoren gewonnen werden. Ein reales Beispiel soll dies verdeutlichen: In einem Tierheim wurden ca. 20 m Maschendraht aus der äußeren Umzäunung gestohlen. Nach einem Bericht in der örtlichen Presse hat ein Unternehmen spontan die entstandene Lücke geschlossen. Auch Faltblätter und Broschüren zu speziellen Themen (Abb. 5-19) oder als Jahresbericht haben sich bewährt. Von vielen Tierheimen wird eine Website im Internet veröffentlicht. Damit verbunden ist die Notwendigkeit einer regelmäßigen Aktualisierung durch begabte und qualifizierte Personen.

Zu anderen Formen der Öffentlichkeitsarbeit einige Anregungen:

- Auslegen und ggf. Verkauf von Faltblättern und Literatur
- Pressetermine im Tierheim
- Präsentation im Internet, eigener Internetauftritt, Webpage
- Tag des offenen Tierheims
- Veröffentlichungen in der Tagespresse, z. B. regelmäßige Vorstellung zu vermittelnder Tiere
- Gesprächsrunden oder Vorträge zu einzelnen Tierarten
- Vorträge von Tierärzten
- Hunde- oder Katzenschauen
- Hunderennen
- Wanderung mit Hunden

Abb. 5-19 Flyer Tierheim Leipzig

- Kinderfest
- Weihnachten im Tierheim
- Beteiligung an örtlichen Veranstaltungen (Umweltmarkt, Tag der Vereine, Messen u. a.)

Jede Form der Öffentlichkeitsarbeit führt zu Spenden und regt zur Übernahme von Tierheimtieren an, was durch steigende Vermittlungszahlen nachweisbar ist.

Eine bewährte Form der Öffentlichkeitsarbeit, die von vielen Tierheimen praktiziert wird, sind Besuche in Kindereinrichtungen und Schulen mit geeigneten Tieren, um den Kindern einen Kontakt zu den Tieren zu vermitteln und gleichzeitig den Tierschutz nahe zu bringen. Ein anderes Tätigkeitsfeld können regelmäßige Besuche in Seniorenheimen sein. Es ist erwiesen, dass der Kontakt mit Tieren das Wohlbefinden gerade dieser Personengruppe verbessert und zudem auch die Bereitschaft zu Spenden und Vermächtnissen erhöhen kann. Positive Erfahrungen gibt es auch mit Volieren oder Ställen, z. B. mit Vögeln oder Kaninchen in den Außenanlagen dieser Einrichtungen, die von Personen der Einrichtungen betreut werden. Eine Anleitung und gelegentliche Kontrolle durch Tierheimmitarbeiter ist jedoch erforderlich.

5.13 Vermittlung von Tierheimtieren

Die Vermittlung von Tierheimtieren hat das Ziel, den Tieren eine dauerhafte Unterkunft und Betreuung zu sichern und das Tierheim zu entlasten. Vermittelt werden Abgabetiere, die in das Eigentum des Tierheims übergegangen sind, und herrenlose Tiere. Fundtiere werden unter der Bedingung abgegeben, dass sie dem Besitzer zurückgegeben werden, wenn dieser sich innerhalb von 6 Monaten nach dem Funddatum meldet. Bei von der Behörde beschlagnahmten Tieren darf eine Vermittlung nur erfolgen, wenn der Eigentümer dieser zustimmt. An den Eigentümer dürfen die Tiere nur zurückgegeben werden, wenn behördlich oder gerichtlich die Beschlagnahmung aufgehoben wurde. Im Zweifelsfall sollte die Behörde oder ein Jurist befragt werden.

Interessenten für ein Tier erhalten Zutritt zur Vermittlungsabteilung der gewünschten Tierart, um sich einen Überblick zu verschaffen und eine Auswahl zu treffen. Dabei hat es sich bewährt, bei Katzen nur eine begrenzte Anzahl anzubieten, weil so die Entscheidung für ein Tier u. U. erleichtert wird. Bei Hunden gibt es eine größere Variationsbreite in Größe, Aussehen und Temperament. Deshalb sollte die Möglichkeit bestehen, eine größere Anzahl in Augenschein zu nehmen. Angaben zu den einzelnen Tieren sollten schriftlich an den jeweiligen Abteilen oder Behältnissen angebracht werden (Abb. 5-20), um dem Interessenten einen Vergleich in aller Ruhe zu ermöglichen. Zu den Angaben gehören:

- Tierart
- Rasse oder Kreuzung
- Alter
- Herkunft und Art der bisherigen Haltung (Wohnung, Zwinger, Freigang)
- chronische Krankheiten
- besondere Eigenschaften im Verhalten
- Verträglichkeit mit anderen Tieren
- Vermittlungsgebühr

Um dem zukünftigen Tierhalter die auf ihn zukommenden finanziellen Belastungen deutlich zu machen, sind auch Angaben zu den Kosten für Futter und tierärztliche Behandlungen nützlich.

Eine Vermittlung darf nur an volljährige Personen erfolgen, an Jugendliche nur bei vorliegender schriftlicher Zustimmung der Eltern. Es ist in jedem Fall zu prüfen, ob der Interessent die erforderliche Zuverlässigkeit und Sachkenntnis hat und ob die Bedingungen zur Haltung, Betreuung und Pflege erfüllt werden können. Dazu ist ein Fragespiegel mit folgenden Fragen geeignet:

- Warum eine bestimmte Tierart?
- Sind Kenntnisse über die Tierart vorhanden?

Felix

Hauskatze, EKH

Reg.-Nr.	2009/10550 GF	**Eingang am**	07.12.2009
Chip	276098102839203		
Geschlecht	männlich/kastriert	**Geb.**	ca. 05/2008
Bes. Kennzeichen	große Ohren		
Impfung/Entwurm.	07.12.2009 RCP Cani., Stronghold		
Fell-/Farbe	schwarz		

Abgabegrund	Aggressivität nach Kastration
Bisherige Haltung	Wohnung mit Garten

Eigenschaften	**Geeignet für**
☒ aggressiv	☐ Wohnung
☐ zutraulich	☐ Wohnung mit gesichertem Balkon
☐ lieb, schmust gern	☒ Wohnung/Haus mit Garten
☐ lebhaft, verspielt	☐ Familie mit kleinen Kindern
☐ ruhig	☐ Haltung mit vorhandener Katze
☐ ängstlich	
☐ lässt sich nicht streicheln	
☒ dominant	
(Zutreffendes ankreuzen!)	

Zusätzliche Angaben	-----
Übergabegebühr (Schutzgebühr)	65,- €
zu erwartende Haltungskosten:	6 €/Tag zuzügl. ca. 110 € Tierarztkosten/Jahr

Abb. 5-20 Detaillierte Angaben zum Tier erleichtern die Vermittlung, wie dieses Beispiel einer an der Haltungseinheit angebrachten Vermittlungskarte zeigt (modifiziert TH Berlin)

- Ist die Tierhaltung gestattet?
- Wie setzt sich die Familie zusammen (Kinder und deren Alter)?
- Wie sind die Wohnbedingungen (Mietwohnung, Eigenheim, Garten)?
- Leidet eine Person im Haushalt an einer Allergie?
- Leben andere Tiere im Haushalt?
- Besteht Klarheit über Kosten für Fütterung, Pflege und tierärztliche Betreuung?
- Wer wird das Tier überwiegend betreuen?

Kinder und Jugendliche müssen diese Angaben im Beisein ihrer Eltern machen. Entsprechende schriftliche Erklärungen sind nicht fälschungssicher und deshalb nicht zu akzeptieren. In Zweifelsfällen ist eine Kontrolle durch das Tierheim noch vor der Übereignung durchzuführen. Ein Besuch durch einen Tierheimmitarbeiter zu einem späteren Zeitpunkt sollte nicht nur zur Kontrolle dienen, sondern zu einer Beratung der Halter genutzt werden, um ein harmonisches Zusammenleben von Mensch und Tier zu fördern.

Wurde eine Vorauswahl getroffen, sind durch die Tierheimmitarbeiter offen und ehrlich Informationen über die Eigenschaften des Tieres sowie Erfahrungen im Umgang mit ihm mitzuteilen. Dies ist auch deshalb wichtig, weil das Tierheim für etwaige Mängel haftbar ist. Es hat sich als vorteilhaft erwiesen, wenn Interessenten das ausgewählte Tier bei mehrmaligen Besuchen näher kennenlernen. Dazu sind Gehege im Freien sowie möblierte Innenräume vorzuhalten. Zu Hunden kann schrittweise eine Kontaktaufnahme erfolgen, in deren Verlauf sie probeweise ausgeführt werden. Auch eine Übernachtung auf Probe im neuen Heim ist mancherorts möglich. Dadurch kann das Verhalten des Tieres kennengelernt, eine Beziehung aufgebaut und so eine Enttäuschung vermieden werden.

In einem Übereignungsvertrag werden Angaben zum neuen Halter sowie zum Tier, insbesondere zu Besonderheiten im Verhalten und zur Gesundheit, zur artgemäßen Haltung, Weitergabe, zum Gewährleistungs- und Haftungsausschluss und zum Datenschutz gemacht (Formblätter siehe DTB 2003).

Um eine unerwünschte Fortpflanzung zu verhindern, werden Katzen grundsätzlich vor der Vermittlung kastriert, für Jungtiere ein Gutschein für eine Kastration ausgestellt. Selbstverständlich wurden alle Tiere entsprechend dem Programm der Impfungen und Parasitenprophylaxe behandelt.

Die Vermittlung kann auch zunächst auf Probe für einen Zeitraum von 10–14 Tagen erfolgen. Durch Tierheimmitarbeiter oder Tierschutzvereinsmitglieder können im Einvernehmen mit den neuen Haltern ein- oder mehrmalige Kontrollen der Haltungsbedingungen durchgeführt werden.

Vielfach wird eingeräumt, dass die neuen Besitzer bei innerhalb von 10–14 Tagen auftretenden Erkrankungen kostenlos den für das Tierheim zuständigen Tierarzt aufsuchen können. Um die Vermittlung älterer oder chronisch kranker Tiere zu fördern, übernehmen einige Tierheime die Kosten für tierärztliche Behandlungen dieser Tiere lebenslang. Vermittlungen können auch dadurch gefördert werden, dass vereinbart wird, vermittelte Tiere als Pensionstiere im Falle von Urlaub oder Krankheit aufzunehmen.

5.14 Serviceleistungen des Tierheims

Das Tierheim ist nicht in erster Linie ein Serviceunternehmen, sollte aber durch das Angebot einiger Leistungen voll im Sinne des Tierschutzes wirken. Das könnte z. B. die Aufnahme von Pensionstieren bei Urlaub oder Krankheit des Halters sein. Zur Entlastung des Tierheims kann dies auch in Pflegestellen erfolgen, die unter Aufsicht des Tierheims stehen. Besonders für die vermittelten Tiere sollte dies angeboten werden, weil damit eventuell eintretende Schwierigkeiten (Urlaub, Krankheit) von vornherein beseitigt werden. Auch die fachkundige Beratung zu Fragen der Ernährung, Erziehung und Gesundheitsfürsorge oder die Vermittlung von Ansprechpartnern zu speziellen Fragen gehören dazu. Auf Fotos und Tafeln können geeignete bzw. nicht geeignete Gegenstände und Ausrüstungen dargestellt werden. Die Ausstellung und der Verkauf von empfehlenswerten Ausrüstungen, wie Futtergefäße, Leinen, Halsbänder, Transportbehälter, Katzentoiletten und -spielzeug, sowie von Faltblättern und Publikationen trägt zur artgemäßen Haltung bei.

Da viele Halter den Wunsch haben, ihre Tiere nach deren Tod auf einem Tierfriedhof zu bestatten, kann dies u. U. auf einem dem Tierheim angeschlossenen Areal geschehen oder vom Tierheim vermittelt werden. Für die Einrichtung eines Tierfriedhofs ist die Genehmigung der zuständigen Landesbehörde Voraussetzung, welche die konkreten Bedingungen festlegt.

5.15 Euthanasien

Der Schutz des Lebens ist in den Tierheimen erklärtes Ziel. Es gibt jedoch Ausnahmen. Nach § 16a TSchG kann ein Tier unter Vermeidung von Schmerzen getötet werden, wenn das Tier nach dem Urteil des beamteten Tierarztes nur unter nicht behebbaren erheblichen Schmerzen, Leiden oder Schäden weiterleben kann. Diese Entscheidung wird insbesondere bei schweren Verstößen in der Tierhaltung zu treffen sein. Es kommt aber auch vor, dass Euthanasien für nicht vermittelte oder als gefährlich eingestufte langjährig im Tierheim lebende Hunde gefordert werden. Dies bedarf einer gewissenhaften Interessenabwägung und wäre nur zu vertreten, wenn die isolierte Haltung und fehlender Kontakt zum Menschen zu anhaltendem Leiden führt. Euthanasien wegen überlasteter Kapazität stellen keinen vernünftigen Grund dar. Es sind Anstrengungen zu unternehmen, die Tiere in anderen Einrichtungen unterzubringen, was in den meisten Fällen gelingt.

Euthanasien von Tierheimtieren dürfen nur durch einen Tierarzt erfolgen und wenn einer der folgenden Gründe vorliegt:

- unheilbare Krankheiten, die mit erheblichen Schmerzen und Leiden verbunden sind.
- Erkrankungen, die eine kostenintensive Operation und/oder eine langanhaltende Therapie erfordern. Die zu erwartende Lebensdauer und -qualität ist dabei zu berücksichtigen.
- Verhaltensstörungen, die mit schwerem Leiden für das Tier bzw. mit einer akuten Gefährdung der eigenen Gesundheit oder der des Menschen verbunden sind und erfolglos therapiert wurden.

Die Entscheidung zur Euthanasie darf nur nach einer sicheren Diagnosestellung, die wiederholte klinische und gezielte diagnostische Untersuchungen einschließt, und bei einem progredienten Krankheitsverlauf getroffen werden. Liegt der Grund für eine Euthanasie in einem gestörten Verhalten, etwa in gesteigerter Aggressivität von Rüden, ist ein auf Verhaltensstörungen spezialisierter Tierarzt hinzuzuziehen. Für die genannten Untersuchungen ist ein ausreichender Zeitrahmen erforderlich, der Euthanasien unmittelbar nach der Aufnahme nur als absolute Ausnahme zulässt.

Es hat eine gesonderte Dokumentation mit Bezugnahme auf tierärztliche Befunde und Maßnahmen zu erfolgen, die mindestens 5 Jahre aufzubewahren ist.

Die Entscheidung zur Euthanasie sollte in jedem Fall nach Anhörung des betreuenden Tierpflegers von einer Gruppe folgender Zusammensetzung getroffen werden:

- Amtstierarzt
- betreuender Tierarzt
- Vertreter des Tierheimträgers

In vielen Tierheimen gibt es Gedenksteine oder -tafeln für Tiere, deren Leben im Tierheim geendet hat.

5.16 Kennzeichnung

Die Kennzeichnung von Tieren als Mittel zur Identifizierung erfolgte in der Vergangenheit überwiegend durch Tätowierung, heute werden zunehmend Transponder (Mikrochips) eingesetzt, die unter die Haut implantiert werden.

In Deutschland gibt es drei Register, in denen Haustiere erfasst werden:

- Deutsches Haustierregister des Deutschen Tierschutzbundes (www.registrier-dein-tier.de)
- Tierschutzorganisation Tasso e. V. (www.tasso.net)

Für Tierheime ist die Registrierung bei der Tierschutzorganisation Tasso e. V. und beim Deutschen Tierschutzbund e. V. kostenlos. Deshalb sollten die Tierheime alle aufgenommenen Hunde und Katzen überprüfen und falls noch keine Registrierung erfolgt ist, mit einem Chip versehen und bei einer der angegebenen Stellen registrieren lassen. Damit wird die Rückführung von Fundtieren, aber auch die Ermittlung bei Straftaten (Diebstahl, Aussetzen) ermöglicht. In Deutschland sind bisher nur etwa 30 % der Heimtiere in einer Datenbank registriert. Die Datenregister sind europaweit vernetzt. Tasso konnte im Jahr 2008 fast 50 000 Hunde und Katzen an ihre Besitzer zurückvermitteln.

Das Einsetzen von Transpondern darf nur durch einen fachkundigen Tierarzt und bei Tieren von über 200 g Körpergewicht, bei Schildkröten über 500 g, erfolgen. Dabei kann eine Lokalanästhesie erforderlich sein, die bei Schlangen obligatorisch ist, da die Wunde genäht werden muss. Bei Tieren mit einem Körpergewicht über 1 kg kann auf eine Anästhesie verzichtet werden. Die Implantationsstelle ist für das Ablesen des Chips nicht von Bedeutung, bei größeren Tieren ist die linke Halsseite zu bevorzugen. Für Vögel können auch Fußringe verwendet werden.

Katzen können auch durch Ohrtätowierung gekennzeichnet werden, wobei in einem Ohr der Landkreis bzw. die Stadt, im anderen eine fortlaufende Nummer tätowiert wird. Damit ist zumindest die Suche nach dem Halter in einem begrenzten Territorium möglich.

5.17 Verhinderung der Fortpflanzung

Die Verhinderung der Fortpflanzung stellt für die Haltung von Säugetieren im Tierheim ein grundlegendes Prinzip dar. Gesichert werden kann dies durch die Einzelhaltung oder eine geschlechtergetrennte Haltung. Da beide Haltungsarten aber auf Dauer nicht die Anforderungen an eine artgemäße Haltung mit engem Kontakt zu Artgenossen erfüllen und dazu mit höheren Kosten verbunden sind, wird eine Kastration oder Sterilisation erforderlich. Dies schafft die Voraussetzung für die Gruppenhaltung und schließt auch bei vermittelten Tieren eine unerwünschte Fortpflanzung aus, was besonders bei Katzen von Bedeutung ist.

Nach § 6 Abs. 1 TSchG ist *„das vollständige oder teilweise Amputieren von Körperteilen oder das vollständige oder teilweise Entnehmen oder Zerstören von Organen oder Geweben eines Wirbeltieres“* verboten. Jedoch gilt das Verbot nicht, wenn

- *„der Eingriff im Einzelfall nach tierärztlicher Indikation geboten ist“* (§ 6 Abs. 1 Nr. 1a)
- *„zur Verhinderung der unkontrollierten Fortpflanzung oder – soweit tierärztliche Bedenken nicht entgegenstehen – zur weiteren Nutzung oder Haltung des Tieres eine Unfruchtbarmachung vorgenommen wird“* (§ 6 Abs. 1 Nr. 5).

Es gibt zwei Möglichkeiten, eine Unfruchtbarkeit operativ herzustellen:

- **Kastration:** Die Hoden bzw. Eierstöcke werden operativ entfernt, wodurch die Produktion von Geschlechtshormonen verhindert wird. Bei Hündinnen wird gleichzeitig die Gebärmutter entfernt, um das spätere Auftreten von Uterusgeschwülsten zu vermeiden.

- **Sterilisation:** Der Samenstrang bzw. Eileiter wird verschlossen, wodurch der Transport von Spermien bzw. Eizellen und damit eine Befruchtung verhindert werden. Da die Hormonproduktion nach wie vor funktioniert, wird das geschlechtsbestimmte Verhalten nicht verändert. Deshalb ist diese Methode für ein Tierheim weniger geeignet.

Bei einer Kastration von Hunden vor Abschluss der Körperentwicklung wird die weitere Entwicklung des Körperbaus eingeschränkt, was zu einem juvenilen Aussehen sowie Störungen in der Skelettentwicklung und in der Fellbildung führen kann. Außerdem ist durch den Fortfall der Geschlechtshormone eine Verfettung möglich. Dem muss durch eine kalorienreduzierte Ration und ausreichende Bewegung entgegengewirkt werden. Auch bei kastrierten Katzen besteht die Gefahr der Verfettung, was durch eine regulierte Fütterung zu vermeiden ist. Die Möglichkeit, bei Hunden beiderlei Geschlechts durch eine regelmäßige Applikation von Medikamenten eine Fortpflanzung zu verhindern, eignet sich wegen des erhöhten Aufwands nicht für Tierheime. Bei Kaninchen, Meerschweinchen, Minipigs, Ponys, Ziegen und Schafen ist eine Kastration der männlichen Tiere als Routineoperation erforderlich, um eine Bestandsvermehrung zu vermeiden. Komplizierter ist die Kastration von Chinchillas, Ratten, Mäusen und anderen Kleinsäugern.

Bei Fundtieren, die einer Rasse zuzuordnen sind, ist zur Vermeidung von Regressansprüchen von einer Kastration vor Ablauf der gesetzlich vorgeschriebenen Aufbewahrungsfrist abzusehen.

Im Unterschied zu Säugetieren kann bei Vögeln und Reptilien die Fortpflanzung durch Wegnahme der Eier verhindert werden.

5.18 Arbeitsordnung

Für alle Tier- und Funktionsbereiche sind detaillierte schriftliche Arbeitsordnungen zu Sicherheit, Brandschutz, Personalhygiene, Reinigung und Desinfektion, Tieraufnahme und -abgabe, Fütterung, Betreuung u. a. erforderlich, die den Mitarbeitern ausführlich zu erläutern und in zeitlichen Abständen zu überarbeiten sind. Es empfiehlt sich, für die einzelnen Abteilungen leitende Tierpfleger zu bestimmen, die den übrigen Mitarbeitern gegenüber weisungsberechtigt sind und zum Leitungsstab der Einrichtung gehören. Die einzelnen Arbeitsgänge sollten eindeutig aufgeführt werden und der jeweils verantwortliche Mitarbeiter benannt sein, der die Kenntnisnahme durch seine Unterschrift bestätigt (s. a. www.vbg.de).

Das Arbeitspensum muss den erforderlichen Zeitaufwand berücksichtigen, andernfalls ist die gründliche Durchführung nicht gewährleistet. In regelmäßigen Abständen bzw. täglich bei Arbeitsbeginn durchgeführten Besprechungen sollten Probleme diskutiert und Festlegungen getroffen werden. Es muss verhindert werden, dass es im Laufe der Zeit zu zufälligen oder willkürlichen Veränderungen in der Tierbetreuung kommt.

Fütterung

Die Fütterung sollte durch die Personen erfolgen, die mit den Gewohnheiten und Bedürfnissen der Tiere vertraut sind. Jedoch sind Vertreter vorzusehen und zu informieren, die bei Urlaub oder Krankheit zum Einsatz kommen. Schriftliche Futterpläne für die einzelnen Tierarten mit Angaben des Futtermittels und der zu verabreichenden Menge sowie eine klare Bezeichnung der Futtermittel in den Lagerräumen tragen zur Vermeidung von Fehlern bei. Die Verfallsdaten sind zu beachten. Bei sachgemäßer Lagerung muss von Fall zu Fall entschieden werden, ob und an welche Tiergruppe verfallene Futtermittel noch gefüttert werden können. Die gelagerten Futtermittel müssen regelmäßig auf ihre Beschaffenheit kontrolliert werden. Dabei ist besonders auf Fäulnis und Schimmelbildung zu achten. Verdorbene Futtermittel dürfen keinesfalls verfüttert werden! Futtermittel für Hunde und Katzen werden vielfach von Verkaufsstellen unentgeltlich abgegeben, wenn das Verfallsdatum herangerückt ist oder geringgradig überschritten wurde. Das Tierheim sollte für eine erste Kontaktaufnahme und die umgehende Abholung der Futtermittel sorgen. Die Nutzung von Großhandelspreisen und Rabatten ist durch große Tierheime möglich, aber auch durch eine Einkaufsgemeinschaft mehrerer kleinerer Tierheime.

Welche Futtermittel zum Einsatz kommen, hängt stark davon ab, ob es sich um Spenden handelt bzw. wie hoch die Beschaffungskosten sind. Ein planmäßiger Wechsel der Futtermittel bringt Abwechslung in den Speiseplan und ist positiv einzuschätzen.

Reinigung und Desinfektion

Voraussetzung für eine gründliche Reinigung ist, dass Fußboden und Wände glatt, wasserundurchlässig und widerstandsfähig gegen Desinfektionsmittel sind. Dies wird gewährleistet durch Fliesen oder eine Epoxidharzbeschichtung, welche den Vorteil hat, dass keine Fugen, aber abgerundete Ecken vorhanden sind. Wasseranschluss und Fußbodenentwässerung sowie Elektroanschlüsse müssen zumindest auf den Gängen vorhanden sein. Behältnisse für Kleinsäuger, Vögel und Reptilien sind häufig nicht fest installiert und können deshalb zur Reinigung und Desinfektion in geeignete Wirtschaftsräume transportiert werden.

Für die einzelnen Tierarten sind Umfang und Häufigkeit der Reinigung festzulegen, die von der Besatzstärke und den Haltungsverfahren abhängen.

Erforderlich sind in den einzelnen Räumen bzw. Abteilungen Schaufel, Besen und Spatel sowie geeignete Behälter zum Abtransport von Exkrementen und Einstreu. Das Abspritzen der Bodenflächen mit Wasser führt zu einem Anstieg der Luftfeuchtigkeit sowie erhöhter Rutschgefahr und erhöht zudem die Kosten, sollte deshalb nur in begründeten Fällen erfolgen.

Anders ist dies bei einer Grundreinigung vor der Neubelegung einzelner Abteile und Abteilungen bzw. vor einer Desinfektion. Diese ist nur wirksam, wenn das Desinfektionsmittel auf die gesamte Fläche einwirken kann. Deshalb ist Voraussetzung, dass alle Schmutzpartikel von der Oberfläche entfernt werden. Dazu wird die Oberfläche durch Wasser mit einem Zusatz eines beliebigen Waschmittels eingeweicht. Nach einer Einwirkungszeit werden mechanisch mit Bürste und Spatel und/oder mit einem Hochdruckreiniger die Schmutzschichten beseitigt. Etwa vorhandene Waschmittelreste sind mit klarem Wasser abzuschwemmen, feste Bestandteile vom Rost der Bodenentwässerung vollständig zu entfernen. Nur eine gründliche Reinigung garantiert den Erfolg anschließender Desinfektionsmaßnahmen.

Das Ziel der **Desinfektion** ist, vorhandene Mikroorganismen und Parasitenstadien abzutöten bzw. zu dezimieren. Eine vorbeugende Desinfektion, wie sie routinemäßig vor jeder Neubelegung vorgenommen wird, muss ein breites Wirkungsspektrum haben, um eine Minderung der Keimbelastung zu erreichen. Soll jedoch eine spezifische Desinfektion (Seuchendesinfektion) durchgeführt werden, die gegen Erreger nachgewiesener Erkrankungen gerichtet ist, muss ein Desinfektionsmittel mit einer spezifischen Wirkung gewählt werden.

Eine Desinfektion ist durch biologische, physikalische und chemische Verfahren möglich.

Biologische Verfahren: Diese Verfahren nutzen mikrobielle Prozesse, wie sie in der Kompostierung durchgeführt werden. Sie sind für Einstreu und Exkremente geeignet. Dabei werden verschiedene Faktoren wirksam, wie Wärme, pH-Wert-Verschiebung, Nährstoffabbau und Antibiose.

Physikalische Verfahren: Diese Verfahren beruhen auf der Einwirkung von Hitze oder von Strahlung (für die Tierhaltung nicht geeignet!). Hitze durch eine offene Flamme (Lötlampe) ist bei einem hitzebeständigen Material unter Beachtung des Brandschutzes eine wirksame Methode, jedoch aufwändig und nur begrenzt anwendbar. Kochendes Wasser ist nicht geeignet, weil dessen Temperatur beim Transport zum Anwendungsort stark sinkt.

Chemische Verfahren: Diese Desinfektionsart wird am häufigsten angewendet. Die Chemikalien werden in den vorgeschriebenen Verdünnungen mit Wasser in unterschiedlicher Tröpfchengröße zur Sprüh-, Fein- oder Aerosoldesinfektion verwendet, teilweise auch aufgegossen. Es muss in jedem Fall darauf geachtet werden, dass die zu desinfizierenden Flächen nicht angegriffen werden. Beton, Putz und Metalle werden durch Säuren und Laugen geschädigt. Zur Flächendesinfektion werden die folgenden Chemikalien eingesetzt:

- Aldehyde
- Säuren
- Laugen
- Phenole
- Chlor
- quaternäre Ammoniumverbindungen
- Peroxide

Aus den Listen der zugelassenen Desinfektionsmittel (Robert Koch-Institut; www.rki.de; Deutsche Veterinärmedizinische Gesellschaft, DVG, www.dvg.net; Verbund für angewandte Hygiene, VAH, www.vah-online.de), die regelmäßig überarbeitet wird, sind die wirksamen Substanzen, die Dosierung und die Wirksamkeit (Viren, Bakterien, Pilze, Parasiteneier) zu ersehen. Entscheidend für den Erfolg einer Desinfektion ist neben der Sauberkeit der Flächen und des Freiseins von Waschmittelrückständen eine exakte Dosierung, die Einhaltung der vorgegebenen Einwirkzeit, des pH-Werts und der Umgebungstemperatur (> 10 °C).

Nach einer Grundreinigung und Desinfektion muss der Raum und seine Ausrüstung vor der Neubelegung entlüftet und getrocknet werden. Dazu sind mobile Heizlüfter einzusetzen, wenn keine Raumheizung vorhanden ist.

Neuere Verfahren sind für eine Inaktivierung von Krankheitserregern und Schadstoffen und damit besonders für den Einsatz in Kranken- und Quarantäneabteilungen geeignet (s. a. www.bioclimatic.de). Sie arbeiten in 4 Stufen:

- Vorfiltration
- photochemische Entkeimung
- katalytische Oxidation
- bipolare Ionisation

Die Anwendung kann stationär und permanent durch Integration in die Luftzufuhr, aber auch im Bedarfsfall durch mobile Geräte erfolgen.

6 Von der Tieraufnahme bis zur Vermittlung

Eine Besonderheit von Tierheimen ist die ständige Veränderung des Tierbestands durch die Aufnahme von Tieren, die einen unterschiedlichen epidemiologischen Status haben. Bei der Aufnahme eines Tieres wird entschieden, ob die Quarantäne in einer Krankenstation erfolgen muss. Im Regelfall ist dies jedoch nicht erforderlich. Die Tiere kommen sofort in die Quarantänestation. Es empfiehlt sich, eine entsprechende farbliche Kennzeichnung der einzelnen Bereiche und der in ihnen verwendeten Gerätschaften.

Folgende Bereiche sind nach dem Ampelsystem einzurichten und zu betreuen:

- Krankenabteilung: rot
- Quarantäneabteilung: orange
- Vermittlungsabteilung: grün

Zeitnah zur Aufnahme ist eine tierärztliche Eingangsuntersuchung in einem Untersuchungsraum der Quarantänestation bzw. der Krankenstation durchzuführen.

6.1 Krankenabteilung

Die Krankenabteilung ist zur Aufnahme verletzter bzw. klinisch kranker Tiere bei der Aufnahme ins Tierheim und aus der Quarantäne- oder der Vergabeabteilung bestimmt. Diese Tiere haben ein erhöhtes Bedürfnis nach Ruhe und Wärme und bedürfen spezieller therapeutischer Maßnahmen. Sie sollte eine Kapazität von etwa 3 % der insgesamt für Hunde und Katzen vorhandenen Plätze haben. Die Haltung erfolgt ohne Auslauf und in räumlicher Entfernung von anderen Abteilungen. Damit soll eine besonders intensive Beobachtung und Behandlung dieser Tiere erreicht, aber auch eine Infektion anderer Tiergruppen verhindert werden. Wichtig ist jedoch, dass auch in dieser Abteilung soziale Kontakte zu den Pflegern hergestellt werden, die nicht ausschließlich auf die Futtergaben zu beschränken sind.

Die einzelnen Räume müssen von den übrigen Räumen durch feste Wände abgegrenzt sein und dürfen keinen gemeinsamen Luftraum mit diesen haben. Spezielle Gebäude oder abgegrenzte Gebäudeteile sind zwingend erforderlich. Zwischen dem Schwarz- und dem Weißbereich muss eine konsequente Trennung bestehen. Das Betreten des Weißbereichs durch eine Schleuse ist nur dem zuständigen Tierarzt und einer begrenzten Anzahl von Mitarbeitern gestattet. An Ein- und Ausgängen sind Desinfektionsmatten und Möglichkeiten zum Anlegen von Schutzkleidung (Overall, Kittel, Füßlinge über den Schuhen) und zur Händedesinfektion vorzusehen. Die Schutzkleidung ist besonders zu kennzeichnen und verbleibt in der Schleuse. Weiterhin ist eine Händedesinfektion erforderlich. Um eine regelmäßige Desinfektion der Wand- und Bodenflächen zu ermöglichen, ist die Beschichtung mit einem Epoxidharzanstrich oder Fliesen erforderlich.

Abb. 6-1 Mehretagiger Käfig für Katzen in einer Krankenabteilung (TH Hannover, Anderle)

Die Unterbringung der Tiere für eine begrenzte Zeit kann in Räumen erfolgen, die nicht voll den gesetzlich vorgeschriebenen Maßen entsprechen. Es werden Käfige für Hunde und Katzen im Baukastensystem in unterschiedlichen Abmessungen, z. T. auch mehretagig, angeboten, die auch von anderen Tierarten genutzt werden können (s. a. www.schlievet.de). Ein Beispiel zeigt die Abb. 6-1 Zur Verhinderung der Erregerübertragung, z. B. bei Katzenschnupfen, können eingeschobene Plexiglasscheiben bis zu einer Höhe von 2/3 beitragen.

6.2 Quarantäneabteilung

Die Quarantäne hat das Ziel, die Einschleppung von pathogenen Erregern in die Tierbestände zu verhindern. Deshalb müssen alle neu hinzukommenden Tiere in Quarantäne gehalten werden, deren Dauer von der Inkubationszeit tierartspezifischer Infektionen abhängig ist. Sie ist mit einer Isolierung der eingestellten Tiere verbunden. Dabei ist jedoch zu beachten, dass diese Tiere durch ihre Vorgeschichte und die erforderliche Isolierung unter starkem Stress stehen.

Eine mögliche Infektion eines Hundes mit dem Tollwutvirus erfordert wegen der Übertragbarkeit auf den Menschen die Vermeidung jeglichen Kontakts mit den betreuenden Personen. Spezielle Zwinger wurden deshalb so angelegt, dass ein direkter Kontakt mit Menschen ausgeschlossen wird. Glücklicherweise sind die europäischen Staaten derzeit frei von Tollwut. Deshalb ist ein direkter Kontakt von Mensch und Tier möglich und erwünscht.

Zur baulichen Gestaltung und dem Arbeitsablauf siehe auch Kapitel 6.1.

Die Belegung muss nach dem Alles-rein-alles-raus-Prinzip erfolgen. Dazu sind getrennte Abteilungen erforderlich. Die Räume und Ausläufe sind durch massive Wände abzuteilen und durch feste Türen (Metall, Panzerglas), nicht durch Gittertüren, zu betreten. Zur Beobachtung der Tiere sind in den Türen Fenster bzw. Türspione vorzusehen. Die Haltungseinrichtungen müssen den Tieren Ruhe und Schutz bieten. Ausläufe sind seitlich durch massive Wände abzutrennen.

Zur Vermeidung von Stress sind separate Quarantäneabteilungen für die einzelnen Tierarten erforderlich. Kleinsäuger und Vögel können in wechselnd genutzten Räumen gehalten werden,

Die Ausstattung aller Räume und deren Einrichtungen muss eine gründliche Reinigung und Desinfektion vor Neubelegung ermöglichen. Sind stationäre Käfige als Batterie vorhanden, können sie erst gründlich gereinigt und desinfiziert werden, wenn alle Tiere ausgestallt wurden. Mobile Haltungseinrichtungen (Käfige, Terrarien) sind für Katzen, Kleinsäuger, Vögel und Reptilien möglich. Sie haben den Vorteil, dass sie einzeln in Reinigungsräumen innerhalb der Quarantäneabteilung bearbeitet werden können.

Da es sich bei der Quarantäne um eine vorübergehende Haltung handelt, kann von den Mindestanforderungen an Fläche und Raum abgewichen werden.

Für Hunde sind jedoch Innenräume mit einer Fläche entsprechend der Tierschutz-Hundeverordnung (2001) vorzusehen, Kleinhunde können auch in Käfigen aus Polyester oder Metall untergebracht werden.

Für Katzen eignen sich besonders stationäre Käfige aus glasfaserverstärktem Polyester, die mit Sitzflächen sowie Futter- und Trinkwassergefäßen ausgestattet sind (www.schlievet.de) , aber auch mobile Boxen, wie im Flugverkehr verwendet (Abb. 6-2 und 6-3). Die Käfige werden in unterschiedlichen Größen angeboten, haben Gittertüren an der Vorderfront. Glastüren sind weniger geeignet. Auch wenn sie mit Lüftungsschlitzen versehen sind, schränken sie den Luftaustausch ein. Da häufig Muttertiere mit Jungen bzw. Wurfgeschwister aufgenommen werden, können diese weiterhin als Gruppe

Abb. 6-2 Stationäre Quarantäneboxen für Katzen (TH Velbert, Schlievet)

Abb. 6-3 Mobile Quarantäneboxen für Katzen (TH Cottbus)

gehalten werden, wenn Durchschlupfe im Boden oder in den seitlichen Trennwänden größere Bereiche schaffen.

Wichtig ist, dass den Tierpflegern Zeit zur Beschäftigung mit den Insassen, besonders mit jungen Katzen, eingeräumt wird. Dies wirkt sich positiv auf die Mensch-Tier-Beziehung aus und schafft gute Voraussetzungen für die spätere Vermittlung. Spiel- und Beschäftigungsmaterialien sind besonders bei Katzenwelpen erforderlich. Sie müssen entsorgt bzw. vor erneutem Gebrauch desinfiziert werden.

Wenn Kleinsäuger, Reptilien oder Vögel nur in größeren Zeitabständen und in kleinerer Zahl aufgenommen werden, kann die Quarantäne in Räumen durchgeführt werden, die für eine festgelegte Zeit als Quarantäne zu kennzeichnen sind. Auch das Betreten dieser Räume ist nur den für die Versorgung zuständigen Mitarbeitern unter Beachtung der o. g. Schutzmaßnahmen gestattet. Die Haltung unterschiedlicher Tierarten in einem Raum ist wegen der Gefahr der Erregerübertragung (Salmonellen, Chlamydien, Pilzsporen) problematisch und sollte deshalb nur die Ausnahme sein.

Für die Eingangsuntersuchung ist in der Quarantäneabteilung ein Untersuchungsraum mit der unter Kapitel 6.4.1 angegebenen Ausstattung erforderlich. Die **Dauer der Quarantäne** wird durch den betreuenden Tierarzt für die jeweilige Tierart festgelegt und sollte in Abhängigkeit von der epidemiologischen Situation zwischen 14 und 28 Tagen liegen; für Reptilien sollte sie sechs Wochen dauern. In dieser Zeit kann auch das Verhalten und Wesen der Tiere kennengelernt werden.

6.3 Vermittlungsabteilung

Wenn es der Gesundheitszustand erlaubt bzw. die Quarantänezeit abgelaufen ist, werden die Tiere in den Vermittlungsbereich verbracht. Da nicht abzusehen ist, wie lange dort der Aufenthalt dauern wird, sind vielfältige Maßnahmen erforderlich, um den Tieren positive Umweltreize zu bieten. Dazu gehört die Gruppenhaltung, eine Strukturierung des Innenraums, zumindest zeitweiser Auslauf ins Freie und intensiver Kontakt mit dem Betreuungspersonal bzw. Tierpaten. Es hat sich in einigen Tierheimen bewährt, diesen Bereich potenziellen Interessenten nur in begrenzten Abschnitten zugänglich zu machen, weil dadurch die Vermittlungschancen für einzelne Tiere erhöht werden. Für jedes Tier werden auf einem Schild Angaben zu Alter, Herkunft, Besonderheiten, Verhalten gegenüber anderen Tieren usw. gemacht. Die Ausstattung der Tierräume soll den artgemäßen Bedürfnissen der jeweiligen Tierart entsprechen und dem zukünftigen Besitzer konkrete Hinweise zur Haltung geben. So gehören in Katzenstuben Liegemöglichkeiten in unterschiedlicher Höhe, Höhlen und Kratzbäume zur Ausstattung, in Hunderäumen Liegebetten oder Schlafboxen.

Angegliedert an die Vermittlungsabteilung sollten eingezäunte Auslaufflächen mit Sitzmöglichkeiten werden. Hier können die Interessenten mit den von ihnen ausgewählten Hunden (in Ausnahmefällen auch mit Katzen), engeren Kontakt haben, um deren Verhalten und Reaktionen zu testen. Für Schlechtwetterperioden sind dazu möblierte Innenräume vorzusehen.

Spezielle Anforderungen an die Haltung unterschiedlicher Tierarten im Tierheim sind unter „Artspezifische Haltung“ beschrieben.

6.4 Veterinärmedizinische Betreuung

Ein Tierarzt sollte schon an der Planung, Standortwahl und Bauausführung sowie an der Erarbeitung von Hygiene- und Evakuierungsmaßnahmen mitwirken.

Durch den Bundesverband praktizierender Tierärzte e.V. wurden Leitlinien für die „Integrierte Tierärztliche Betreuung (ITB) von Tierheimen“ (2011) erarbeitet, die eine bestmögliche tierärztliche Versorgung von Tierheimtieren zum Inhalt haben (s. a. www.tieraerzteverband.de → „Berufspolitik und Expertise“). Das Ziel ist eine regelmäßige, planmäßige, systematische und konsequente Anwendung tierärztlichen Wissens und Könnens auf der Grundlage einer vertraglichen Vereinbarung entsprechend des vorliegenden Mustervertrags. Zur Sicherung einer kontinuierlichen Betreuung ist allen Tierheimen der Abschluss eines solchen Vertrags (Abb. 6-4) dringend zu empfehlen, aus dem sich konkrete Pflichten für beide Vertragspartner ergeben.

Dazu gehören:

- Einsicht in alle tiergesundheits- und tierschutzrelevanten Daten
- Arzneimittelanwendung nach tierärztlicher Anweisung und deren Dokumentation
- Einhaltung aller notwendigen Hygienemaßnahmen
- unverzügliche Information des Tierarztes über festgestellte Erkrankungen

Das Tierheimpersonal ist verpflichtet, alle neu aufgenommenen Tiere spätestens bis zum 3. Tag nach der Aufnahme dem Tierarzt zu melden bzw. vorzustellen. Bei atypischem Verhalten sowie Verdacht auf eine Erkrankung hat dies unverzüglich zu erfolgen.

6.4.1 Räumliche und apparative Ausstattung

Die räumlichen und materiellen Voraussetzungen für die tierärztliche Betreuung werden durch die Kapazität des Tierheims bestimmt. Es muss in jedem Fall ein Raum zur Untersuchung und Behandlung (Abb. 6-5) mit folgender Ausstattung vorhanden sein:

- Untersuchungstisch
- verschließbarer Kühlschrank
- Medikamentenschrank
- Sterilisator
- Tierwaage
- Schreibplatte
- fließend kaltes und warmes Wasser
- Wand- und Bodenfliesen bzw. Epoxydharzanstrich mit Bodenentwässerung
- geeignete Leuchten

bpt bundesverband praktizierender tierärzte e.v.
>> fachgruppe kleintierpraxis

Mustervertrag zur tierärztlichen Betreuung von Tierschutzeinrichtungen und Tierheimen

zwischen

der Tierärztin/dem Tierarzt Frau/Herrn ______________________________

______________________________ - nachfolgend [1]TA genannt –

und

dem Betreiber/Träger des Tierheims in

____

wird nachfolgender Vertrag geschlossen:

§ 1 Vertragsgegenstand

Mit Wirkung vom ______________ übernimmt TA die Betreuung des Tierheims in

______________________________.

Gegenstand des Vertrages ist die tierärztliche Versorgung aller im Tierheim befindlichen Tiere.

Die Vertragsparteien richten sich nach den „Empfehlungen zur Integrierten Tierärztlichen Bestandsbetreuung von Tierheimen“ (nachfolgend „ITB Tierheim“ genannt).

§ 2 Aufgaben des Tierarztes/Umfang der tierärztlichen Leistungen

(1) TA verpflichtet sich, die regelmäßige Gesundheitskontrolle aller im Tierheim untergebrachten Tiere, im Verdachtsfall auch deren klinische Untersuchung, durchzuführen.

Die Regelbetreuung erfolgt gemäß ITB Tierheim.

Für die Regelbetreuung werden ______ Konsultationen pro Woche vereinbart. Die tierärztliche Behandlung akuter Fälle erfolgt nach Anforderung durch die Tierheimleitung in Absprache mit TA. Unter Berücksichtigung der örtlichen Notdienstregelung erfolgt die Betreuung im Notfall auch an Sonn- und Feiertagen und zur Nachtzeit.

[1] Status- und Funktionsbezeichnungen in diesem Vertrag gelten jeweils in männlicher wie weiblicher Form, auch wenn sie in männlicher Form formuliert sind. Die Abkürzung „TA“ bezeichnet auch mehrere Tierärzte oder aber eine aus mehreren Praxen bestehende Gemeinschaft sowie ggf eine Klinik oder andere tierärztliche Einrichtung, die die Tierheimbetreuung übernimmt.

Bundesverband Praktizierender Tierärzte e.V. • Hahnstraße 70 • D-60528 Frankfurt am Main • Telefon (0 69) 66 98 18 – 0 • Telefax (0 69) 6 66 81 70

(2) TA übernimmt die Kastration aller Tierheimkatzen und ggf. anderer Tiere.

(3) Aufzeichnungen des TA sind der Tierheimleitung zugänglich, unterliegen aber der tierärztlichen Schweigepflicht gegenüber Dritten.
Diese Schweigepflicht erstreckt sich auch auf alle Mitarbeiter des Tierheims.

(4) TA übernimmt die Schutzimpfung aller impffähigen eingelieferten Tiere nach der gültigen deutschen Leitlinie zur Impfung von Kleintieren der Ständigen Impfkommission Vet.. Außerdem sorgt der TA für die Aufrechterhaltung des Impfschutzes während des Tierheimaufenthaltes, die Festlegung besonderer Schutzimpfungen in besonderen Situationen sowie die Ausstellung von Impfzeugnissen.

(5) Die evtl. notwendige Hinzuziehung von Fachkollegen, Kliniken oder Instituten erfolgt in Absprache mit der Tierheimleitung. Notwendig werdende Leistungen wie z.B. Laboruntersuchungen, Röntgenuntersuchungen, chirurgische Eingriffe u.ä. werden in Absprache mit der Tierheimleitung durchgeführt.

(6) TA unterweist das zuständige Personal des Tierheims gemäß ITB Tierheim

(7) TA führt die Kennzeichnung aller Fund- und Abgabetiere durch und überwacht die ordnungsgemäße zentrale Registrierung.

(8) Eine Euthanasie erfolgt im Regelfall nach tierärztlicher Indikation im Einvernehmen von Tierheimleitung und behandelndem TA. In Notfällen entscheidet der Tierarzt allein. In strittigen oder zweifelhaften Fällen ist der Amtstierarzt hinzuzuziehen. Die Entscheidungsgründe sind zu protokollieren und fünf Jahre aufzuheben.

(9) Sofern TA die Medikamente nicht selbst anwendet, gibt er diese für die von ihm angeordneten Maßnahmen ab. Die Abgabe der vom TA für erforderlich gehaltenen Arzneimittel an das Tierheimpersonal erfolgt unter Berücksichtigung der hierzu geltenden Vorschriften des Arzneimittelrechts, der Impfstoffverordnung und der zuständigen Berufsordnung. Anweisung über die Anwendung und Aufbewahrung der Arzneimittel unter Beachtung der geltenden Rechtsvorschriften sind zu dokumentieren.

(10) Die Behandlungszuständigkeit des TA endet mit der Abgabe des Tieres durch die Tierheimleitung. Vorbehandelte oder erkrankte Tiere dürfen nur nach Absprache mit dem TA abgegeben werden. Wichtige Befunde sowie Impfnachweise sind dem zukünftigen Tierhalter vom Tierheim mitzugeben. Im Zuge einer kollegialen Zusammenarbeit werden der nachbehandelnden Tierarztpraxis auf deren Wunsch Kopien der Behandlungsunterlagen zugestellt.

§ 3 Vertretungsregelung

TA ist im Verhinderungsfalle berechtigt, die ihm obliegenden Leistungen durch einen Vertreter erbringen zu lassen. Einzelheiten der Abwesenheitsvertretung werden allein zwischen TA und Vertreter geregelt.

§ 4 Aufgaben des Betreibers des Tierheims

(1) Der Betreiber des Tierheims verpflichtet sich,
- dem TA eine mit dem Sachkundenachweis gem. § 11 Tierschutzgesetz (TSG) verantwortliche Person als Tierheimleiter(in) zu bezeichnen und
- eine/n Ersatzverantwortliche/n zu benennen, die/der bei Nichterreichbarkeit der Tierheimleitung sofort entscheidungsbefugt ist, zur Behandlung der Tiere ggf. geeignete Räumlichkeiten bereitzustellen; Hierzu zählen Einrichtungsgegenstände wie Behandlungstisch, Lampen und Schrankraum. Die Vorschriften der TÄHAV sind zu beachten,

- darüber hinaus ggf. geeignete Räumlichkeiten zur Lagerung von Medikamenten, Verbandsmaterial, Desinfektionsmitteln und Instrumentarium bereitzustellen,
- durch Gestellung von Hilfspersonal bei Untersuchungen und Behandlungen untergebrachter Tiere Hilfe zu leisten,
- TA zeitnah über Neuaufnahmen von Tieren zu informieren,
- TA unverzüglich beim Auftreten akuter Krankheitsfälle zu unterrichten,
- für eine sichere Erhebung des Signalements (Dokumentation von Transpondernummer/ Tätowierungen und genauem Unterbringungsort) der einzelnen Tiere sowie die Führung notwendiger Aufzeichnungen zur Beurteilung des Betriebsgeschehens Sorge zu tragen,
- alle tierärztlichen Anweisungen, insbesondere hinsichtlich der Arzneimittellagerung und -anwendung, der Hygienevorschriften, der Pflege des tierärztlichen Instrumentariums usw. einzuhalten,
- einen Evakuierungs- und Tierseuchenalarmplan unter Mithilfe des TA zu erstellen.

(2) Der Betreiber des Tierheims verpflichtet sich fernerhin, alle Arzneimittel ausschließlich über TA bzw. deren/dessen Vertreter/in zu beziehen.

(3) Karteikarten oder ein EDV-System zur Aufzeichnung der tierärztlichen Tätigkeiten und des Medikamentenverbrauchs stellt der Betreiber des Tierheims. Die vom TA gefertigten Aufzeichnungen stehen in seinem Eigentum und im Eigentum des Betreibers des Tierheimes. Da sie sich im Besitz des Tierheims befinden, müssen sie jederzeit dem TA oder seiner Vertretung zugänglich sein. Unbefugten Dritten gegenüber muss die Kartei stets verschlossen bleiben.

§ 5 Vergütungsanspruch des TA

(1) Für die Vergütung von Leistungen im Rahmen der ITB wird vereinbart:

1. nach Ziff. 705 b GOT eine zeitabhängige Vergütung von ______ €
(mindestens 22,90 € pro angefangene 15 min)

oder *(eventuell nicht Zutreffendes bitte streichen)*

2. eine Vergütung der Einzelleistungen nach GOT

(2) Die Honorierung aller weitergehenden Maßnahmen, insbesondere der Durchführung von Kastrationen, erfolgt grundsätzlich unter Anwendung der jeweils geltenden Gebührensätze der GOT (Teil A bis C des Gebührenverzeichnisses).

(3) TA hat einen Anspruch auf gesonderte Vergütung der Arzneimittel, Verbrauchsmaterialien, Wegegeld und Auslagen. Die Berechnung erfolgt grundsätzlich nach den Regelungen der Arzneimittelpreisverordnung.

§ 6 Beendigung des Vertragsverhältnisses

(1) Der Vertrag wird auf die Dauer von ______ Jahr(en) geschlossen. Er verlängert sich automatisch um jeweils ein Jahr, wenn nicht eine der Vertragsparteien drei Monate vor Ablauf des Jahres zum 31.12. der Vertragsdauer schriftlich kündigt.

(2) Das Recht beider Parteien, den Vertrag gem. § 626 BGB aus wichtigem Grund ohne Einhaltung einer Kündigungsfrist zu kündigen, bleibt unberührt. Dabei kann die Kündigung nur innerhalb von zwei Wochen nach Bekanntwerden des Kündigungsgrundes erfolgen.

Mustervertrag zur tierärztlichen Betreuung von Tierschutzeinrichtungen und Tierheimen / Seite 4 von 4

§ 7 Sonstige Regelungen

Änderungen dieses Vertrages bedürfen der Schriftform. Mündliche Nebenabreden wurden nicht getroffen.
Die Unwirksamkeit einer Regelung dieses Vertrages hat nicht die Unwirksamkeit des gesamten Vertrages zur Folge. Die Vertragsparteien bemühen sich in diesem Fall um eine rechtswirksame Vertragsergänzung.

Gemäß den einschlägigen Bestimmungen in der Berufsordnung wird eine Abschrift dieses Vertrages der zuständigen Landestierärztekammer vorgelegt.

____
Ort, Datum

________________________ ________________________
(Vertragstierärztin/-arzt) (Vertreter d. Betreibers d. Tierheims)

Abb. 6-4 Mustervertrag zur tierärztlichen Betreuung von Tierschutzeinrichtungen und Tierheimen

Werden Kastrationen und andere Operationen in der Praxis des Vertragstierarztes durchgeführt, hat das den Vorteil, dass vorhandene Einrichtungen, wie Röntgengerät, Ultraschallgerät, OP-Tisch und Narkosegerät, genutzt werden können. Auch die Mitwirkung des geschulten Personals in seiner gewohnten Arbeitsatmosphäre hat Vorteile. Diese Vorgehensweise wird in den meisten Tierheimen mit Erfolg praktiziert. Sie ist verbunden mit dem Transport zur Praxis und dem Rücktransport der operierten Tiere nach der Aufwachphase.

In Tierheimen von Großstädten mit Einwohnerzahlen über 500 000 und mehreren festangestellten Tierärzten und veterinärmedizinischen Fachangestellten ist eine komplette tierärztliche Praxiseinrichtung (Klinikstandard) zu empfehlen, welche die Mindestanforderungen der zuständigen Landestierärztekammer erfüllt. So sind z. B. entsprechend der Richtlinie für eine Klinik für Kleintiere der Landestierärztekammer Brandenburg erforderlich:

- **Räume:**
  - Röntgenraum, Entwicklungsraum oder Arbeitsplatz für digitales Röntgen
  - Labor
  - mehrere Behandlungsräume
  - OP-Vorbereitung
  - OP-Räume
  - Krankenstation
- **Apparative und technische Ausstattung:**
  - Instrumentarium zur chirurgischen Versorgung von Frakturen
  - Instrumentarium zur gleichzeitigen Durchführung mehrerer Operationen
  - Röntgengerät
  - Röntgenbefundungsanlage
  - flexible und starre Endoskope
  - Ultraschallgerät
  - EKG-Gerät
  - Augenuntersuchungsgeräte
  - Zahnbehandlungseinheit
  - mindestens zwei Narkosegeräte mit Beatmungsmöglichkeit
  - Geräte zur Narkoseüberwachung
  - Sterilisatoren
  - Laborgeräte für hämatologische, klinisch-chemische und bakteriologische Untersuchungen

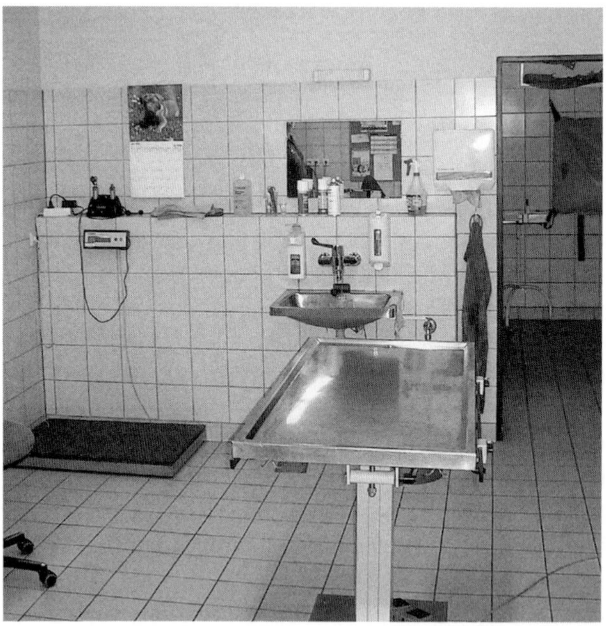

Abb. 6-5 Behandlungsraum mit Tierwaage (TH Dresden)

Es wird deutlich, dass die komplette Ausstattung als Klinik mit erheblichen Kosten verbunden ist. Deshalb ist eine Kosten-Nutzen-Berechnung erforderlich, die in den meisten Fällen dagegen spricht.

6.4.2 Aufgaben des Tierarztes

Der Tierarzt sollte das Tierheim mindestens an zwei Wochentagen besuchen, um nach einer gemeinsamen Visite mit der Tierheimleitung Therapie- und Prophylaxemaßnahmen sowie aufgetretene Probleme der Haltung, Fütterung, Reinigung und Desinfektion zu besprechen. Kranke Tiere werden dem Tierarzt durch das Personal telefonisch gemeldet, die Behandlung erfolgt am gleichen Tag entweder im Tierheim oder in der tierärztlichen Praxis. Aufwändige diagnostische Untersuchungen, wie z. B. Röntgen- und Ultraschalluntersuchungen, werden in der Tierarztpraxis durchgeführt. Dazu werden die Tiere mit den eigenen Fahrzeugen in die Praxis gefahren. Dort sollte die Möglichkeit bestehen, Tiere auch stationär aufzunehmen.

Die **klinische Aufnahmeuntersuchung** erfolgt durch den betreuenden Tierarzt innerhalb von drei Tagen nach der Aufnahme. Die Untersuchung beinhaltet:

- Einschätzung des Allgemeinzustands
- Erfassung einer Kennzeichnung, fehlt diese, wird ein Chip gesetzt
- Messung der Körpertemperatur
- Einschätzung des Ernährungszustands
- eingehende Untersuchung
  - der äußeren Gehörgänge und der Augen
  - der Atmungs- und Kreislauforgane sowie des Herzens
  - der Haut
  - der Geschlechtsorgane

Nach der Aufnahme werden Hunde und Katzen geimpft und nach Anweisung des Tierarztes durch Tierheimmitarbeiter unverzüglich gegen Ekto- (Flöhe, Milben) und Endoparasiten (Rund- und Bandwürmer) behandelt.

Der Tierarzt ist für die Dokumentation aller prophylaktischen und therapeutischen Maßnahmen verantwortlich und muss sich von deren Korrektheit in regelmäßigen Abständen überzeugen, was durch seine Unterschrift zu bestätigen ist. Die Unterlagen sind 5 Jahre bzw. bis zum Tod des Tieres aufzubewahren.

6.4.3 Impfungen

Die Impfungen erfolgen nach Leitlinie zur Impfung von Kleintieren der Ständigen Impfkommission Vet. (StIKo Vet.).

Dabei werden drei Tierkategorien unterschieden:

- Tiere mit dokumentierter Impfhistorie (Pensions- oder Abgabetiere) nach Vorlage des Impfpasses
- adulte Tiere ohne dokumentierte Impfhistorie (Fundtiere), die impffähig sind, wenn ihr Gesundheitszustand dies erlaubt
- Jungtiere ohne dokumentierte Impfhistorie sind einem hohen Infektionsdruck ausgesetzt, deshalb ist eine Impfung gegen die häufigsten Erreger notwendig. Die Applikation von Hyperimmunserum kann erforderlich sein, eine aktive Immunisierung ist dann frühestens drei Wochen später durchzuführen.

Bei der Impfung muss die aktive Immunisierung, bei welcher der Körper spezifische Antikörper produziert, von der passiven unterschieden werden, bei der spezifische Antikörper injiziert werden. Diese werden in kurzer Zeit abgebaut, deshalb ist der Schutz nur begrenzt. Die Impfstoffe können in zwei Gruppen eingeteilt werden, einmal in die mit spezifischen Antigenen, gegen die jedes Tier geschützt sein muss (Core-Komponenten), und in solche, gegen die nur besonders exponierte Tiere geschützt werden müssen (Non-Core-Komponenten). Die Anweisungen des Herstellers zum Abstand der zweiten Impfung und der Auffrischung (Booster) sind zu beachten. Tiere mit einer bekannten Impfanamnese erhalten eine Boosterimpfung entsprechend den Empfehlungen der Hersteller.

Hunde

Notwendige Impfungen (Core-Komponenten):

- Staupe
- ansteckende Leberentzündung (HCC)
- Parvovirose
- Leptospirose
- Tollwut

Von den Non-Core-Komponenten ist die Kombinationsimpfung gegen Zwingerhusten (Bordetella bronchiseptica und canines Parainfluenzavirus) zu empfehlen, weiterhin eine Impfung gegen Borreliose. Über weitere Impfungen wird unter Berücksichtigung der epidemiologischen Situation durch den Tierarzt in Absprache mit der Tierheimleitung entschieden.

Hundewelpen, die jünger als acht Wochen und nicht ausreichend, zum Beispiel bei mutterloser Aufzucht, durch maternale Antikörper geschützt sind, können durch ein Immunserum (z. B. Stagloban SHP®) passiv geschützt werden.

Folgendes Impfschema ist zu empfehlen:

- 6. Lebenswoche: Parvovirose, wenn von ausreichendem Spiegel maternaler Antikörper ausgegangen werden kann
- 8. Lebenswoche: Staupe, HCC, Zwingerhusten (Parainfluenza), Parvovirose, Leptospirose
- 12.–16. Lebenswoche: Wiederholungsimpfung siehe 8. LW, zusätzlich Tollwut

Katzen

Notwendige Impfungen (Core-Komponenten):

- Rhinotracheitisinfektion
- Calicivirusinfektion
- Panleukämie
- Tollwut

Außerdem ist eine Impfung gegen Chlamydieninfektionen sowie der negativ auf das Feline Leukosevirus (FeLV) getesteten Tiere zu empfehlen (Non-Core-Komponenten).

Da **Katzenwelpen** unter acht Wochen besonders gefährdet sind, empfiehlt sich eine passive Immunisierung (z. B. Feliserin PRC®).

Gegenwärtig zeigt sich bei Katzenwelpen trotz Impfung eine Calcivirusinfektion mit schwerem Krankheitsverlauf, mit Bewegungsstörungen infolge einer Polyarthritis und Futterverweigerung, was eine intensive symptomatische Therapie erfordert.

Bei Katzen stellen Infektionen mit dem **Felinen Leukose-Virus (FelV)** und dem **Felinen Immunschwäche-Virus (FIV)**, beides Retroviren, eine besondere Gefahr dar. Die Verbreitung kann durch eine regelmäßige Desinfektion der Oberflächen und Einrichtungen wirkungsvoll verhindert werden. Das Fel-Virus bleibt bis zu 30 Tage, das FI-Virus nur einige Stunden in der Umwelt aktiv.

FelV wird vorwiegend über den Speichel, aber auch über Blut, intrauterin und über die Milch übertragen. Infolge der Virusvermehrung kommt es zu Organschädigungen, zu Anämie und Leukämie und/oder Tumorbildung. Ungefähr 60 % der infizierten Katzen erreichen eine vollständige Eliminierung des Virus, weder erkranken sie noch infizieren sie andere Tiere. Es kann aber auch zu einer latenten Infektion kommen, bei der das Virus über lange Zeiträume im Knochenmark vorhanden ist, ohne dass es zu klinischen Erscheinungen kommt. Durch Stress (Besitzerwechsel, Ortswechsel, Rangauseinandersetzungen), zu dem es bei der Einlieferung ins Tierheim kommt, kann das Virus reaktiviert werden. Durch die Impfung der negativ getesteten Katzen können Infektionen beim Kontakt mit Virusausscheidern verhindert werden. Nur ein geringer Anteil der positiv getesteten Katzen erkrankt tödlich. Für die exakte Diagnose ist entscheidend, mit welcher Methode der Test durchgeführt wurde. ELISA (enzymgekoppelter Immunadsorptionstest) kann vor Ort, PCR (Polymerase-Kettenreaktion) nur in einer Untersuchungseinrichtung durchgeführt werden. Für das Testergebnis ist wichtig, dass die Blutprobe lege artis durch Punktion einer Vene entnommen wird. Mit ELISA auf FeLV positiv getestete Tiere ohne klinische Erscheinungen sollten isoliert gehalten und nach sechs bis acht Wochen erneut getestet werden. Bei negativem Befund ist eine Virusausscheidung und somit Infektionsgefahr für andere Tiere nahezu auszuschließen. Ist eine isolierte Haltung für längere Zeit nicht möglich, kann ein Blutausstrich zur PCR eingeschickt und die Katze bis zum Vorliegen des Befunds isoliert gehalten werden. Ein positiver Befund bedeutet, dass das Tier persistent infiziert ist und somit andere Tiere infizieren kann, bei denen eine Immunsuppression existiert. Die Euthanasie von ELISA positiv auf FeLV getesteten klinisch gesunden Katzen ist grundsätzlich abzulehnen. Es ist die Abgabe zur Einzelhaltung als Wohnungskatze anzustreben, eine Infektionsgefahr für den Menschen und andere Tierarten besteht nicht.

Die Übertragung von **FIV** erfolgt sowohl durch Bissverletzungen als auch intrauterin bzw. über die Milch. Die Krankheitserscheinungen sind vielfältig und beruhen auf der Schwächung bzw. im Endstadium auf dem Zusammenbruch des Immunsystems. Es ist nur eine symptomatische Therapie möglich. Die Euthanasie positiv auf FIV getesteter klinisch gesunder Katzen ist abzulehnen, weil durch eine separate Haltung eine Ansteckung gesunder Katzen vermieden werden kann.

⚠

Es ist von Vorteil, wenn getrennte Haltungsabteilungen mit zusätzlichen Hygienemaßnahmen (getrenntes Personal, Schutzkleidung, Füßlinge, Desinfektionsmatten, separate Reinigung der Futtergefäße) zur Unterbringung von Hunden mit Zwingerhusten und von positiv auf FelV und FIV getesteten Katzen vorhanden sind. Für Tierheime mit großer Kapazität ist dies zu fordern.

Weitere Tierarten

Kaninchen werden nach dem folgenden Impfschema gegen Myxomatose und RHD (**r**abbit **h**aemorrhagic **d**isease; sog. Chinaseuche) immunisiert:

- Grundimmunisierung:
  - 4.–6. Lebenswoche: Myxomatose, RHD
  - 8.–10. Lebenswoche: Myxomatose, RHD
- Auffrischungsimmunisierung:
  - alle 6 Monate: Myxomatose
  - alle 12 Monate: RHD

Frettchen sind wie Hundewelpen gegen Tollwut und Staupe zu impfen.

6.4.4 Dokumentation der tierärztlichen Befunde

Die Dokumentation der klinischen Befunde, Impfungen und Therapien erfolgt als Einzeltiererfassung auf Karteikarten oder mit einem tierärztlichen Praxissoftware-Programm. Zur Kontrolle können die Behandlungen im Tierheim auf Auftragsformularen (z. B. Firma Zweckform: www.avery-zweckform.com) erfasst und von der Tierheimleitung gegengezeichnet werden. Dadurch sind die monatlichen Rechnungen für die gewählten Rechnungsprüfer des Vereins nachvollziehbar und transparent. Alle Behandlungen im Tierheim werden schriftlich angewiesen, Medikamente entsprechend den gesetzlichen Bestimmungen abgegeben. Aufgrund der Ausbildung sind Tierpfleger für Haus- und Heimtiere in der Lage, diese ordnungsgemäß anzuwenden. Injektionen bleiben dem Tierarzt, bzw. nach Anweisung durch den Tierarzt, einer veterinärmedizinischen Fachkraft vorbehalten.

7 Haltung, Fütterung und Betreuung

Tierheime konzentrieren sich auf die Aufnahme von Haus- und Heimtieren. Dies sind insbesondere Hunde, Katzen, Kaninchen und Meerschweinchen. In neuerer Zeit werden als Heimtiere auch Tierarten gehalten, die ursprünglich Nutztiere waren, wie Ziegen, Schafe, Ponys, Esel und Schweine. Aber auch aus dem Zoofachhandel und von privaten Züchtern stammen Tiere, die in Einzelfällen in Tierheime aufgenommen werden müssen, wie Kleinsäuger, Vögel und Reptilien, aber auch Fische.

Die Heimtierhaltung in Deutschland hat eine zunehmende Tendenz, die Anteile der einzelnen Tiergruppen sind aus Abbildung 7-1 (Zentralverband Zoologischer Fachgeschäfte (ZZF; 2012) zu ersehen.

Wegnahme von Tieren aufgrund behördlicher Anordnung, wenn erhebliche Mängel in der Haltung und Betreuung vorliegen, führt häufig dazu, dass auch bei Tierheimen angefragt wird, ob eine zeitweise Unterbringung von landwirtschaftlichen Nutztieren möglich wäre. Da die vorhandenen Gebäude und Einrichtungen in der Regel nicht zur Unterbringung landwirtschaftlicher Nutztiere, wie Pferde, Rinder und Schweine, geeignet sind, ist dies grundsätzlich abzulehnen. Es sollte auf Ausnahmefälle beschränkt bleiben, in denen eine artgemäße Unterbringung möglich ist. Für kleinere Nutztiere, die als Hobbytiere gehalten werden, wie Zwergziege, Schaf, Pony, Esel und Minipig, sind jedoch mit relativ geringem Aufwand Unterbringungsmöglichkeiten zu schaffen.

Deshalb werden in den folgenden Kapiteln Hinweise zur Haltung, Fütterung und Betreuung einer Vielzahl von Tierarten gegeben, die auch bei weniger verbreiteten Tierarten Grundinformationen vermitteln sollen, um eine artgerechte Haltung zumindest für eine kurze Zeit zu sichern bis eine Unterbringung in spezialisierten Einrichtungen möglich wird. Die beschriebenen Haltungsverfahren berücksichtigen die spezifischen Bedürfnisse der einzelnen Tierarten, aber auch die Erfahrungen von Tierheimmitarbeitern.

Dennoch ist zu empfehlen, zusätzlich spezielle Informationen aus der Literatur oder auch von erfahrenen Züchtern, von örtlichen Zuchtvereinen oder Zoofachhändlern einzuholen. Hilfreich ist, wenn diese Informationsmöglichkeiten in einer Liste im Tierheim erfasst werden. Im Buchhandel, aber auch

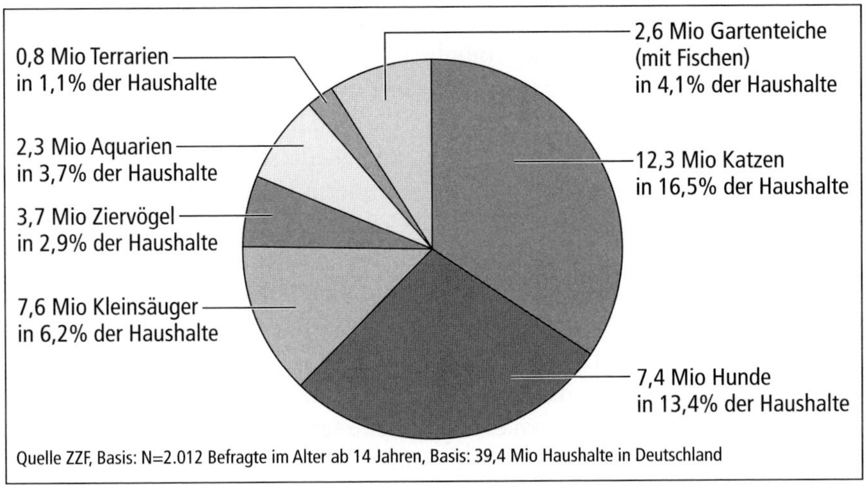

Abb. 7-1 Heimtierhaltung in Deutschland 2012 (ZZA 6/2012)

in Zoofachgeschäften wird zudem eine Fülle von Publikationen zu einzelnen Tierarten angeboten.

7.1 Haltung

Für die Haltung sind insbesondere die artspezifischen Bedürfnisse hinsichtlich der Größe und Strukturierung des Bewegungsraums, der Möglichkeit zu sozialen Interaktionen sowie die Anforderungen an die Umgebungstemperatur und Fütterung zu berücksichtigen. Dies ist nicht immer leicht zu realisieren, weil die vorhandenen Gebäude und Einrichtungen Grenzen setzen. Von vornherein muss die Möglichkeit zur Nutzung von Räumen zur Unterbringung wechselnder Tierarten einkalkuliert werden.

Eine große Rolle spielt das Klima in Innenräumen, das bei den üblichen Tierkonzentrationen durch Ausdünstungen und insbesondere Kot- und Harnausscheidungen erheblich schadstoffbelastet sein kann. Deshalb sind geeignete Systeme für Abluft und Zuluft erforderlich, die auf die Tierart abgestimmt sind. Für akute Fälle zur Luftverbesserung können mobile Geräte eingesetzt werden (s. z. B. www.climatic.de).

Für einige Tierarten, wie Hunde und Katzen, sind spezielle Räume und Außenanlagen erforderlich. Das gilt ebenfalls für Kaninchen, Meerschweinchen, Frettchen und Vögel bei der Haltung im Freien. Dagegen können Innenräume zur Aufstellung beweglicher Behältnisse für Kleinsäuger, Vögel und Reptilien je nach Bedarf wechselnd genutzt werden, wobei die Arten möglichst in getrennten Räumen gehalten werden sollten. Ausläufe im Freien sind für viele Tierarten erforderlich. Sie ermöglichen die Beobachtung der Umwelt und tragen so zur Beschäftigung bei. Auch der Einfluss unterschiedlicher Witterungsfaktoren wirkt sich positiv aus. Es ist jedoch für eine Ausweichmöglichkeit oder einen Schutz gegen Kälte, Wind und Niederschläge zu sorgen. Gegen eine starke Sonneneinstrahlung in den Sommermonaten wirkt eine Beschattung durch Dächer, Bäume, Sonnensegel oder Jalousien. Die verwendeten Materialien zur Einzäunung müssen das Entweichen der Tiere, aber auch Verletzungen sicher verhindern. Abstand und Materialstärke von Gitterstäben müssen der gehaltenen Tierart entsprechen. Bei der Verwendung von Drahtgeflecht sind die Festigkeit des Materials und die Maschenweite von besonderer Bedeutung. Viele Pflanzenfresser versuchen, jenseits des Zauns wachsende Pflanzen zu erreichen, wodurch es bei groben Maschen oder Drahtbrüchen zu Strangulationen kommen kann. Für Hundeausläufe ist Drahtgeflecht wegen der geringen Materialstärke nicht geeignet. Auch Jägerzäune sollten wegen der Gefahr von Strangulationen oder der Überwindung durch Klettern nicht verwendet werden. Es wird empfohlen, bei großflächigen Ausläufen für Hunde und Katzen mit hohem Tierbesatz eine Schleuse am Eingang einzubauen, um ein Entweichen von Tieren zu vermeiden. Auch einige kleinere Hundeausläufe sollten aus Sicherheitsgründen damit ausgestattet werden.

Wenn es den Tieren nicht möglich ist, aus dem Auslauf in massive Gebäude zu gelangen, sind Schutzräume einzurichten. Diese können für einige Tierarten als mindestens dreiseitig geschlossener Schuppen ohne Wärmedämmung und Fenster gebaut werden, die im Winter reichlich mit Stroh eingestreut werden. Andere Tierarten benötigen einen wärmegedämmten Bau mit Fenster und Heizung (s. a. Kap. 5.4).

Für die Einrichtung aller Tierräume gilt, dass die Übersicht erhalten bleibt, keine Verletzungsgefahr für Mensch und Tier besteht und dass hygienischen Anforderungen entsprochen wird. Im Unterschied zu Privathaushalten muss bei dem üblichen Tierbesatz in Tierheimen und dem Wechsel der Belegungen regelmäßig eine Grundreinigung, zum Teil mit anschließender Desinfektion, erfolgen. Alle Flächen und Einrichtungsgegenstände müssen deshalb glatte und widerstandsfähige Oberflächen haben. Bei Textilien muss darauf geachtet werden, dass sie bei 95 °C waschbar sind. Die den Tierheimen gespendeten und besonders zur Ausstattung von Katzenräumen bestimmten Polstermöbel, Kratzbäume usw. sind in dieser Hinsicht kritisch zu sehen, obwohl die Katzen sie mögen.

7.2 Fütterung

Die Fütterung muss den leistungsabhängigen Bedarf an Energie, Nährstoffen, Mineralien und Vitaminen decken. Dabei ist der Unterschied zwischen wachsenden und ausgewachsenen Tieren sowie deren Leistung zu berücksichtigen. Sättigung soll erreicht, ein übermäßiger Fettansatz vermieden werden. Dazu trägt bei adulten Tieren eine rationierte Verabreichung eines energiereduzierten Futters bei. Es sind aber auch die artgemäßen Bedürfnisse der Futtersuche und -aufnahme zu berücksichtigen. Dazu gehört die Möglichkeit, Futter unterschiedlicher Größe und Struktur, unterschiedlichen Nährstoff- und Energiegehalts sowie Ballaststoffe aufzunehmen. Gleichzeitig hat die Futterverabreichung eine soziale Funktion, besonders bei in enger Gemeinschaft mit dem Menschen gehaltenen Tieren. Diese hohen Ansprüche gilt es, auch im Tierheim weitgehend zu erfüllen.

Bei der Fütterung gibt es zwei Varianten:

- zusammengesetzte Ration aus mehreren Komponenten
- Fertigfutter als Alleinfutter

Die erste Variante kommt der Ernährung in natürlichen Lebensräumen nahe, ist jedoch mit einem höheren Aufwand hinsichtlich der Beschaffung, Lagerung und Verabreichung verbunden. Alleinfutter sollte nur kurzzeitig, auf Dauer mit wenigen Ausnahmen (Hunde, Katzen) nur anteilig eingesetzt werden.

Mischfuttermittel werden industriell hergestellt und als Alleinfutter oder mit einem oder anteilig mit mehreren Einzelfuttermitteln eingesetzt. Für alle Futtermittel ist eine **Deklaration** mit Pflichtangaben gesetzlich vorgeschrieben. Ebenso wie Mischfuttermittel, die dazu bestimmt sind, den Bedarf einer Tierart an Energie, Nährstoffen, Mineralien und Vitaminen voll zu decken (Alleinfutter), müssen Einzelfuttermittel, wie Kleie und Schrot, und Zusatzfuttermittel folgendermaßen gekennzeichnet sein:

- Herstellungsdatum
- Name und Anschrift des Inverkehrbringers bzw.Herstellers
- Gewicht der Abpackung sowie bei Flüssigkeiten Volumenangabe
- Futtermittelart: z. B. Allein- oder Ergänzungsfutter, Vitamin- oder Mineralstoffmischung
- prozentuale Anteile aller Bestandteile
- Mindesthaltbarkeitsdatum
- Fütterungshinweise
- Bestimmungstierart

⚠

Besonders wichtig ist es, den Hinweis zur Bestimmungstierart zu beachten, wenn Arzneistoffe enthalten sind, wie z. B. Kokzidiostatika im Futter für Nutzgeflügel, die auf Straußenvögel toxisch wirken.

Weitere Angaben werden zu den Inhaltsstoffen gemacht, wie Rohprotein, Rohfett, Rohfaser, Rohasche und Mineralstoffe, Vitamine und Zusatzstoffe, Antioxidantien, Konservierungsstoffe, Spurenelemente, Enzyme oder Mikroorganismen. Von den Herstellern werden detaillierte Fütterungsanweisungen für Mischfuttermittel gegeben, die den Bedarf bei unterschiedlicher Körpermasse und Leistung berücksichtigen. Sie sind in jedem Fall gewissenhaft zu beachten, weil nur so Verdauungsstörungen und Intoxikationen vermieden werden.

Durch eine EG-Verordnung wird geregelt, dass die Hersteller von Fertigfutter für Hunde und Katzen einer entsprechenden Erlaubnis bedürfen und welche Ausgangsstoffe verwendet werden dürfen. Nur tierische Nebenprodukte von Schlachttieren, die für den menschlichen Genuss als tauglich beurteilt wurden, von denen keine Gefährdung der menschlichen oder tierischen Gesundheit ausgeht, dürfen verarbeitet werden. Dass Teile gestorbener Tiere verarbeitet werden, ist somit ausgeschlossen.

Der Einsatz von Mischfuttermitteln in Schrot- oder Pelletform erleichtert die Lagerung und Fütterung. Für Hunde und Katzen werden fast ausschließlich Fertigfuttermittel als **Trocken- oder Feuchtfutter** eingesetzt. Trockenfutter wird in unterschiedlicher Pelletgröße hergestellt. Es ist gegenüber Feuchtfutter preislich günstiger, wird in größeren Abpackungen geliefert, ist einfacher zu lagern und zu verabreichen. Feuchtfutter zeichnet sich durch seine Vielfalt aus, wird gern gefressen und kann als Abwechslung gereicht werden. Nachteilig ist, dass etwaige Futterreste verderben können und die kleinen Abpackungen einen hohen Anfall an Plastikmüll bedingen. Für Kaninchen und andere Kleinsäuger können Pellets oder spezielle Futtermischungen als Fertigfuttermittel eingesetzt werden, die jedoch durch konventionelle Futtermittel zu ergänzen sind, wie z. B. Heu, Rüben, Grünfutter und Obst. Auch für die einzelnen Vogelarten gibt es spezielle Futtermischungen.

Zusätzlich zu den Futtermitteln ist für Pflanzenfresser die Gabe von Zweigen, mit oder ohne Blätter, von Sträuchern und Bäumen sowie von Kräutern zu empfehlen, die keine Giftstoffe enthalten. Zierpflanzen und Robinien sind besonders gefährlich. Gut geeignet sind dagegen Mais, Sonnenblumen, Topinambur, Löwenzahn, Luzerne, Lupinen, Salat, Weiden- und Obstbaumzweige. Damit wird den Tieren Abwechslung und Beschäftigung geboten.

Wichtig ist jedoch, bei allen Tierarten zusätzlich zum Fertigfutter Futtermittel zu verabreichen, die den Bedürfnissen der Futteraufnahme und der Beschäftigung entsprechen. Deshalb sollte außer bei Hunden und Katzen ein Alleinfutter auf Dauer nur einen Anteil von 30–50 % der Gesamtfuttermenge ausmachen.

7.3 Betreuung

Die Betreuung umfasst neben der regelmäßigen Kontrolle des Gesundheitszustands, der Fütterung und der Reinigung der Stallbodenfläche, Futter- und Tränkgefäße auch den Kontakt durch Ansprache und bei einigen Tierarten Streicheleinheiten und Körperpflege sowie das Ausführen. Zur Betreuung gehören nicht nur die Sicherung der körperlichen Grundbedürfnisse, sondern auch ein abwechslungsreicher Tagesablauf und wechselnde Umweltreize. Besonders Hunde brauchen den Kontakt zu Artgenossen und zum Menschen als Rudelführer sowie vielfältige und wechselnde Eindrücke aus ihrer Umwelt. Die Gewöhnung an Halsband und Leine und eine Erziehung zu Gehorsam sind eine wesentliche Voraussetzung für die anzustrebende Vermittlung. Körperpflege bei Hunden, Katzen, Eseln und Pferden dient deren Wohlbefinden und schafft engen Kontakt zwischen Mensch und Tier. Einigen Tierarten, wie Katzen, Kaninchen und Frettchen, ist der Aufenthalt auf unterschiedlichen Ebenen zu ermöglichen. Pflanzenfresser, wie Kaninchen, Meerschweinchen, Huf- und Klauentiere, brauchen Zweige und Äste zum Benagen, was ihnen gleichzeitig Beschäftigung bietet. Versteckmöglichkeiten für Kleinsäuger ermöglichen Ortswechsel und Distanz zu Artgenossen. All dies ist genauso wichtig wie die Versorgung mit Futter und Wasser und die Reinigung der Haltungseinrichtungen, erfordert aber einen zusätzlichen zeitlichen Aufwand.

Tiere, die einer besonderen Versorgung und Betreuung bedürfen, werden vielfach in Pflegestellen (s. a. Kap. 2.4.1) untergebracht, wenn dies im Tierheim wegen des erhöhten Aufwands nur schwer zu ermöglichen ist. Dazu gehören einzelne geschwächte oder erkrankte Jungtiere oder Würfe und Einzeltiere von Hunden, Katzen, Hasen, Igeln oder Eichhörnchen, aber auch chronisch kranke oder alte Tiere.

Artspezifische Haltung

8 Haustiere

Zu den Haustieren gehören Tierarten, die schon seit langen Zeiten im engen Umfeld des Menschen gehalten werden. Sie waren ursprünglich Nutztiere, werden heute aber in vielen Fällen ohne einen materiellen Nutzen gehalten. Diese Tierarten sind Begleiter des Menschen, erfüllen teilweise eine Stellvertreterfunktion für fehlende menschliche Kontakte, schlagen aber auch eine Brücke zu der uns umgebenden Natur. Die Vielzahl der gehaltenen Tierarten ist ein Spiegelbild unterschiedlicher menschlicher Interessen und Bedürfnisse.

8.1 Hund

Gegenwärtig werden weltweit über 400 Hunderassen gezüchtet, die große Unterschiede in der Größe, aber auch in anderen Körpermerkmalen und im Verhalten aufweisen. Die Zucht auf extreme Körpermerkmale, die in einzelnen Standards vorgegeben sind, hat bei einigen Rassen zu gesundheitlichen Problemen geführt. Vor allem betrifft das die Tiere mit verkürztem Fang (Brachycephalie), zu denen Mops, Französische und Englische Buldogge, Pekinese und Brabanter Griffon gehören. Bei diesen Rassen liegt eindeutig eine Qualzucht vor. In Tierheime werden überwiegend Hunde aufgenommen, die aus Kreuzungen stammen und deren Abstammung mitunter schwer zu durchschauen ist. Hunde sind Rudeltiere, die in einer strengen Rangordnung leben. Der Mensch muss die Funktion des Rudelführers übernehmen.

Es empfiehlt sich, eine Beurteilung des Verhaltens bei der Aufnahme eines Hundes und nach etwa 4 Wochen vorzunehmen. Dazu können zwei gleichlautende Formblätter der Dogworld-Stiftung verwendet werden, die sich z. B. im Tierheim Leipzig bewährt haben (Abb. 8-1 a u. b und 8-2 a u. b). Aus dem geprüften Verhalten gegenüber anderen Hunden (einem etwa gleich großen Dummy) und dem Menschen ergeben sich konkrete Hinweise für den Umgang im Tierheim und für die Vermittlung.

Die Geschlechtsreife tritt bei den Rüden im Alter von 6–18 Monaten ein, bei Hündinnen schon vor Vollendung des ersten Lebensjahres, die Läufigkeit

Abb. 8-1 a u. b Gegenüberstellung mit einem Dummy (TH Leipzig, Anderle)

DOGWORLD-Stiftung
Lebenshilfe für verwaiste Hunde

Name, Sitz des Tierheimes

Ort, Datum ....

Verhaltens-Beurteilung (zur Erstaufnahme)

Überprüfter Hund:

Ort, Datum:

Ankreuzverfahren – Mehrfachbenennung möglich

Sozialverhalten Umweltverhalten	Stabil, sicher	Leicht unsicher	Unsicher, ängstlich	Unsicher, aggressiv	Kritisch, aggressiv	Nicht ansprechbar
Sozialverhalten gegenüber aufnehmender, betreuender Person						
Taktile Gegebenheiten (Anfassen des Hundes durch Personen)						
Sozialverhalten gegenüber Artgenossen (erster Eindruck)						
Verhalten gegenüber sozialfremden Einflüssen (Geräusche, bewegte und unbewegte Objekte, Untergründe)						
Allgemeines Verhalten						

Ressourcenverhalten	Unauffällig	Unsicher, zurückhaltend	Fordernd, beanspruchend	Fordernd bei defens. Drohung	Offensiv aggressiv bissig	Nicht ansprechbar
Bezogen auf Futter/Nahrung (Vorsicht bei Überprüfung der Ansprüche)						
Bezogen auf Spiel- und Beuteobjekte (Vorsicht bei Überprüfung der Ansprüche)						

Temperament: phlegmatisch ☐ ruhig ☐ normal ☐ aktiv ☐ hektisch ☐ nervös ☐ cholerisch ☐ melancholisch ☐

Bemerkungen zu Verhaltensweisen: ....

....

....

....

....

....

Beurteiler: .... / ....

Vor-, Zuname, Position — Unterschrift

DOGWORLD-Stiftung
Lebenshilfe für verwaiste Hunde

Name, Sitz des Tierheimes

Ort, Datum ....

Verhaltens-Beurteilung (nach ca. 4 Wochen)

Überprüfter Hund:
Ort, Datum:

Ankreuzverfahren – Mehrfachbenennung möglich

Sozialverhalten Umweltverhalten	Stabil, sicher	Leicht unsicher	Unsicher, ängstlich	Unsicher, aggressiv	Kritisch, aggressiv	Nicht ansprechbar
Sozialverhalten bei **betreuenden** Personen						
Sozialverhalten bei **fremden** Personen						
Taktiles Verhalten (Anfassen)						
Sozialverhalten gegenüber Artgenossen						
Verhalten bei sozialfremden Einflüssen (Geräusche, bewegte, unbew. Obj. Untergr.)						

Ressourcenverhalten	Unauffällig	Unsicher, zurückhaltend	Fordernd, beanspruchend	Fordernd bei defens. Drohung	Offensiv aggressiv bissig	Nicht ansprechbar
Bezogen auf Futter/Nahrung (gegenüber Menschen bzw. Personen)						
Bezogen auf Futter/Nahrung (gegenüber Artgenossen)						
Bezogen auf Spiel- und Beuteobjekte (besonders bei Wegnahme der Objekte)						
Bezogen auf Spiel- und Beuteobjekte (gegenüber Artgenossen)						
Bezogen auf territoriale Bereiche						

Temperament: phlegmatisch ☐ ruhig ☐ normal ☐ aktiv ☐ hektisch ☐ nervös ☐ cholerisch ☐ melancholisch ☐

Bemerkungen zu Verhaltensweisen: ....
....
....
....
....
....

Beurteiler: .... / ....
Vor-, Zuname, Position Unterschrift

Abb. 8-2 a u. b Formulare zur Verhaltensbeurteilung (Dogworld-Stiftung, Lebenshilfe für verwaiste Hunde, Thomas und Ina Baumann)

jährlich zweimal, bei einzelnen Rassen nur einmal. Nach einer Trächtigkeit von 60–63 Tagen werden bis zu 15 Welpen geboren, die 6–8 Wochen gesäugt werden. Für die Welpen beginnt die **Prägephase** in der Säugezeit, gekennzeichnet durch Erkunden, Spielen und Nachahmen. Nach dem Absetzen beginnt die für das spätere Verhalten entscheidende Zeit, in der sie einer Vielfalt von Umweltreizen auszusetzen sind. Besonders die enge Bindung an den Menschen und der Kontakt mit Artgenossen ist für eine normale Entwicklung des Verhaltens bis zur Geschlechtsreife bedeutsam. Dazu gehören Ausführen, Spielen, Streicheln (taktiler Kontakt) und Fellpflege, aber auch die Befolgung von Kommandos. Fehlt dies, wird damit die Grundlage für späteres Fehlverhalten gelegt. Daraus resultiert, dass die mit der Jungtieraufzucht verbundenen Anforderungen durch das Tierheimpersonal nicht oder nur sehr begrenzt erfüllt werden können. Deshalb ist für Welpen eine Vermittlung nach der 8. Lebenswoche in private Hände anzustreben. Dem Halter sind Hinweise auf geeignete Hundeschulen zu geben, wenn er nicht über einschlägige Erfahrungen verfügt. Da über das Vorleben der Mehrzahl der im Tierheim gehaltenen Hunde wenig oder nichts bekannt ist, kommt den Beobachtungen und Erfahrungen der Tierpfleger besondere Bedeutung zu.

Lebenserwartung: 10–15 Jahre

Haltung: In der Tierschutz-Hundeverordnung vom 2. Mai 2001 sind konkrete Mindestanforderungen an die Haltung aufgeführt, die auch für Tierheime gelten.

So werden gefordert:

- ausreichender Auslauf
- ausreichender Umgang mit dem Betreuer
- Möglichkeit zu Sozialkontakten mit anderen Hunden
- möglichst Gruppenhaltung
- bei Zwingerhaltung Fläche in Abhängigkeit von der Widerristhöhe:
  - < 50 cm: 6 m^2
  - 50–65 cm: 8 m^2
  - > 65 cm: 10 m^2
  - für jedes weitere Tier zuzüglich die Hälfte der angegebenen Fläche
- beim Halten im Freien Schutzhütte (in Abhängigkeit von der Widerristhöhe):
  - < 50 cm: 0,6 × 0,5 × 0,6 m (L × B × H)
  - 65 cm: 0,8 × 0,7 × 0,8 m
  - 80 cm: 1,0 × 0,9 × 1,0 m
- witterungsgeschützter, wärmegedämmter Liegeplatz außerhalb der Schutzhütte, gleiche Anforderungen bei der Haltung in ungeheizten Räumen

Die zuständige Behörde kann befristet Ausnahmen für Tierheime zulassen, wenn sonst die weitere Aufnahme von Hunden nicht möglich ist.

Eine Anbindehaltung in jeglicher Form ist nicht zulässig!

Von allen Tierheimtieren erfordern Hunde die aufwändigste Betreuung. Neben der Fütterung und Haltung muss dafür gesorgt werden, dass sie vielfältige Umweltreize sowie Sozialkontakte zu Artgenossen und Menschen aufnehmen können, ausreichend Bewegung und eine Erziehung zu Gehorsam und Leinenführigkeit erhalten. Um diese hohen Anforderungen zu erfüllen, bedarf es guter fachlicher Kenntnisse und eines hohen Einsatzes der Tierpfleger.

Eine Haltung ausschließlich auf begrenzten Flächen ist nicht artgemäß. Da Laufbewegung und Erkundung zu den Grundbedürfnissen gehören, müssen Möglichkeiten zum Auslauf bzw. Ausführen der Hunde gefunden werden. Der **Bewegungsbedarf** ist vom Alter, dem Gesundheitszustand und der Rasse abhängig. Auslauf bietet dem Hund die Möglichkeit, vielfältige Reize aufzunehmen und die Umwelt zu erkunden. Dies ist besonders für Welpen wichtig. Reizarm aufgezogene Hunde entwickeln Verhaltensstörungen. Nicht ausreichend beschäftigte Hunde neigen zu unerwünschtem Verhalten, wie Zerkauen von Gegenständen, anhaltendem Bellen und Streunen, im Extremfall auch zu Zwangsbewegungen (Stereotypien). Die Vielfalt der Reize und deren wechselndes Angebot sind für Hunde jeden Alters entscheidend. Auch für die **Entwicklung des Sozialverhaltens** ist Auslauf mit Kontakt zu anderen Hunden wichtig. Hunde kommunizieren direkt mit Artgenossen, aber auch indirekt durch das Setzen und Prüfen von Duftmarken. Dies ist auf Pheromone zurückzuführen, die mit dem Kot (anhaftendes Analdrüsensekret), Urin (Sekret von Vagina oder Präputialdrüsen) und Sekret aus den Ballendrüsen in geringsten Mengen abgegeben werden. Deshalb gehört das ausführliche Prüfen und das Setzen von Duftmarken zu jedem Spaziergang, wenn es auch für den Menschen mitunter störend ist. Die direkte Kommunikation mit Artgenossen unterschiedlicher Rassen und Altersstufen ist besonders für Jungtiere wichtig, um die Sozialisation zu fördern und den Umgang miteinander zu trainieren. Artgemäß ist der Auslauf, wenn der Hund

- freilaufend Tempo und Richtung seiner Bewegung bestimmen und,
- die Umgebung erkunden kann sowie
- möglichst auch mit Artgenossen zusammentrifft.

Wird ein Hund ausschließlich an der Leine geführt, so werden seine Möglichkeiten zur Bewegung und Erkundung stark eingeschränkt, denn der Mensch bestimmt Tempo, Richtung und Dauer. Zudem sind die Reaktionen eines angeleinten Hundes auf Artgenossen anders als die eines freilaufenden, weil die Ausweichmöglichkeiten eingeschränkt sind und auch die Nähe sowie Reaktionen und Bewegungen des Halters einen Einfluss haben. Neben der körperlichen Auslastung des Hundes durch angemessene Bewegung ist die **psychische Auslastung** von besonderer Bedeutung. Eine interessante Gestaltung der Spaziergänge mit wechselndem Reizangebot, aber auch abwechslungsreiche und steigende Anforderungen in Erziehung, Ausbildung und Training erfüllen mentale Anforderungen des Hundes. Die Angliederung des Übungsplatzes einer Hundeschule mit unterschiedlichen Angeboten zur Ausbildung und Beschäftigung hat sich vielerorts bewährt.

Die für bestimmte Rassen angeordnete **Maulkorbpflicht** stellt eine Einschränkung des artgemäßen Verhaltens dar, insbesondere des Sozial- und Erkundungsverhaltens. Unterwerfungsgesten (z. B. Maulwinkellecken) und auch die Analkontrolle sind nicht oder nur eingeschränkt möglich. Auch die Mimik wird durch den Maulkorb verdeckt, so dass eine artgemäße Kommunikation zwischen den Hunden behindert wird. Da Welpen und Junghunde die Kommunikation mit Artgenossen und die Beißhemmung erst erlernen müssen, ist von der Anwendung des Maulkorbs bei Jungtieren dringend abzuraten. Grundsätzlich gilt, dass die Gewöhnung an den Maulkorb schrittweise und ohne Zwang unter Einsatz von Belohnungen erfolgen muss. Selbstverständlich ist, den Hund in der Öffentlichkeit so zu führen, dass Menschen und andere Hunde nicht belästigt oder geschädigt werden.

Hunde bemühen sich, ihre Aufenthaltsorte von den Ausscheidungsorten von Kot und Urin räumlich zu trennen. Wenn dies nur bedingt möglich ist, muss eine regelmäßige Reinigung erfolgen.

Sind die Hundeanlagen für Besucher frei zugänglich, ist durch Schilder darauf hinzuweisen, dass eine Berührung und das Füttern der Tiere nicht gestattet sind.

Der **Tagesablauf** sollte bei Hunden nicht ausschließlich durch Futterverabreichung und Reinigungsarbeiten strukturiert sein. Neben einem ganztägigen Aufenthalt in Außenanlagen kann den Tieren durch das Verbringen in wechselnde Ausläufe für 1–2 Stunden, möglichst mehrmals am Tage, Abwechslung geboten werden, weil damit auch der Kontakt mit dem Menschen verbunden ist. Gleichzeitig kann dabei die Leinenführigkeit trainiert werden. Die Ausläufe können durch Bäume, Stapel oder Wände aus Stämmen oder Steinen und Sitzplätze auf unterschiedlichen Ebenen strukturiert werden. So wird ein Findling in befestigten Ausläufen von Rüden zum Urinieren bevorzugt.

Um eine Ruhestörung umliegender Bewohner zu verhindern, sollte abhängig von den örtlichen Bedingungen (Abstand von Wohnungsbebauung, Hauptwindrichtung) der Freilauf begrenzt werden, etwa von 8.00–19.00 Uhr, eventuell zusätzlich eine Mittagsruhe von 13.00–16.00 Uhr eingehalten werden. Auch eine Schallschutzwand kann Hundegebell abschirmen. Diese Maßnahmen tragen wesentlich zur Akzeptanz des Tierheims und zum friedlichen Zusammenleben mit der Nachbarschaft bei.

Es gibt unterschiedliche Varianten der Hundehaltung im Tierheim, wobei unter Einzelhaltung auch die Haltung von 1–3 Tieren verstanden wird.

Variante 1: Einzel- und Kleingruppenhaltung in massiven, wärmegedämmten Gebäuden mit angeschlossenem Auslauf

Die in älteren Tierheimen überwiegend praktizierte Einzelhaltung in einer Box in massiven Gebäuden widerspricht dem artgemäßen Verhalten des Lebens in der Meute. Jedoch ist sie in der Quarantäne und bei aggressiven Tieren unverzichtbar. Da zudem bei den aufgenommenen Hunden in vielen Fällen nichts über ihre bisherige Haltung bekannt ist, müssen Wesen und Verhaltensweisen schrittweise erkannt werden, was zumindest zeitweise eine Einzelhaltung erfordern kann, die auch einen Kontakt zu den Tierpflegern erleichtert. Wenn dies gefahrlos möglich ist, sollten aber Kleingruppen von 3–5 Tieren gebildetwerden, wobei darauf zu achten ist, nur gleichgeschlechtliche oder kastrierte Tiere zu vergesellschaften (Abb. 8-3).

Die **Haltungseinheit** umfasst einen Innenbereich zum Ruhen und Fressen und einen Außenbereich zur Bewegung und Ausscheidung sowie zur Aufnahme von Umweltreizen. Für die Einzelhaltung sind Bauten mit einreihigen Abteilen und Seitengang üblich, möglichst in Ost-West-Richtung, sowie mit zweiseitigen Abteilen und Mittelgang, möglichst in Nord-Süd-Richtung. Letztere haben ein günstigeres Verhältnis von umbauter zu genutzter Fläche und sind deshalb kostengünstiger. Liegen die Ausläufe nach der Südseite, ist durch eine teilweise Überdachung (1–2 m, keinesfalls aus Kunststoff oder Glas) oder Bäume für Schatten zu sorgen.

Abb. 8-3 Unterschiedliche Rassen, gleiche Körpergröße (TiKo Klagenfurt, Zuzzi)

Die Fenster sollten zur Vermeidung von Wärmeverlusten bzw. Überhitzung aus Isolierglas bestehen und im oberen Drittel der Außenwand angebracht werden. Zum Gang findet man unterschiedliche Begrenzungen:

- massive Wände, Türen mit Fenstern
- Metallgitter und -türen
- Glasfronten, die auch schräg gestellt sein können und den Vorteil haben, daß die Hunde ankommende Personen schnell erkennen (Abb. 8-4)

Eine Zwangslüftung auf dem Gang und in den Abteilen kann erforderlich sein, eine Frischluftzufuhr wird auch durch Fenster erreicht. Glasbausteine sind geeignet, wenn einige kippbare Elemente eingebaut werden, die im Bedarfsfall zu öffnen sind. Da Hunde auch am Tag ein hohes Schlafbedürfnis haben, ist eine Fensterfläche von maximal einem Zehntel der Bodenfläche ausreichend. Der Boden in den Innenräumen wird gefliest, wobei keine Fliesen mit Oberflächenprofil zu verwenden sind, oder erhält eine Epoxidharzbeschichtung. Im Auslauf ist Betonestrich, Pflaster oder frostsicherer Fliesenbelag möglich. Unbefestigter Boden regt zum Graben und Scharren an, ist aber mit einem höheren Arbeitsaufwand verbunden.

Eine **Unterteilung des Gebäudes** in Abteilungen mit 10–20 Einheiten ist zu empfehlen, damit nach dem Alles-rein-alles-raus-Prinzip die gesamte Abteilung gründlich gereinigt und desinfiziert werden kann. Die Gänge dienen zur Versorgung und müssen eine ausreichende Breite (> 2 m) haben, um die Distanz zu den Tieren zu wahren und den Einsatz von Futterwagen zu ermöglichen. Die Abteile sind zum Gang durch eine geschlossene Wand, durch Welldrahtgitter oder Gitterstäbe begrenzt. Wenn die gesamte Front aus Gittern besteht, haben die Pfleger einen guten Einblick und die Insassen die Möglichkeit, den Gang zu überblicken. Bei scheuen und ängstlichen Tie-

Abb. 8-4 Schräge Glasfronten verhindern Erschrecken vor Personen auf dem Gang (TiKo Klagenfurt, Zuzzi)

ren kann sich der ständige Sichtkontakt jedoch negativ auswirken. Die Tür kann aus Metall mit einem Fenster im oberen Drittel oder aus Panzerglas bestehen. Türzargen aus V2A-Stahl sind am besten geeignet. Eine nach innen aufschlagende Tür hat den Vorteil, dass der Pfleger die Tür nur soweit öffnen muss, dass er in den Raum eintreten kann. Der Verschluss der Abteile muss sicher sein und die Öffnung durch die Insassen unmöglich machen, jedoch von außen leicht zu öffnen sein. Deshalb sollten keine Türklinken, sondern Riegel oder Drehknöpfe verwendet werden. Nur wenn es sich um aggressive Tiere handelt, müssen die Abteile aus Sicherheitsgründen abschließbar sein. Um den Kontakt zu den Hunden aufzubauen, sollte die Fütterung möglichst mit dem Betreten des Abteils verbunden werden. Es muss jedoch zumindest in einigen Abteilen die Möglichkeit bestehen, Futter und Wasser von außen zu verabreichen, was bei scheuen und bei aggressiven Tieren nötig sein kann. Dazu sind spezielle Klappen erforderlich oder ein Abstand des Gitters vom Boden von 15–20 cm. Da die Bodenflächen der Abteile in Abständen nass gereinigt werden, empfiehlt sich ein Gefälle zum Gang, auf dem eine längslaufende Rinne zu den Bodenentwässerungen führt.

Die Flächen je Tier sollten über den Anforderungen der Tierschutz-Hundeverordnung liegen. Da es nicht möglich ist, den Anteil der einzelnen Rassen mit ihrer unterschiedlichen Größe vorauszusagen, muss bei der Bauplanung eine Entscheidung getroffen werden, ob Einheiten mit unterschiedlich großen Abteilen gebaut werden. Da der Anteil kleiner Rassen meist höher als der großer liegt, bietet sich als Kompromiss eine Mindestfläche von 8 m^2 zusätzlich eines Auslaufs an, wie sie für Hunde bis zu 65 cm Widerristhöhe gefordert wird. Da die Haltung von 2–3 Hunden in einer Einheit anzustreben ist, sollten von vornherein größere Einheiten geschaffen werden. Der Innenraum ist mit einer Heizung auszustatten, um in der kalten Jahreszeit eine Innentemperatur von 15–18 °C zu erreichen. Fußbodenheizung der gesamten Bodenfläche ist ungeeignet, da es beim Absetzen von Urin zur Geruchsbelästigung durch Verdunstung kommt, bei Durchfall zu erschwerter Reinigung. Die Bodenheizung einer mittleren Fläche oder des Liegebereichs ist jedoch empfehlenswert.

Der Innenraum sollte überwiegend trocken gereinigt werden.

Als **Ruhefläche** eignen sich:

- eine hölzerne Plattform, u. U. gegen Benagen durch einen Metallrahmen gesichert
- eine Kiste mit textilerEinlage, die durch eine halbhohe Wand gegen Zugluft aus der Auslaufklappe geschützt wird
- eine nach vorn offene Schlafnische mit textiler Einlage
- Schlafmulden mit textiler Einlage
- Für kleine oder ältere Tiere kann bei erhöhten Liegeflächen eine Stufe oder ein schräges Brett erforderlich sein. Es sind nur bei 95° waschbare Textilien zu verwenden. (Abb. 8-5)

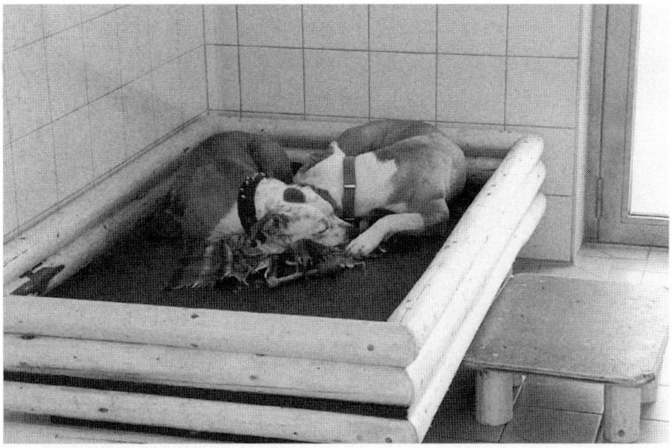

Abb. 8-5 Beispiel für eine Liegefläche (TiKo Klagenfurt, Zuzzi)

Große und an niedrige Temperaturen gewöhnte Hunde (Langhaarrassen) können in ungeheizten Räumen gehalten werden, wenn ihnen eine geschlossene Schlafbox mit einer textilen Unterlage zur Verfügung steht. Damit diese als erhöhter Liegeplatz genutzt werden kann, sollte sie ein Flachdach haben.

Der **Außenbereich** muss regelmäßig zugänglich gemacht werden. Um Lärmbelästigung der Umgebung zu verhindern, erhalten die Tiere nur am Tage Zutritt zum Auslauf. Da einzelne Hunde versierte Kletterer sind, ist zur Verhinderung des Entweichens eine Gitterhöhe von 1,8 m mit längslaufenden Abweisstangen oder -gittern (mindestens 30 cm) erforderlich. Als preiswerte Gitter können Bauzäune, aber auch Stahl- und Estrichmatten Verwendung finden, die für kleine Tiere doppelt und versetzt anzubringen sind. Ncht geeignet ist Maschendraht (Abb. 8-6 und 8-7).

Üblich sind massive Bauten, in denen die Hunde wechselnd Zugang zu einem Auslauf mit teilweiser Überdeckung und Liegeplätzen haben (Abb. 8-8). Eine Stufe zum Innenraum verhindert das Eindringen von Spritzwasser bei der Außenreinigung.

In der Praxis findet man 2 Varianten der Bodengestaltung in den Ausläufen. In großen Tierheimen sind sie aus Gründen der Hygiene und des Arbeitsaufwands überwiegend vollständig mit Betonestrich, Pflaster oder rutschfesten Fliesen (frostsicher) versehen. Zur Reinigung mit dem Wasserschlauch muss ein Gefälle zu einer Auffangrinne bestehen. In kleineren Anlagen wird häufig nur etwa ein Drittel der Auslauffläche befestigt, der Rest bleibt Naturboden. Günstiger ist, wenn Flusssand oder Kies eingebracht wird. Die Hunde haben so die Möglichkeit zum Buddeln und Scharren, was zur Beschäftigung beiträgt. Es ist jedoch erforderlich, nach einiger Zeit den Boden auszuwechseln, was mit einem erheblichen Arbeitsaufwand verbunden ist. Wenn keine Überdachung vorhanden ist, können sich Morast und Pfützen bilden. Es ist

Abb. 8-6 Zwingerabtrennungen aus Bauzäunen sind preisgünstig und leicht zu montieren, nachteilig ist das Fehlen von Außentüren. (Man beachte die Türvorhänge aus Weich-PVC!) (TH Straelen)

Abb. 8-7 Zäune aus Stahl- und Estrichmatten sind sehr haltbar und zum Teil als Schrott zu erwerben, ein Anstrich mit spezieller Farbe ist möglich (Tierstation Fürstenwalde)

Abb. 8-8 Auslauf mit Liegeplatz (TH Leipzig, Anderle)

vorteilhaft, wenn der Auslauf über die Breite zweier Innenräume geht, weil dadurch bei wechselnder Nutzung mehr Bewegungsfläche zur Verfügung steht und auch mehrere Tiere zusammengebracht werden können. Bewährt hat sich auch ein Auslauf (> $200\,m^2$) auf Naturboden – strukturiert durch Bäume, Findlinge und Holzgestelle sowie Schutzhütten – der im Abstand von 30–60 Minuten abwechselnd von den Tieren aus 4–5 Innenabteilen genutzt werden kann (Abb. 8-9). Die Beobachtung der Umwelt und der Nasenkontakt mit den Ausscheidungen anderer Hunde bieten Abwechslung und Beschäftigung. Die Abtrennung der Ausläufe sollte blickdicht sein. Es muss jedoch berücksichtigt werden, dass in ein- oder mehrjährigem Abstand das Erdreich ausgetauscht werden muss. Dazu muss die Einfahrt von Kleinbaggern und Hängern möglich sein.

Die Öffnungen zum Auslauf werden vom Gang von Hand bedient. Die Öffnung mithilfe von Elektromotoren ist langsamer und wegen der Gefahr des Einklemmens weniger geeignet. Die Maße für mittelgroße bzw. große Hunde: 40 cm bzw. 50 cm Breite und 65 cm bzw. 80 cm Höhe. Zur Senkung

Abb. 8-9 Von mehreren Innenräumen zu nutzender Wechselauslauf (TiKo Klagenfurt)

von Wärmeverlusten ist es auch möglich, Pendelklappen aus durchsichtigem Kunststoff sowie Schwing- und Klapptüren einzusetzen.

Die Seitenwände zwischen den Abteilen sind bis zur Decke geschlossen. Dadurch wird verhindert, dass Rüden ihren Harn in die benachbarten Abteile spritzen. Wenn die Abteile von massiven Wand- und Fensterflächen umschlossen sind, ist eine Be- und Entlüftung erforderlich.

Zur Durchführung der Reinigungsarbeiten werden die Insassen in den Auslauf gelassen bzw. im Innenbereich gehalten.

- ⊕ **Vorteile:** Kurze Wege, große Haltungseinheiten möglich, gute Übersicht über den Bestand, individuelle Beobachtung, relativ niedriger Personalbedarf.
- ⊖ **Nachteile:** Hohe Baukosten, tägliche Reinigung erforderlich, u. U. Reizarmut für die Tiere.

Variante 2: Einzelhaltung in nicht wärmegedämmten Bauten

Große Hunde können in kleinen Gruppen oder bei Unverträglichkeit einzeln in nicht wärmegedämmten, überdachten Zwingern mit Schutzhütten untergebracht werden. Sie sollten täglich an der Leine ausgeführt oder regelmäßig in Ausläufe verbracht werden.

⊕ **Vorteile:** Niedrige Baukosten.

⊖ **Nachteile**: Reizarme Haltung, tägliche Reinigung erforderlich, hoher Aufwand zum Ausführen.

Variante 3: Einzelhaltung im Freien mit Schutzräumen

Eine gemeinsame Haltung mehrerer Hunde im Freien in einem geräumigen Auslauf mit der Körpergröße entsprechenden Schutzhütten oder Containern, wärmegedämmt oder im Winter mit Stroh eingestreut und von den Insassen mit der eigenen Körperwärme geheizt, ist zumindest für mittelgroße und große Hunde eine kostengünstige Variante. Dabei ist auf die sichere Einzäunung zu achten und darauf, dass ein Teil der Fläche befestigt ist (Beton, Pflaster, Platten) und der übrige Boden nicht verschlammt. Die Hütten müssen eine Reinigung ohne großen Aufwand ermöglichen, was mit einem aufklappbaren Dach leicht möglich ist, das außerdem als Liegeplatz genutzt wird. Einige Varianten zeigen die Abbildungen 8-10 bis 8-12.

⊕ **Vorteile:** Artgemäßes Verhalten möglich, viele Umweltreize.

⊖ **Nachteile:** Höherer Flächenbedarf, höherer Arbeitsaufwand.

Variante 4: Kombinierte Haltung in massiven Gebäuden und im Freien

Die Tiere, einzeln oder zu zweit, werden nachts in massiven Gebäuden und tagsüber im Freien entsprechend Variante 2 gehalten. Von Vorteil ist, wenn die Tiere angeleint zum Auslauf geführt werden, weil so die Leinenführigkeit trainiert wird. Damit ist eine gute Voraussetzung für die Vermittlung gegeben.

Abb. 8-10 Gehege mit Holzhütten und Übersprungschutz aus Holz (TH Cottbus)

Abb. 8-11 Übersprungschutz aus Metall; die Hütte ist schwer zu reinigen, besser geeignet sind Holzhütten mit Flachdach und aufklappbarem Deckel (TH Cottbus)

Abb. 8-12 Einige Gehege haben eine Schleuse zur Verhinderung des Entweichens (TH Cottbus)

Für kleine bis mittelgroße Hunde genügt für den zeitweisen Aufenthalt im Freien ein Zaun aus Drahtgeflecht von 1–2 m Höhe.

⊕ **Vorteile:** Artgemäßes Verhalten möglich, viele Umweltreize.

⊖ **Nachteile:** Höherer Flächenbedarf, höherer Arbeitsaufwand.

Variante 5: Rudelhaltung

Die Rudelhaltung ist eine Form der extensiven Haltung. Sie entspricht den artgemäßen Bedürfnissen und sollte, wo immer möglich, praktiziert werden. Um die Fortpflanzung sowie Rangkämpfe unter Rüden zu verhindern, müssen diese kastriert sein. Die Besatzstärke ist von der Größe des Auslaufs und der Tierzahl abhängig. In einem begrenzten Auslauf von 200–300 m^2 ist die Herausbildung einer stabilen Rangordnung und eine langdauernde gemeinsame Haltung dafür Voraussetzung. Dies steht im Widerspruch zum Ziel einer nur kurzzeitigen Haltung im Tierheim, ist daher in der Regel auf nicht vermittelbare Tiere beschränkt. Steht eine Auslauffläche von über 500 m^2 zur Verfügung, können größere Gruppen mit wechselndem Besatz gebildet werden, weil die Einhaltung größerer Distanzen möglich ist (Abb. 8-13). Es gibt gute Erfahrungen mit Rudeln wechselnder Zusammensetzung von bis zu 60 Tieren auf einer Fläche von etwa 4 000 m^2. Die Zuführung von Tieren sollte niemals einzeln, sondern immer in Gruppen von mindestens 5 Tieren erfolgen. Wichtig ist, bei der Zusammenstellung der Gruppen das Verhalten der einzelnen Tiere zu beobachten, um unverträgliche oder eingeschüchterte Tiere anderweitig unterzubringen. Ein ausreichend großer Auslauf muss wärmegedämmte Schutzräume in ausreichender Anzahl und Strukturelemente,

Abb. 8-13 Haltung von Rudeln unterschiedlicher Tierzahl (TH Kranenburg)

auch mehretagig, zur räumlichen Trennung haben. Hütten mit Flachdach und Holzpodeste werden gern als Liegeplatz genutzt. Wenn kein natürlicher Schutz vorhanden ist, müssen Bereiche mit einem Überdach als Regen- und Sonnenschutz (auch durch Sonnenschirme oder -segel) vorhanden sein. Eine individuelle Futterzuteilung ist nicht möglich. Probleme kann es geben, wenn ranghöhere Tiere dominieren und rangniedere Tiere nicht ausreichend Futter bekommen. Durch ein Futterangebot auf Vorrat kann das ausgeglichen werden. Abends sollten Futter und auch Futterreste jedoch entfernt werden. Die Rudelhaltung kann sich in einzelnen Fällen bei einer Vermittlung negativ auswirken, wenn die Verteidigung der Position im Rudel auch auf den Halter angewendet wird.

- ⊕ **Vorteile:** Artgemäßes Verhalten möglich, vielfältige Bewegungs- und Umweltreize, niedrige Baukosten.
- ⊖ **Nachteile:** Voraussetzung ist die Kastration der Rüden und die sichere Beurteilung der Verträglichkeit, individuelle Fütterung nicht möglich.

Variante 6: Kombinierte Freilauf- und Einzelhaltung

In einigen Tierheimen wurden gute Erfahrungen mit einem Freilauf am Tage und einer Einzelhaltung in der Nacht gemacht. Dazu wird ein weiträumiger eingezäunter Auslauf oder das gesamte, aber noch übersehbare Gelände des Tierheims (1 000–5 000 m^2) mit einer Vielzahl unterschiedlicher Schutzhütten für untereinander verträgliche Hunde aller Rassen und Größen genutzt. Es ist schon ein beeindruckendes Bild, wenn der Besucher am Eingang von einem bunt gemischten Rudel mit Gebell begrüßt wird. Nach dem Einlass durch eine

Schleuse und in Anwesenheit eines Tierheimmitarbeiters zerstreut sich das Rudel zunehmend, es kommt auch bei einem ausgedehnten Rundgang nicht zu einer Bedrängung der Besucher. Nachts werden die kleineren Hunde in einem massiven Gebäude einzeln oder bis zu dritt untergebracht (entsprechend Variante 1), Hunde großer Rassen in Einzelhaltung in nicht wärmegedämmten Bauten ohne angeschlossenen Auslauf (entsprechend Variante 2), in denen sie auch gefüttert werden.

⊕ **Vorteile:** Artgemäßes Verhalten möglich, vielseitige Bewegungs- und Umweltreize, individuelle Fütterung möglich, niedrige Baukosten.

⊖ **Nachteile:** Große Flächen erforderlich, sichere Beurteilung der Verträglichkeit als Voraussetzung, zusätzlicher Arbeitsaufwand.

Tabelle 8-1 gibt einen Überblick über die Vor- und Nachteile der Varianten.

Tab. 8-1 Vor- und Nachteile der verschiedenen Haltungsvarianten von Hunden

Haltungsvariante	⊕ Vorteile	⊖ Nachteile
Einzelhaltung in massiven, wärmegedämmten Gebäuden mit angeschlossenem Auslauf	• kurze Wege • große Haltungseinheiten möglich • gute Übersicht über den Bestand • individuelle Beobachtung • relativ niedriger Personalbedarf	• hohe Baukosten • tägliche Reinigung erforderlich • Reizarmut für die Tiere
Einzelhaltung in nicht wärmegedämmten Bauten ohne angeschlossenen Auslauf	• niedrige Baukosten	• reizarme Haltung • tägliche Reinigung erforderlich • hoher Aufwand zum Ausführen
Einzelhaltung im Freien mit Schutzhütten	• artgemäßes Verhalten möglich • viele Umweltreize	• höherer Flächenbedarf • höherer Arbeitsaufwand
Kombinierte Haltung in massiven Gebäuden und im Freien	• artgemäßes Verhalten möglich • viele Umweltreize	• höherer Flächenbedarf • höherer Arbeitsaufwand
Rudelhaltung	• artgemäßes Verhalten möglich • vielfältige Bewegungs- und Umweltreize • niedrige Baukosten	• Voraussetzung ist die Kastration der Rüden und die sichere Beurteilung der Verträglichkeit • individuelle Fütterung nicht möglich
Kombinierte Rudel- und Einzelhaltung	• artgemäßes Verhalten möglich • vielseitige Bewegungs- und Umweltreize • individuelle Fütterung möglich • niedrige Baukosten	• große Flächen erforderlich • sichere Beurteilung der Verträglichkeit als Voraussetzung • zusätzlicher Arbeitsaufwand

Fütterung: Im Unterschied zu früheren Zeiten, wo die Futterrationen aus Fleisch und Zerealien zusammengestellt wurden, erhalten Hunde heutzutage überwiegend Fertigfutter, das in großer Auswahl von zahlreichen Firmen angeboten wird und keinen Aufwand zur Futterbereitung erfordert. Dies ist besonders für die Versorgung großer Tiergruppen von Vorteil. Trockenfutter in Pelletsform hat den Vorteil einer einfachen Verfütterung und rationellen Vorratshaltung. Feuchtfutter ist in kleineren Portionen im Handel und abwechslungsreicher in seiner Zusammensetzung, stellt aber höhere Anforderungen an die Entsorgung der Behältnisse. Wenn der Bezug von Fleisch und Schlachtabfällen möglich ist, kann den Tieren eine abwechslungsreiche Fütterung geboten werden. Dazu sind Vorrichtungen zur Zerkleinerung und Erhitzung erforderlich. Die Häufigkeit und die Zeiten der Fütterung sind in den einzelnen Tierheimen sehr unterschiedlich. Vielfach wird die tägliche Futterration in einer Mahlzeit am Abend verabreicht, bei großen Rassen oder Tieren nach Magenverdrehungen u. U. mittags und abends (im Verhältnis 1 : 2). Es werden Futternäpfe aus Metall oder Keramik verwendet, die spülmaschinenfest sind. Gefäße aus Kunststoffen sind weniger geeignet, da sie angenagt werden und schwerer zu reinigen sind. Wenn keine rationierte Fütterung erfolgt, sondern Futter zur ständigen Aufnahme bereitgestellt wird, wie es bei der Rudelhaltung bisweilen üblich ist, muss dafür gesorgt werden, dass das Futter vor Regen und Schnee geschützt wird und die Menge den

Abb. 8-14 Futtergefäß und -menge sind zu groß! Auch bei Ad-libitum-Fütterung sollte das Futter nur tagsüber angeboten werden! (TH Kranenburg)

gehaltenen Tieren entspricht (Abb. 8-14). Reste sind am Abend zu entfernen, um nicht Ratten anzulocken.

Tränkwasser: In Näpfen oder Eimern, seltener über Selbsttränken.

Welpen

Die Geburt der Welpen erfolgt schon 63 Tage nach dem Deckakt. Die Neugeborenenphase dauert 21 Tage. Nach der Geburt sind Augen und Ohren geschlossen und die Welpen können sich nicht eigenständig und koordiniert bewegen. Sie sind voll auf die Betreuung durch ihre Mutter angewiesen. Erst am 10. Lebenstag öffnen sich die Augen, 2 Tage später die Gehörgänge. Danach lernen sie zunehmend das Laufen. Dieser normale Ablauf muss berücksichtigt werden, wenn eine mutterlose Aufzucht nötig wird.

Mutterlose Aufzucht

Neugeborene Hundewelpen haben erhebliche Defizite:
- Unfähigkeit zur Regulierung der Körpertemperatur
- geringe Glukosereserven
- unreifes Immunsystem
- unreifes Verdauungssystem

Wenn die artgemäße Versorgung durch das Muttertier nicht erfolgen kann, sind komplexe Maßnahmen zur Aufzucht erforderlich. Diese umfassen:
- hohe Umwelthygiene
- Abtrocknung der Neugeborenen
- Raumtemperatur > 25 °C
- Kontrolle der Rektaltemperatur (> 34° normal, ansonsten aufwärmen)
- Colostrumfütterung von einer frisch laktierenden Hündin (24–72 Stunden nach der Geburt) oder spezieseigenes Serum peroral oder per injektionem
- Milchaustauscher (über Tierarzt zu erhalten) oder nach folgendem Rezept herzustellen: 500 g Speisequark (20–40 % Fettgehalt), 650 ml Rohmilch von Ziege oder Schaf, 30–50 ml Speiseöl, 3 Eigelb
- Verabreichung mit Saugern(werden mit Milchaustauschern geliefert) oder Plastikspritzen
- in den ersten Lebenstagen Fütterung im Abstand von 2–3 h
- nach der Fütterung Bauchmassage zur Auslösung der Kotabgabe
- Gewichtskontrollen, normal sind 10 % Zuwachs in 24 h

8.2 Katze

Die Hauskatze gehört mit Ozelot und Puma zur Unterfamilie der Felinen. Sie weist im Unterschied zu anderen Haustieren Besonderheiten auf: Obwohl seit über 6 000 Jahren domestiziert, hat sie Verhaltensweisen, die ihr ein Leben außerhalb menschlicher Haushalte ermöglichen. Das wird durch die vielerorts vorhandenen Populationen frei lebender Katzen bewiesen. Zudem ist davon auszugehen, dass sich die Katzen von sich aus domestiziert haben, indem sie die Nähe des Menschen aufsuchten. Einst ausschließlich zur Dezimierung von Nagern gehalten, begann vor anderthalb Jahrhunderten die Herauszüchtung von Rassen mit charakteristischen Merkmalen in Farbe, Zeichnung, Fellstruktur und Körperform. Ursprünglich als Nutztier gehalten, haben Katzen gegenwärtig den höchsten Anteil in deutschen Haushalten gehaltener Tiere, was leider auch dazu führt, dass sie einen erheblichen Teil an Tierheiminsassen stellen.

Katzen sind als Raubtiere mit einem hochentwickelten Seh- und Gehörsinn ausgestattet, der ihnen das Aufspüren von Beutetieren auch in der Dunkelheit ermöglicht. Auf leisen Sohlen und in kurzen Schritten nähern sie sich ihrer Beute, die sie dann in pfeilschnellem Sprung fangen. Der Geruchssinn hat insbesondere eine Funktion zum Erkennen und Unterscheiden von Artgenossen durch deren Körpergeruch bzw. Duftmarken.

Hauskatzen haben Kurzhaar (Normalhaar) und unterscheiden sich durch ihre Farbe (schwarz, rot, braun, weiß) und Zeichnung (gescheckt, getigert, Abzeichen), Rassekatzen (weltweit ca. 200 Rassen) zusätzlich durch die Haarlänge (Langhaar, Halblanghaar), Kopf- und Ohrform. Sie sind mit Ausnahme der Paarungszeit und der Jungtieraufzucht Einzelgänger mit einer starken territorialen Bindung. Es ist immer wieder zu beobachten, dass das eigene Revier gegen andere Katzen verteidigt wird. Doch gemeinsam aufgezogene oder behutsam aneinander gewöhnte Katzen können ohne Probleme als Gruppe gehalten werden, wenn ihnen die Möglichkeit gegeben wird, sich zeitweise aus dem Wege zu gehen. Auch bei frei lebenden Katzen ist zu beobachten, dass sich Kolonien von weiblichen Tieren bilden, die vermutlich von einer Mutter stammen.

Die weiblichen Katzen werden im Alter von 4–5 Monaten geschlechtsreif und zeigen die typischen Zeichen der Rolligkeit (Wälzen über den Boden, Schreien und Unruhe) besonders im Frühjahr und Herbst in dreiwöchigen Abständen. Manche zeigen sehr intensive Verhaltensänderungen während der Rolligkeit. Bei Katern tritt die Geschlechtsreife mit 5–6 Monaten ein. Sie führt zu einer gesteigerten Ausscheidung endokrin bedingter Geruchsstoffe über den Urin, mit dem sie ihre Umgebung markieren. Markierverhalten kann auch bei weiblichen Katzen auftreten. Das Markieren führt in geschlossenen Räumen zu unerwünschten Gerüchen. Durch die Kastration kann das Problem in etwa 85 % der Fälle gelöst werden. Der Zeitpunkt für eine Kastration sollte für beide Geschlechter im 4.–5. Lebensmonat liegen. Sie wird bei den weiblichen Tieren als Ovarektomie, bei den männlichen als Orchektomie durchgeführt und verläuft weitgehend komplikationslos. Der Wegfall der Geschlechtshormone führt zu einer Veränderung des Stoffwechsels mit der Neigung zu erhöhtem Fettansatz. Dem ist durch eine kontrollierte und kalorienreduzierte Ernährung gegenzusteuern.

Lebenserwartung: 15 Jahre

Haltung: Nach der Einzel- bzw. Familienhaltung in der Quarantäne ist eine Gruppenhaltung auf entsprechender Fläche mit vielseitiger Strukturierung anzustreben, die Abwechslung und soziale Kontakte bietet, aber auch die Distanzwahrung ermöglicht. Wenn ein Tier in eine bestehende Gruppe integriert werden soll, muss dies schrittweise erfolgen. Zunächst wird das Tier in einem Käfig mit einer Versteckmöglichkeit und einer Katzentoilette vor das Gruppengehege gestellt, dann in dieses hinein. Die Eingewöhnung kann erleichtert werden, wenn Geruchsstoffe mit einem Wattebausch von einem Tier auf andere übertragen werden. Dadurch wird das artgemäße Köpfchenreiben imitiert. Kater sollten erst nach der Kastration in Gruppen eingegliedert werden. Da Katzen wärmeliebend sind, sollten Fenster und Ausläufe möglichst in Südrichtung liegen.

Junge Katzen sind meist schon im Alter von 8 Wochen stubenrein, wenn ihnen frühzeitig geeignete Katzentoiletten zur Verfügung stehen, wie sie in unterschiedlicher Form im Handel erhältlich sind. Sie haben einen Einstieg von vorn bzw. von oben. Die Art der Einstreu ist besonders wichtig. Es gibt klumpende und nicht klumpende Streu. Wichtig ist, dass sie eine hohe Saugkraft hat und unangenehme Gerüche bindet.

Im Tierheim erfolgt die Katzenhaltung in unterschiedlichen Varianten.

Variante 1: Haltung in massiven Gebäuden mit Auslauf

In Katzenstuben muss bei Gruppenhaltung pro Tier eine Grundfläche von mindestens 1 m^2 zur Verfügung stehen. Die mögliche Gruppengröße ist sehr stark von der Einrichtung des Raumes abhängig. Auch bisher einzeln gehaltene Katzen können in Gruppen integriert werden, wenn die Möglichkeit besteht, zeitweise Distanz zu anderen Tieren zu halten. Dazu dienen Rückzugsmöglichkeiten durch in mehreren Ebenen an den Wänden angebrachte Liegebretter, Körbe, Gerüste, Kratzbäume mit mehreren Liegebrettern und höhlenartige Versteckmöglichkeiten, wie etwa Pappkartons, die den großen Vorteil des Wechsels und der leichten Entsorgung haben, aber auch Sofas und Sessel. Mag eine derartige Übermöblierung den Menschen stören, die Katzen genießen dies! Durch eine dreidimensionale Raumnutzung wird die Fläche je Tier vergrößert. Als Faustzahl kann gelten, dass pro Katze mindestens 2 unterschiedliche Plätze zur Verfügung stehen müssen. Um dem Bewegungs- und Spieldrang zu entsprechen, sind Klettermöglichkeiten und Spielzeug er-

Abb. 8-15 Katzenstube mit guter Möblierung (TH Gehofen)

forderlich (Abb. 8-15). Als Beschäftigungsmaterial, besonders für junge Tiere, sind Bälle, Ringe und Gummimäuse geeignet.

Da es Katzen lieben, am Fenster zu liegen und die Umgebung zu beobachten, sind Fenster mit Liegebrettern vorteilhaft. Futter und Trinkwasser werden an separaten Plätzen und von den Toiletten weiter entfernt angeboten.

Besonders wichtig ist, dass Katzentoiletten in ausreichender Anzahl aufgestellt werden. Mindestens eine Toilette pro Katze ist im Abstand von mindestens 0,5 m voneinander und von Futter- und Schlafplätzen anzuordnen. Die Einstreu muss eine hohe Saugkraft und Geruchsbindung haben und von den Katzen akzeptiert werden. Reinigung zweimal täglich und einmal wöchentlich gründlich. Wird von einzelnen Tieren Kot und Urin außerhalb der Toiletten abgesetzt, ist das ein Zeichen für eine zu geringe Anzahl.

Für jedes Tier sollte eine geschlossene Rückzugsmöglichkeit vorhanden sein. Wenn Katzentoiletten zum Ruhen genutzt werden, ist das ein deutlicher Hinweis, dass Schlafstellen fehlen.

Ein ständig oder zeitweise nutzbares Außengehege mit vielseitigen Strukturelementen, mindestens teilweise überdacht, in das die Tiere durch eine Katzenklappe jederzeit gelangen können, bietet den Tieren mehr Raum, dazu auch Klimareize und Anreize zum Erkunden und Beobachten. Dadurch kann die Haltungskapazität vergrößert werden. Auch Katzenwelpen sollten die Möglichkeit haben, bei schönem Wetter einen Auslauf zu nutzen (Abb. 8-16 und 8-17).

Abb. 8-16 Katzenauslauf an massivem Gebäude (TiKo Klagenfurt, Zuzzi)

Abb. 8-17 Zweckentfremdete Vogelvoliere – gut strukturierter Auslauf für Katzenwelpen (Tierstation Fürstenwalde)

Abb. 8-18 Doppelstöckiges Katzenhaus (TH Bremen, Anderle

Für Einzeltiere, bei denen es nicht gelingt, sie in Gruppen zu integrieren, müssen einige Räume vorgehalten werden, die auch zur Aufnahme einer Katze mit Wurf zu nutzen sind. Für diese Räume ist eine Bodenfläche von > 1,5 m² bei Zimmerhöhe und eine Einrichtung erforderlich, die eine dreidimensionale Nutzung ermöglicht. Katzenstuben können auch in Obergeschossen mit balkonartigen Ausläufen eingerichtet werden (Abb. 8-18). Wenn ein Auslauf nicht möglich ist, sollten sie nur kurzzeitig und für Pensionstiere genutzt werden. Die Nutzung von mehretagig angeordneten Käfigen ist nur für begrenzte Zeiträume, wie Quarantäne, Krankheit und nach Operationen, zulässig.

Da Katzen wärmeliebend sind, sollte die Umgebungstemperatur für Normalhaarkatzen 18–22 °C, für Langhaarkatzen 16–18 °C betragen. Besonders geeignet sind Plattenheizkörper unter dem Fenster oder an einer Wand mit einer darüber liegenden Fensterbank, auf der die Tiere wohlig die Wärme genießen. Es ist auch möglich, zusätzliche Wärmeplätze unter Infrarotstrahlern zu schaffen. Zur Vermeidung von Hitzestress kann im Sommer ein Schutz gegen intensive Sonneneinstrahlung erforderlich werden.

⊕ **Vorteile:** Für Wohnungskatzen geeignet, gute Übersicht.

⊖ **Nachteile:** Hohe Baukosten, bei Übermöblierung schlechte Übersicht, begrenzte Umwelt- und Klimareize.

Variante 2: Haltung in massiven Gebäuden mit Auslauf und Freilauf

Bei der Haltung in Katzenstuben mit Auslauf ist es in einigen Tierheimen möglich, dass die Katzen durch Türen oder Klappen aus dem Auslauf in das eingezäunte Tierheimgelände gelangen. Hier halten sie sich unterschiedlich lange auf, können gefüttert werden und sich in aufgestellte Schutzhütten zurückziehen.

⊕ **Vorteile:** Erhöhung der Aufnahmekapazität, vielfältige Umwelt- und Klimareize.

⊖ **Nachteile:** Erschwerte Übersicht.

Variante 3: Haltung in Freigehegen mit Schutzräumen

Die Haltung in Freigehegen mit Schutzräumen wird in zunehmendem Maße praktiziert. Katzen aus frei lebenden Populationen sind an das Leben im Freien angepasst, deshalb sollten sie weiter im Freien gehalten werden. Aber auch Wohnungskatzen können so gehalten werden, wie Erfahrungen in mehreren Tierheimen zeigen. Die Gehege müssen ausreichend groß, gut strukturiert, sicher eingezäunt, mit nach innen gerichteten Gittern oder Stangen als Ausbruchschutz versehen und übersichtlich sein. Der Baumbestand ist in Zaunnähe zu stutzen oder der Stamm mit einer Metallmanschette zu versehen, um ein Überklettern des Außenzauns zu verhindern. Schutzhütten, Klettermöglichkeiten und erhöhte Sitzplätze in großer Zahl kommen den individuellen Bedürfnissen entgegen.

Wärmegedämmte Schutzräume (Hütten, Container oder Bauwagen) ausgestattet mit ausreichend Schlafplätzen und Katzenklos, bei tiefen Temperaturen im Winter mit Strahlern oder anderen mobilen Heizgeräten, müssen in ausreichender Anzahl und Größe zur Verfügung stehen. Auch mit Stroh eingestreute wärmegedämmte Schlafboxen haben sich bewährt. Da die Tiere überwiegend an die gruppenweise Futteraufnahme gewöhnt sind, müssen nur wenige Futterplätze eingerichtet werden. Diese Haltungsform ist weniger kostenaufwändig. Die Vermittlung von frei lebenden Katzen ist zudem besser als aus begrenzten Innenräumen möglich, weil die Katzen entscheiden, ob sie sich mit dem Menschen einlassen, der auf einer Bank in dem Gehege sitzt oder auf Distanz gehen. Die Gruppengröße kann auf einer Fläche von 5 000 m^2 bei 50 Tieren liegen, bei entsprechender Größe der Anlage auch darüber. Die Abbildungen 8-19 bis 8-21 zeigen die Elemente dieser Anlagen. Auch für jedes dieser Tiere gibt es Karteikarten (Abb. 8-22).

⊕ **Vorteile:** Vielfältige Umwelt- und Klimareize, geringe Baukosten.

⊖ **Nachteile:** Erschwerte Übersicht über den Bestand.

Abb. 8-19 a u. b
Katzenparks, in denen auf 6 000–10 000 m² bis zu 60 Katzen gehalten werden (TH Cottbus, TH Leipzig, Anderle)

Abb. 8-20
Rückzugsbox mit Isolierung (TH Leipzig, Anderle)

Abb. 8-21 Das Innere des Schutzraums (TH Leipzig, Anderle)

Tabelle 8-2 gibt einen Überblick über die Vor- und Nachteile der verschiedenen Varianten.

Tab. 8-2 Vor- und Nachteile der verschiedenen Haltungsvarianten von Katzen

Haltungsvariante	Vorteile	Nachteile
Haltung in massiven Gebäuden mit Auslauf	• für Wohnungskatzen geeignet • gute Übersicht	• hohe Baukosten • bei Übermöblierung schlechte Übersicht • begrenzte Umwelt- und Klimareize
Haltung in massiven Gebäuden mit Auslauf und Freilauf	• Erhöhung der Aufnahmekapazität • vielfältige Umwelt- und Klimareize	• erschwerte Übersicht
Haltung im Freien mit Schutzräumen	• vielfältige Umwelt- und Klimareize • geringe Baukosten	• erschwerte Übersicht über den Bestand

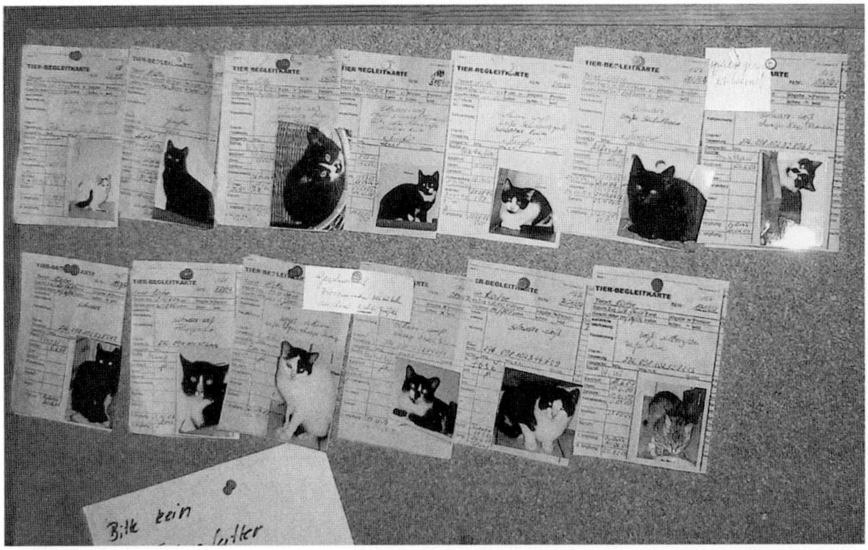

Abb. 8-22 Jede Katze hat ein Karteiblatt mit Foto und Bemerkungen (TH Cottbus)

Fütterung: Futter erhalten die Tiere zweimal täglich in Futternäpfen aus Metall, Plastik oder Keramik. Dabei besteht die Möglichkeit, Kontakt mit den Tieren aufzunehmen. Trockenfutter kann einmal täglich auf Vorrat gefüttert werden, wodurch rangniedere Tiere die Möglichkeit zum Fressen nach den Fütterungszeiten bekommen. Feuchtfutter muss in jedem Fall rationiert gefüttert werden, um zu verhindern, dass es verdirbt oder verschmutzt wird und Fliegen angelockt werden, zusätzlich ist Trockenfutter auf Vorrat zu füttern.

Keine Kuhmilch füttern!

Tränkwasser: Wasser zur freien Aufnahme.

Katzenwelpen

Katzenwelpen haben ein Geburtsgewicht von 90–120 g. Ohren und Augen werden bis zum 14. LT geöffnet, danach zunehmend Krabbeln, Steh- und Gehversuche. Bis zum 28. LT wird Kot- und Urinabgabe durch das Muttertier stimuliert.

Mutterlose Aufzucht

Auch neugeborene Katzenwelpen haben erhebliche Defizite:
- Unfähigkeit zur Regulierung der Körpertemperatur
- geringe Glukosereserven
- unreifes Immunsystem
- unreifes Verdauungssystem

Wenn die artgemäße Versorgung durch das Muttertier nicht erfolgen kann, sind komplexe Maßnahmen zur Aufzucht erforderlich. Diese umfassen:
- hohe Umwelthygiene
- Abtrocknung der Neugeborenen
- Raumtemperatur > 25 °C
- kontinuierlich Kontrolle der Rektaltemperatur (> 34° normal, ansonsten aufwärmen)
- Colostrumfütterung von einer frisch laktierenden Katze (24–72 Stunden nach der Geburt) oder spezieseigenes Serum peroral oder per injektionem
- Milchaustauscher für Katzen (über Tierarzt zu erhalten)
- Verabreichung mit Saugern (werden mit Milchaustauschern geliefert) oder Plastikspritzen
- in den ersten Lebenstagen Fütterung im Abstand von 2–3 h
- nach der Fütterung Bauchmassage zur Auslösung der Kotabgabe
- Gewichtskontrollen, normal 10–15 g Zuwachs in 24 h

8.3 Kaninchen

Die Haltung von Kaninchen als Heimtier hat eine zunehmende Tendenz. Überwiegend sind es Zwergkaninchen der Rassen *Hermelin*, *Farbenzwerge*, *Zwergwidder* und *Löwenköpfchen* mit einem Körpergewicht unter 2 kg, die vom Zoofachhandel erworben werden. Diese Tiere stammen aus gewerblichen Zuchten und von Rassekaninchenzüchtern. Sie werden als Streicheltiere der Kinder in der Wohnung in Käfigen, zum Teil aber auch in Holzställen in Gärten oder auf dem Balkon gehalten. Wenn das Interesse der Kinder an ihren Kaninchen mit zunehmendem Alter erlischt, landen sie häufig im Tierheim. Bei einer Lebensdauer von 10–15 Jahren kann bei ihnen eine Vielzahl von Erkrankungen auftreten, die eine tierärztliche Behandlung erfordern. Durch eine vielseitige und artgemäße Ernährung, die eine Verfettung verhindert, ausreichende Trinkwasserversorgung und Bewegung kann dem entgegen gesteuert werden.

Die Hauskaninchen stammen vom Wildkaninchen ab, das sich von der Iberischen Halbinsel ausgehend in Europa stark verbreitet hat. Sein ursprünglicher Lebensraum sind karge Biotope mit guten Deckungsmöglichkeiten und einem trockenen Untergrund. Die Nahrung besteht aus einer Vielzahl von Pflanzen mit im Verlauf der Vegetationsperiode unterschiedlichem Rohfasergehalt. Sie leben in Gruppen, meist ein männliches (Rammler, Bock) und mehrere weibliche Tiere (Zibben, Häsinnen) sowie Jungtiere, wobei es zur Herausbildung einer festen Rangordnung innerhalb der Geschlechter kommt. Durch distanzschaffendes Verhalten (Drohen und Beißen) der ranghöheren Tiere kommt es bei den subdominanten Tieren zu Verletzungen, aber insbesondere zu permanentem Stress. Wildkaninchen haben die Möglichkeit des Wechsels zwischen Nähe und Distanz durch Nutzung der Fläche, natürlicher Gegebenheiten (Büsche, Steine, Erhöhungen) und aktiver Schaffung von Rückzugsmöglichkeiten (Röhren) bei drohenden Gefahren. Durch Domestikation und Züchtung wurde das ursprüngliche Verhalten nicht wesentlich verändert. Lediglich das Fluchtverhalten ist deutlich eingeschränkt.

Kaninchen sind tagaktiv und nehmen in ihren Aktivitätsphasen Futter in kleinen Portionen auf (ca. 90 mal in 24 Stunden). Dies ist erforderlich, um den Nahrungsbrei vom Magen in den Dünndarm zu befördern, denn die Magenmuskulatur ist beim Kaninchen nur schwach entwickelt. Im umfangreichen Dickdarm wird die Zellulose aufgeschlossen, eine Anpassung an die rohfaserreiche Ernährung in den ursprünglichen Lebensräumen. Eine Besonderheit der Kaninchen ist, dass sie einen ausgeprägten Nagetrieb haben, den sie an Ästen und Zweigen, trockenen Halmen, Stängeln und jungen Pflanzen, aber auch an Möbeln ausüben.

Kaninchen beider Geschlechter sind ab dem 4. Lebensmonat fortpflanzungsfähig. Die Trächtigkeit beträgt im Mittel 31 Tage. 1–3 Tage vor dem Wurf baut die Häsin ein Nest aus Stroh und rupft sich Wolle aus der Bauchregion, mit der sie das Nest abdeckt. Dadurch werden die Jungen vor Auskühlung bewahrt. Die Wurfstärke liegt allgemein zwischen 3 und 8 Tieren. Die Jungtiere werden ein- bis zweimal am Tag gesäugt und verlassen nach 2–3 Wochen zeitweise das Nest. Geschieht das früher, deutet dies auf einen Milchmangel der Häsin hin. Die Säugezeit sollte 6 Wochen dauern.

Lebenserwartung: Über 10 Jahre

Haltung: Stammen die Tiere aus ständiger Wohnungshaltung, müssen sie zumindest in der kalten Jahreszeit in wärmegedämmten Räumen untergebracht werden. Sie passen sich jedoch in absehbarer Zeit an die Haltung im Freien an. Die Gruppenhaltung ist der Einzelhaltung vorzuziehen. Voraussetzung dafür ist, dass die männlichen Tiere kastriert sind. Auch bei weiblichen Tieren kann es zu aggressiven Reaktionen kommen. Obwohl die als Heimtier gehaltenen Kaninchen in der Regel kastriert sind und zum Teil auch zu zweit gehalten wurden, muss die Gruppenzusammenstellung behutsam erfolgen. Unverträgliche Tiere sind zu trennen.

Eine Einzel- oder Paarhaltung kann in den im Zoofachhandel angebotenen Käfigen unterschiedlicher Abmessungen erfolgen, die in Innenräumen (15–20 °C) regalartig in mehreren Ebenen aufgestellt werden (Abb. 8-23). Diese Käfige sind besonders für die Quarantäne geeignet, da sie ein niedriges Eigengewicht haben, leicht zu bewegen und gut zu desinfizieren sind. Es besteht die Möglichkeit seitliche Sichtblenden aus Holz oder Pappe einzuschieben.

Die Mindestflächen sind vom Körpergewicht abhängig:

- Zwergkaninchen < 2,00 kg: 4 500 cm^2
- kleine Rasse > 2,00 kg: 5 250 cm^2
- mittelgroße Rasse > 3,25 kg: 6 800 cm^2
- große Rasse > 5,50 kg: 8 800 cm^2

Diese Flächenangaben sollten zumindest bei längerfristiger Haltung deutlich überschritten werden. Für jedes weitere Tier in der Box gilt: mindestens 50 % der Fläche zusätzlich.

Es kann auch eine konventionelle Haltung in Buchten im Freien erfolgen. Möglich ist, die Buchten in nicht wärmegedämmte Holzhäuser zu stellen, wie sie in Baumärkten in großer Vielfalt angeboten werden (vor dem Winter häufig preisgünstig oder kostenlos zu bekommen!). Es ist besonders in der warmen Jahreszeit für eine gute Lüftung zu sorgen und für Schutz gegen

Abb. 8-23 Kaninchen einzeln in handelsüblichen Käfigen, besonders zur Quarantäne geeignet

starke Sonneneinstrahlung, in der kalten Jahreszeit gegen Regen, Schnee und Wind.

Die Haltung auf Einstreu ist gegenüber einer Haltung auf perforierter Fläche zu bevorzugen. Als Einstreu ist Stroh auf einer feuchtigkeitsaufsaugenden Schicht aus Torfmull oder Holzstreu empfehlenswert. Durch regelmäßiges Nachstreuen und gründliche wöchentliche Reinigung wird ein trockener Untergrund gesichert. Bewährt haben sich Kotschubladen aus Plastik, die in unterschiedlichen Maßen im Handel erhältlich, leicht zu reinigen und wirksam zu desinfizieren sind. Sie werden auf Metallschienen (Holzleisten werden angenagt!) eingeschoben, ein Buchtenboden ist nicht erforderlich. Eine zweite Ebene als Liegebrett wird von den Tieren gern angenommen, jedoch in Einzelfällen mit Kot verschmutzt.

Eine Einzelhaltung kann in Buchten erfolgen, eine Gruppenhaltung in Innenräumen mit zeitweise oder ständig zugänglichen Ausläufen, wobei auf eine gute Strukturierung zu achten ist (Abb. 8-24). Auf einer Mindestfläche von je 5 m^2 können bis zu 10 Tiere gehalten werden. Bei ausschließlicher Freilandhaltung sind Schutzhäuschen und eine Abdeckung mit Drahtgeflecht und Dachplatten erforderlich (Abb. 8-25).

Abb. 8-24 Strukturierter Auslauf für Kaninchen (TiKo Klagenfurt)

Abb. 8-25 Gruppenhaltung (TH Märkisch-Buchholz)

Tragende Häsinnen (Tragezeit 30–31 Tage) sind einzeln zu halten. Das Trächtigkeitsstadium kann durch vorsichtige Palpation des Bauchraums geschätzt werden. Die Feten sind 8–10 Tage vor der Geburt sicher zu ertasten. 2–3 Tage vor dem Wurftermin sollte eine Wurfkiste (Maße siehe Merkblatt 78 der TVT) aufgestellt werden, in welche die Häsin Stroh einträgt und die Jungen wirft.

⚠

Die gemeinsame Haltung mit Meerschweinchen ist abzulehnen, da das unterschiedliche Verhalten beider Tierarten zu andauerndem Stress führt.

Damit sie nicht erschrecken, sind Kaninchen vor dem Ergreifen anzusprechen. Sie werden dann durch Griff ins Nackenfell bei gleichzeitiger Unterstützung des Beckens gehoben und sogleich an den Körper gedrückt, doch niemals an den Ohren hochgehoben.

Rassekaninchen sind durch eine Tätowierung im Ohr gekennzeichnet, aus der die Herkunft und das Alter zu ersehen ist:

- Linkes Ohr: ein Buchstabe und eine Zahl für den Landesverband und den Zuchtverein
- Rechtes Ohr: Monat, Jahr und fortlaufende Nr. des Zuchtbuchs

- Beispiel: D 98 = Landesverband Berlin-Brandenburg, Rassekaninchenzuchtverein Frankfurt/Oder, 5814 = geboren im Mai 2008, fortlaufende Zuchtbuch-Nr. 14

Über den Zuchtverein ist zumindest der Züchter zu erfahren und über diesen u. U. auch der Halter.

Fütterung: Es sind die artspezifischen Besonderheiten zu berücksichtigen, die Ration muss abwechslungs- und rohfaserreich sein. Grünfutter in der Vegetationsperiode, im Winter Rüben und Heu entsprechen den Bedürfnissen der Kaninchen am besten. Da es bei größerer Tierzahl u. U. nicht möglich ist, ausschließlich Grünfutter einzusetzen, können Pellets (> 16 % Rohfaser) gefüttert werden. Diese sollten jedoch unbedingt durch Gaben von Gemüseabfällen und Hackfrüchten sowie Heu ergänzt werden. Von mehreren Firmen wird brikettiertes Strukturfutter als Alleinfutter angeboten, das mit Beschäftigung bei der Futteraufnahme verbunden ist.

Eine zweimalige Fütterung trägt zur Beschäftigung der Tiere bei und ermöglicht eine Gesundheitskontrolle, denn eine verminderte Futteraufnahme kann ein Zeichen für eine Gesundheitsstörung sein. Grünfutter und Heu werden aus Raufen gefüttert, Rüben und Pellets aus Keramiknäpfen. Eine abrupte Futterumstellung ist zu vermeiden.

Tränkwasser: Zur freien Aufnahme aus Nippeltränken.

Bei Verdacht auf Kokzidiose, die sich in Durchfällen und Abmagerung zeigt, sollte eine Tränkwassermedikation erfolgen. Es können auch für einen begrenzten Zeitraum handelsübliche Pellets mit einem Kokzidiostatikum prophylaktisch eingesetzt werden.

Bei Durchfällen hat sich eine Diättränke folgender Zusammensetzung bewährt: 5 g Kochsalz, 6 g Bullrich-Salz, 24 g Traubenzucker auf 1 Liter Wasser.

Vorteilhaft ist, wenn das Tränkwasser routinemäßig mit 3 ml Obstessig je 1 Liter versetzt wird.

In Abhängigkeit von der allgemeinen Seuchenlage kann eine Schutzimpfung gegen die Myxomatose und/oder die hämorrhagische Septikämie (HSK) erforderlich werden.

8.4 Zwergziege

Zwergziegen unterscheiden sich in der Körpergröße, nicht jedoch im Verhalten und in ihren Ansprüchen an Haltung und Fütterung von den übrigen Ziegenrassen. Nach der Viehverkehrsverordnung sind sie der zuständigen Behörde zu melden und spätestens im Alter von 6 Monaten mit einer Ohrmarke oder Tätowierung zu kennzeichnen. Sie stammen von mittelafrikanischen Zwergziegen ab, sind behörnt, verschiedenfarbig und zum Teil gescheckt. Die Geschlechtsreife tritt bis zum 5. Lebensmonat ein. Nach einer Trächtigkeitsdauer von 150 Tagen werden 1–3 Lämmer geboren. Zwergziegen werden nicht gemolken. Charakteristisch ist der unangenehme Bockgeruch. Deshalb und zur Vermeidung von Nachzucht sind die Böcke zu kastrieren.

Lebenserwartung: 12–15 Jahre

Haltung: Niemals in Anbindehaltung! Außenställe mit angeschlossenem Auslauf müssen in der kalten Jahreszeit eine wärmegedämmte Liegefläche und reichlich Einstreu haben. Die Einzäunung erfolgt mit Rohren, festen Zaungittern oder straffem Drahtgeflecht. Forstzaun ist wegen der Strangulationsgefahr ungeeignet. Pro Tier ist eine Stallgrundfläche von 1,25 m^2 bei einer Raumhöhe von 2 m erforderlich. Aus hygienischen Gründen ist der Stallboden zu betonieren. Zur Strukturierung sind halbhohe Zwischenwände und Liegebretter an den Wänden geeignet. Um der Neugier und dem Bewegungsdrang zu entsprechen, ist der Auslauf mit Findlingen, Steinhaufen, Baumstämmen oder dergleichen auszustatten. Eine regelmäßige Klauenpflege ist erforderlich.

Fütterung: Ziegen sind bei der Futterauswahl sehr wählerisch. Deshalb ist die Fütterung vielseitig und abwechslungsreich zu gestalten. Neben Heu und Stroh, Grünfutter und Rüben sind Blätter von Laubbäumen zu verabreichen, Kraftfutter nur an hochtragende und säugende Tiere. Nicht fehlen sollte ein Leckstein zur Mineralstoffversorgung.

Tränkwasser: Zur ständigen Aufnahme aus befestigten Eimern oder Selbsttränken.

8.5 Schaf

Ursprünglich wurden Schafe von Berufsschäfern zur Erzeugung von Wolle und Mastlämmern gehalten, aber auch zur Landschaftspflege. In der Gegenwart hat sich eine Form der Hobbyhaltung entwickelt, die diese Tierart insbesondere als Rasenmäher nutzt. Aufgrund der hohen Kosten für das Scheren und wegen des niedrigen Wollpreises geht die Tendenz zur Haltung von Schafrassen, die nicht geschoren werden müssen. Das sind zum einen die *Kamerunschafe*, zum anderen die sog. *Nolana-Schafe*, die ihr Wollvlies im Frühjahr abstoßen. Wegen mangelnder fachlicher Kenntnisse der Halter sieht sich die zuständige Behörde häufig gezwungen, ein Tierhaltungsverbot auszusprechen, was zur Folge hat, dass die vorhandenen Tiere anderweitig untergebracht werden müssen.

Lebenserwartung: 12–15 Jahre

Haltung: Die Haltung erfolgt im Freien mit einer eingestreuten Schutzhütte, in der pro Tier eine Fläche von 1–2 m^2 erforderlich ist. In dieser wird bei ungünstiger Witterung auch gefüttert.

Wichtig ist, dass Wollschafe im Zeitraum Mai/Juni, d. h. vor den heißesten Tagen, geschoren werden. Eine Klauenpflege muss regelmäßig erfolgen.

Fütterung: In 60–80 cm hohen Raufen mit Futterkästen in 30–40 cm Höhe wird Heu und Stroh gefüttert, dazu Grünfutter und Rüben. Auch ein Leckstein sollte zur Verfügung stehen.

Tränkwasser: Zur freien Aufnahme aus befestigten Eimern oder Selbsttränken.

8.6 Pony

Von den Pferden größeren Kalibers, wie Kaltblut und Warmblut, unterscheiden sich Kleinpferde durch ihre geringere Größe, die als Stockmaß (Boden–Widerrist) gemessen wird:

- *Haflinger, Island- und Fjordpferde:* < 150 cm
- *Reitponys/Ponys:* < 130 cm
- *Shetlandponys:* < 100 cm
- *Mini-Ponys:* < 60 cm

Pferde, gleich welcher Körpergröße, sind im Sozialverband mit einer strengen Rangordnung lebende Lauftiere, die sich drohenden Gefahren durch Flucht entziehen. Ursprünglich als Arbeitstiere gehalten, sind sie heute als Sport- und Hobbytiere beliebt. Das gilt auch für die Ponys unterschiedlicher Größe, die als Reit- oder Zugtiere verwendet werden, aber vielfach nur als Hobbytiere gehalten werden. Pferde können einfarbig (Rappen, Braune, Fuchs, Schimmel) oder Schecken sein und unterschiedliche Abzeichen am Kopf (z. B. Blesse, Stern) und an den Gliedmaßen (gestiefelt) haben, die als Unterscheidungsmerkmale dienen. Die Beschreibung der Abzeichen wird als Signalement bezeichnet.

Lebenserwartung: 30 Jahre

Haltung: In Laufställen oder Boxen, keinesfalls in Anbindehaltung, möglichst in Gruppen. Neue Pferde sind schrittweise einzugliedern. Zu Offenlaufställen ist eine Auslauffläche von mindestens 150 m^2 und ein nicht wärmegedämmter Schutzraum erforderlich. Bei der Haltung mehrerer Tiere müssen 2 Eingänge im Schutzraum vorhanden sein, um zu vermeiden, dass ein ranghohes Tier den Eingang blockiert. Diese Haltung schafft Anreize zu Bewegung und Sozialkontakten bei unterschiedlichen Witterungsbedingungen. Sowohl in Boxen in Innenställen als auch in Außenlaufställen muss jedem Tier eine Fläche zur Verfügung stehen, die wie folgt zu berechnen ist: $(2 \times \text{Widerristhöhe})^2$. Die Deckenhöhe sollte für Kleinpferde und Ponys 2 m betragen. Die Liegefläche muss trocken und verformbar sein, wozu eine Stroh- oder Holzeinstreu geeignet ist. In Laufställen müssen die Funktionsbereiche Ruhen von Fressen und Tränken durch Wände getrennt werden. Ideal ist zusätzlicher Weidegang. Auslaufflächen sind sicher einzuzäunen (Draht, Holz, Metallstangen), Zaunhöhe 0,9 × Widerristhöhe in cm, und ggf. noch zusätzlich mit einem Elektrozaun zu sichern. Stacheldraht ist nicht zulässig! Ist nur eine Boxenhaltung möglich, sollte zumindest ein Kleinauslauf in der Größe der Box oder eine hälftig zu öffnende Außentür vorhanden sein. Bei der Aufnahme ist ein Hufschmied hinzuzuziehen, wenn Lahmheiten oder Veränderungen am Huf festgestellt werden. Eine regelmäßige Hufpflege ist erforderlich.

Fütterung: Für jedes Tier muss ein Fressplatz zur Verfügung stehen, der seitlich begrenzt und im Freien überdacht ist. Neben Grünfutter, Hafer oder speziellen Pferdepellets wird staubfreies Heu auf dem Stallboden oder in Heusäcken gefüttert, als Leckerbissen Möhren und Äpfel.

Tränkwasser: Freie Aufnahme aus Selbsttränken oder befestigten Eimern. Es ist auch ein mindestens dreimaliges Tränken am Tag möglich.

Weizen, Gerste, zuckerreiches Obst wegen der Gefahr der Hufrehe nicht füttern! Nur abgelagertes Heu füttern, da frisches Heu zu lebensgefährlichen Koliken führt!

8.7 Esel

In Hobbyhaltungen kommen überwiegend Zwergesel mit einem Stockmaß von 90–105 cm vor, aber auch Kreuzungen mit Pferden (Maulesel oder Maultier). Sie sind einfarbig braun in verschiedenen Tönungen, grau und schwarz, seltener gescheckt. Die Geschlechtsreife tritt bei beiden Geschlechtern bis zum 12. Lebensmonat ein. Nach einer Tragezeit von ungefähr einem Jahr werden die Fohlen geboren und 6–8 Monate gesäugt. Die Stute kann wenige Tage nach der Geburt wieder gedeckt werden.

Lebenserwartung: 20–30 Jahre

Haltung: Im Freien mit einer frei zugänglichen Schutzhütte, in der jedem Tier eine Fläche von $(2 \times \text{Widerristhöhe})^2$ zur Verfügung steht, mit einem Auslauf von mindestens 10 m^2 pro Tier. Da Esel neugierig sind und zum Ausbrechen neigen, ist auf die Stabilität der Einzäunung besonderer Wert zu legen. Am günstigsten sind Metallgitter und -pfosten. Auch Eichen- oder Robinienpfähle können verwendet werden. Drahtgeflecht ist weniger geeignet, ebenso eine Bespannung mit Draht, weil sich die Tiere an der Einzäunung scheuern, wodurch es zu Drahtbrüchen kommen kann. Holzpfähle und -wände werden angefressen, besonders wenn sie schon etwas morsch sind. Ein Anstrich mit Altöl verhindert dies wirkungsvoll. Durch einen Elektrodraht oder -zaun kann die Sicherheit der Einzäunung verbessert werden. Eine Gruppenhaltung ist anzustreben. Allerdings dürfen wegen der auftretenden Rangkämpfe nicht mehrere Hengste zusammen gehalten werden. Auch die Haltung mit anderen Tierarten ist nur in Ausnahmefällen möglich, weil dies zu deren Verletzung führen kann. Bei der Aufnahme ist ein Hufschmied hinzuzuziehen, wenn Lahmheiten oder Veränderungen am Huf festgestellt werden. Eine regelmäßige Hufpflege ist erforderlich. Dazu ist es erforderlich, die Tiere schon frühzeitig an das Aufheben der Gliedmaßen zu gewöhnen.

Fütterung: Rohfaserreiches Gras, Heu und Stroh sowie Futterrüben stellen die Grundration dar, die nur gelegentlich durch Hafer und Brotreste ergänzt wird. Die Futtermenge ist zu begrenzen, um eine Mastkondition zu verhindern, die sich u. a. in einem umkippenden Nackenpolster zeigt. Zur Beschäftigung sind regelmäßig frische Zweige und Stämme anzubieten.

Tränkwasser: Zur freien Aufnahme aus befestigten Eimern oder Selbsttränken. Bei stationären Wasserbehältern ist auf deren Sauberkeit zu achten.

Wegen der Gefahr der Hufrehe energie- und proteinreiche Futtermittel nicht füttern! Wegen der Gefahr lebensbedrohlicher Koliken kein frisches Heu füttern!

Weitere Informationen: Für eine Beratung zur Haltung und Fütterung sowie die Vermittlung an neue Halter setzt sich die Noteselhilfe ein, die mit der Interessengemeinschaft für Esel- und Mulifreunde in Deutschland e. V. (IGEM) zusammenarbeitet. Kontaktaufnahme: info@noteselhilfe.de.

8.8 Minipig

Als Minipig oder Miniaturschwein werden kleinwüchsige Schweine bezeichnet, die ursprünglich als Versuchstiere genutzt wurden. Erscheinungsbild, Körpergröße und -gewicht weisen große Unterschiede auf (Abb. 8-26). Wichtig ist, dass die tierseuchengesetzlichen Regelungen wie für die normalen Schweine gelten. Nach der Viehverkehrsverordnung ist die Haltung der zuständigen Behörde zu melden. Der Halter muss Grundkenntnisse über die wichtigsten Schweinekrankheiten und -seuchen haben. Die Tiere werden

Abb. 8-26 Minipigs, die auch braun oder gescheckt sein können (Gnadenhof Kunersdorf)

häufig nicht artgemäß gehalten, mitunter auch in Wohnungen. Kurioser Weise liegt ein Gerichtsurteil aus dem Jahre 2000 vor, in dem die Haltung von Schweinen in der Wohnung zu erlauben ist, da sie rechtlich wie Hunde oder Katzen zu behandeln sind!?

Echte Minipigs wiegen ausgewachsen bis zu 20 kg. Da es sich häufig um Kreuzungen mit normalen Schweinen bzw. vietnamesischen Hängebauchschweinen handelt, erreichen sie in vielen Fällen mehr als 50 kg, zumal wenn die Fütterung mit dazu beigetragen hat. Die Geschlechtsreife tritt im Alter von 4 Monaten ein, die Trächtigkeitsdauer beträgt 113–115 Tage. Die Ferkel haben eine Geburtsmasse von 250–400 g und sind vor Unterkühlung durch eine Wurfkiste, Infrarotstrahler über dem Wurfnest oder eine Wärmeplatte zu schützen. Sie werden in stündlichen Intervallen mindestens 4 Wochen lang gesäugt. Zur Verhinderung der Fortpflanzung sind die Eber zu kastrieren.

Werden Schweine in das Tierheim aufgenommen, ist dies unverzüglich dem zuständigen Veterinäramt zu melden. Den Anweisungen des Amtstierarztes ist Folge zu leisten.

Lebenserwartung: 10–15 Jahre

Haltung: Minipigs werden in Gruppen in einem Auslauf im Freien mit Schutzraum gehalten. Kommen die Tiere aus einer Wohnungshaltung, muss in der kalten Jahreszeit ein vorsichtiger Übergang zur Freilandhaltung erfolgen. Eine Wärmedämmung der Schutzhütte ist nicht erforderlich, wenn genügend Einstreu vorhanden ist. Sie muss pro Tier eine Fläche von 3 m^2 einschließlich einer mindestens 1 m^2 großen wärmegedämmten Liegefläche haben. Der Auslauf sollte pro Tier mindestens 10 m^2 groß, mit einer 0,8–1 m hohen Einzäunung (mit Betonsockel!) und einem befestigten Futterplatz versehen sein. Naturboden regt zum artgemäßen Wühlen an. Zur Verhinderung eines Kontakts mit Wildschweinen muss nach der Schweinehaltungshygieneverordnung ein zweiter Zaun vorhanden sein. Diese Funktion erfüllt die Einzäunung des gesamten Tierheimgeländes. Eine Strukturierung des Auslaufs durch Stubben, Pfosten, Stein- und Holzhaufen schafft unterschiedliche Funktionsbereiche, Beschäftigung und dient zur Körperpflege. Da die Tiere wesentlich älter als die üblichen Hausschweine werden, muss regelmäßig eine Klauenpflege durchgeführt werden.

Fütterung: Rationiert füttern, um eine Mastkondition zu verhindern! Deshalb sollte Mischfutter nur rationiert eingesetzt werden, als Grundration dienen Grünfutter und Hackfrüchte. Da die Tiere auf Futter konditioniert sind, erwarten sie von Menschen Futter und betteln. Dem darf im Interesse der Kondition nicht nachgegeben werden. Die Ration muss mit einer Mineralstoff-Vitamin-Mischung für Schweine ergänzt werden. Im Sommer sollte im Auslauf eine Suhle angelegt werden, die schon ab einer Umgebungstemperatur von 20 °C genutzt wird. Wenn dies nicht möglich ist, können die Minipigs auch mit einem Schlauch abgespritzt werden.

Tränkwasser: Selbsttränken oder stationäre Wasserbehälter.

Haushalts- und Küchenabfälle dürfen nach dem Tierseuchengesetz wegen der Gefahr der Übertragung von Tierseuchenerregern nicht verfüttert werden!
Für andere Tierarten bestimmte Fertigfuttermittel nicht füttern!
Eine regelmäßige Endoparasitenprophylaxe ist erforderlich.

8.9 Haustaube

Ungünstige Witterungsbedingungen auf den Wettflügen der Brieftaubenzüchter, die im Zeitraum April bis September durchgeführt werden, können dazu führen, dass einzelne Tauben aus Schwäche den Flug unterbrechen bzw. in fremden Schlägen landen. Die Tiere fliegen meist nach einer Erholung von wenigen Tagen in ihre Schläge. Durch das Anbieten von Wasser und Futter kann dies gefördert werden. Es kommt jedoch vor, dass einzelne Tiere gegriffen und ins Tierheim gebracht werden.

Brieftauben sind durch einen Fußring mit der Telefonnummer des Züchters gekennzeichnet, um ihn direkt zu benachrichtigen. Jede auf einem Flug gesetzte Brieftaube hat außerdem einen zweiten Ring mit dem Herkunftsland (für Deutschland steht DV) und einer mehrstelligen Zahl: Vereinsnummer (beginnt immer mit 0) – Geburtsjahr – fortlaufende Nummer. Der Züchter ist verpflichtet, das Tier wieder in seinen Besitz zu nehmen. Ist er dazu nicht bereit, stellt dies einen Verstoß gegen § 3 Nr. 3 TSchG dar, in dem es heißt:

> *„Es ist verboten, ein im Haus, Betrieb oder sonst in der Obhut des Menschen befindliches Tier auszusetzen."*

Dies ist entsprechend § 18 Abs. 1 Nr. 4 TSchG als Ordnungswidrigkeit zu ahnden. Ist der Besitzer nicht zu erreichen, sollte eine Meldung an den Verband Deutscher Brieftaubenzüchter (Tel.: 0201-8722412) erfolgen, der die Rückholung durch einen regionalen Vertrauensmann veranlasst. Unter der Internetadresse www.brieftaube.de kann man auch unter dem Button „Taube gefunden!?" nach Eingabe der eigenen Postleitzahl einen Vertrauensmann in der Nähe erfahren, der zur Abholung der Taube verpflichtet ist. Es kommt aber auch vor, dass ein vernachlässigter Taubenbestand ins Tierheim aufgenommen werden muss.

Lebenserwartung: 20 Jahre

Haltung: Vorübergehend in großen Vogelkäfigen oder in Volieren mit angeschlossenem Schlag (Abb. 8-27). Bei längerer Haltungsdauer sollten sie in Schlägen mit Fenstern und einer angeschlossenen Voliere untergebracht werden. Für 4 Tauben ist eine Bodenfläche von 1 m² bei einer Höhe von 2 m erforderlich. Zur Ausstattung gehören A-förmige Sitzplätze oder ein Regal. Durch Wegnahme oder Austausch der Eier ist eine Vermehrung zu verhindern.

Fütterung: Haferflocken, Reis, Erbsen, spezielle Taubenmischungen, Grünfutter, Grit. Da nestjunge Tauben in den ersten 2 Lebenswochen auf Kropfmilch angewiesen sind, ist diese durch ein Gemisch aus Dotter und Eiweiß aus Hühnereiern zu ersetzen. Allmählich sind sie an die Aufnahme von Körnern zu gewöhnen.

Tränkwasser: Aus Stülptränken zur freien Aufnahme (im Winter gegen Einfrieren schützen).

Verletzte einheimische **Wildtauben**, wie *Ringeltaube* (Columba palumbus) oder *Türkentaube* (Streptopelia decaocto), sollten in Volieren gehalten und

Abb. 8-27 Beschlagnahmte Tauben in der Voliere eines Züchters (Frankfurt/Oder)

wie Haustauben gefüttert werden. Sobald es ihr Zustand erlaubt, sind sie auszuwildern.

⚠

Wildtauben sind häufig Salmonellenausscheider!

8.10 Nandu und Emu

Afrikanische Strauße werden in Deutschland zur Fleischerzeugung in Farmen gehalten, die kleineren Arten Nandu und Emu als Hobbytiere. Da sie immer wieder ausbrechen, ist damit zu rechnen, dass sie in Tierheime aufgenommen werden müssen. Sie sind an ein Leben in Savannen und im offenen Grasland angepasst, erreichen eine Größe von 1,3–1,5 m bzw. 1,5–1,9 m und ein Gewicht von 20–40 kg bzw. 30–55 kg.

Lebenserwartung: Über 40 Jahre

Haltung: Die Haltung erfolgt paarweise (wenn möglich), mehrere männliche Tiere in der Gruppe können nur außerhalb der Brutzeit zusammen gehalten werden. Je Paar sollte ein Außengehege mit einer Fläche von 200 m^2 und einer 1,2 m hohen Einzäunung aus Wildzaun, längslaufenden Holzstangen oder Rohren zur Verfügung stehen. Außerdem ist ein nicht wärmegedämmter Schutzraum (4 m^2/Tier) vorzusehen, der ein Sandbad hat und im Winter eingestreut wird.

Fütterung: Grünfutter, Heu, Grassilage, in geringen Mengen Mischfutter für Strauße und Getreide, Mineralstoffmischung für Rinder.

Tränkwasser: Offene Tränken zur freien Aufnahme (im Winter gegen Einfrieren schützen).

⚠

Mischfutter für andere Geflügelarten wegen zu hoher Energie- und Eiweißkonzentration und des Gehalts an Kokzidiostatika nicht füttern!
Engmaschiges Drahtgeflecht wegen der Gefahr der Strangulation nicht verwenden, weil die Tiere immer versuchen, außenstehende Pflanzen zu erreichen.

9 Heimtiere

Wenn auch Hund, Katze und Kaninchen die häufigsten Tierarten sind, die in Tierheimen aufgenommen werden, gibt es daneben durch den Zoofachhandel vertriebene Tiere unterschiedlicher Arten, die als Heimtiere bezeichnet werden. Sie werden im Unterschied zu Haustieren, die ursprünglich als Nutztiere gehalten wurden, auch wenn dies heute nicht mehr der Fall ist, ohne jeglichen ökonomischen Nutzen und zum großen Teil ohne direkten Kontakt mit dem Menschen gehalten. Es handelt sich um Kleinsäuger, Vögel und Reptilien. Dabei ist festzustellen, dass sich die Zahl der im Zoofachhandel angebotenen Kleinsäuger und Reptilien ständig erhöht. Der Zentralverband zoologischer Fachbetriebe e. V. wirbt mit dem Slogan „Neue Arten braucht das Land". Häufig kommt es vor, dass sich die Halter dieser Tiere infolge einer Fehleinschätzung des Haltungs- und Betreuungsaufwands entledigen. Sie werden frei gelassen oder an Abfallcontainern abgestellt und von mitleidigen Bürgern in Tierheime gebracht. Da es nicht möglich ist, dort Unterbringungsmöglichkeiten für jede Tierart vorzuhalten, müssen diese Tiere unter Umständen erst einmal in vorhandenen Behältnissen und Räumen untergebracht werden. Ist eine Abgabe in absehbarer Zeit nicht möglich, muss jedoch eine artgemäße Haltung erfolgen.

Die Haltung in Drahtkäfigen hat den Vorteil einer guten Lüftung. Die Drahtabstände müssen der Größe der gehaltenen Tiere entsprechen, um ein Entweichen sicher zu verhindern. Da viele Tierarten ein Nagebedürfnis haben, darf die Metalloberfläche nicht beschichtet sein. Für Tierarten ohne Nagebedürfnis können Terrarien aus Spanplatten und Holz gebaut werden, die auch kunststoffbeschichtet sein können. Auch Terrarien aus Glas sind für viele Tierarten geeignet. Es ist bei jeder Haltungsform darauf zu achten, dass bei vierseitig dichten Wänden eine vollständige Abdeckung und ausreichend große Lüftungsflächen vorhanden sind. Bei einer Höhe über 0,5 m ist dies durch eine Gitterabdeckung nicht gesichert. Es sind zusätzlich seitliche Belüftungsgitter erforderlich, die zur Vermeidung von Zugluft nicht gegenüber liegen dürfen. Bei Holzterrarien sollte die Vorderfront aus Gitter oder Glas bestehen, weil die Tiere andernfalls durch die Einsicht nur von oben (Raubvogelperspektive) verunsichert werden. Große Käfige oder Terrarien sollten stationär sein, kleinere sind vielseitiger zu verwenden, leichter zu transportieren und zu reinigen. Sie sind je nach Größe in Regalen oder auf dem Fußboden abzustellen. Eine große Bedeutung hat in den Behältnissen die Bodenabdeckung mit unterschiedlichen Substraten. Sie soll den Bedingungen in den ursprünglichen Biotopen entsprechen, Feuchtigkeit aufsaugen, hautneutral und nicht verdauungsschädlich sein sowie nicht zum Verschimmeln neigen.

Die Versorgung mit Futter und Wasser muss die spezifischen Bedürfnisse der Tierarten erfüllen und hygienisch erfolgen. Fertigfuttermittel gibt es für viele Tierarten, die jedoch mit anderen Futtermitteln zu ergänzen sind. Die Angaben über ihre Zusammensetzung und Inhaltsstoffe sind zu berücksichtigen und die Beschaffenheit und Zusammensetzung zu prüfen. Es ist besonders darauf zu achten, ob für die einzelne Tierart nicht geeignete Komponenten enthalten sind. Die Lagerung muss in trockenen und kühlen Räumen erfolgen, damit es nicht zu Nährstoffverlusten oder Schimmelbildung kommt. Eine abwechslungsreich und vielseitig zusammengesetzte Fütterung trägt auch zur Beschäftigung bei.

Besonderes Augenmerk ist bei den Säugetieren auf die Verhinderung der Fortpflanzung zu legen. Deshalb werden nachfolgend Angaben zu Geschlechtsreife, Trächtigkeitsdauer und Gruppenzusammensetzung gemacht.

Die im Folgenden getroffene Auswahl der Tierarten und die gegebenen Hinweise basieren auf den Schulungsordnern des Bundesverbands für fachgerechten Natur- und Artenschutz e. V. (BNA, 2003) und stellen Mindestanforderungen für einen zeitlich begrenzten Aufenthalt dar. Es ist jedoch festzustellen, dass im Zoofachhandel weitere Arten angeboten werden, um dem Drang mancher Menschen nach ausgefallenen und seltenen Arten zu entsprechen. Um spezifische Haltungsanforderungen zu erfüllen, sollten diese Tierarten an spezialisierte Einrichtungen oder anerkannte Halter überführt werden. Eine Vermittlung ist nur an sachkundige Personen zulässig.

9.1 Kleinsäuger

Es gibt eine Vielzahl von Kleinsäugerarten, die in Zoofachgeschäften oder Tierbörsen angeboten, zum Teil aber nur von wenigen Liebhabern gehalten werden. Einige dieser Arten sind ausschließlich nachtaktiv. In den folgenden Abschnitten werden Angaben zu Herkunft, Lebenserwartung, Größe, Haltung und Fütterung gemacht, um gravierende Fehler zu vermeiden. Sie sind jedoch nicht umfassend und sollten deshalb durch Informationen aus anderen Quellen (sachverständige Personen, spezielle Literatur) ergänzt werden.

Für alle Arten gilt, dass ihnen ein angemessener Lebensraum hinsichtlich Fläche, Bodengestaltung, Strukturierung und Umgebungstemperatur geboten wird. Wenn eine Haltung im Freien möglich ist, sollte sie bevorzugt werden, weil sie kostengünstiger ist und den artgemäßen Bedürfnissen entspricht. Die Mehrzahl der Arten muss jedoch in Innenräumen gehalten werden. Geeignet sind Käfige aus Metall ohne Kunststoffbeschichtung mit einem der Tierart entsprechenden Stababstand bzw. einer Maschenweite, die das Entweichen sicher verhindert. Bei nicht nagenden Tieren können Terrarien aus Holz mit einer Gitter- oder Glasfront verwendet werden, es ist jedoch für einen ausreichenden Luftumlauf zu sorgen. Aquarien eignen sich nur bedingt, weil kein ausreichender Luftaustausch möglich ist. Die Terrarien werden bei Bedarf in Regale gestellt, was eine variable Raumnutzung ermöglicht. In großen Tierheimen findet man mehrere Meter lange, zum Teil mehretagige stationäre Anlagen, wie sie in Zoofachgeschäften üblich sind. Die Mehrzahl der Arten kann bei Zimmertemperatur von 15–20 °C gehalten werden. Einige Arten brauchen jedoch höhere Umgebungstemperaturen, die eine zusätzliche Heizung (elektrische Bodenheizung) erfordern, andere eine zusätzliche Wärmefläche (Strahler). Eine Überhitzung durch direkte Sonneneinstrahlung ist durch Rollläden, Rollos oder Vorhänge zu verhindern. Zu den wichtigsten Hygienemaßnahmen gehört, dass Futterreste und Kot entfernt und der Untergrund regelmäßig gesäubert und erneuert wird.

Die Tiere sind regelmäßig mit artgemäßem Futter in geeigneten Gefäßen und mit sauberem Tränkwasser aus flachen Schalen oder Nippeltränken zu versorgen. Auch Tieren, die aus Trockengebieten stammen, ist Wasser zur freien Aufnahme anzubieten.

Zur Einschätzung der Größe der einzelnen Tierarten wird die **Kopf-Rumpf-Länge (KRL)** ausgewachsener Tiere angegeben.

9.1.1 Meerschweinchen

Es gibt bei Meerschweinchen unterschiedliche Rassen, die sich in Farbe und Zeichnung unterscheiden, aber auch in der Fellstruktur (Normalhaar, Rosetten, Langhaar, Seidenhaar). Die Vorfahren unserer Meerschweinchen lebten in Südamerika und kamen von dort mit den spanischen Eroberern im 16. Jahrhundert nach Europa. Sie nehmen wie die Kaninchen am Tag Futter in 60–80 kleinen Portionen auf, weil wegen der schwachen Magenmuskulatur nur so der Mageninhalt weiter befördert werden kann. Eine Besonderheit ist, dass Meerschweinchen im Unterschied zu anderen Tierarten auf die regelmäßige Zufuhr von Vitamin C angewiesen sind, das sie nicht speichern können. Sie sind tagaktiv und leben in Familienverbänden, wobei dominante Böcke ihr Territorium verteidigen. Charakteristisch sind ihre differenzierten Lautäußerungen von Grummeln bis Pfeifen. Ausgewachsene Tiere können ein Gewicht bis zu 1 000 g erreichen.

Die Zuchtreife erreichen weibliche Meerschweinchen im Alter von 4–5 Monaten, männliche mit 6–7 Monaten, sie sind aber schon 4–6 Wochen vor diesem Alter fortpflanzungsreif. Die Trächtigkeitsdauer beträgt 59–72 Tage. Das Weibchen kann unmittelbar nach der Geburt wieder tragend werden. Die Wurfstärke liegt bei 1–5 Tieren. Die Jungtiere sind bei der Geburt voll entwickelt, können selbstständig fressen, werden jedoch noch bis zur 3. Lebenswoche gesäugt. Sie sind im Alter von 9 Monaten ausgewachsen. Die Weibchen haben im Unterschied zu anderen Kleinsäugern keine Milchleiste, sondern nur 2 Zitzen. Dennoch können sie mehr als 2 Jungtiere aufziehen.

Lebenserwartung: 8 Jahre

Haltung: In jedem Fall Gruppenhaltung! Um die Fortpflanzung zu verhindern, sind gleichgeschlechtliche Tiere zusammen oder aber weibliche Tiere mit kastrierten Böcken zu halten. Da weibliche Jungtiere schon sehr zeitig tragend werden, sind sie nach dem Ende der Säugezeit getrennt von Böcken zu halten. Steht eine größere Fläche zur Verfügung, ist die Gruppenbildung meist unproblematisch. Andernfalls muss sie behutsam erfolgen, weil insbesondere zwischen Böcken eine Rivalität besteht und sich erst allmählich eine Rangordnung entwickelt.

Eine e optimale Umgebungstemperatur liegt zwischen 10 und 22 °C. Deshalb muss bei Freilandhaltung ein wärmegedämmtes Schutzhaus mit reichlich Einstreu und mehreren Eingängen vorhanden sein (Abb. 9-1), andern-

Abb. 9-1 Freilandhaltung von Meerschweinchen mit Schutzhütte (Tierstation Fürstenwalde)

falls kommt es bei Temperaturen unter 0 °C zu schweren Erkrankungen. Im Sommer muss für Schatten und Schutz vor Beutegreifern gesorgt werden. Direkte Sonneneinstrahlung bei Temperaturen über 25 °C kann zum Hitzschlag führen. Die Haltung in hellen Innenräumen erfolgt entweder in den handelsüblichen Käfigen (1,20 × 0,60 m Bodenfläche für 2 Tiere), in strukturierten Bodengehegen (Abb. 9-2), in Holzställen mit mehreren Etagen oder in Kaninchenbuchten. Bei jeder Haltungsform müssen mehrere Schlafhäuschen als Rückzugsmöglichkeit vorhanden sein. Meerschweinchen können schreckhaft sein, deshalb erst ansprechen, dann mit einer oder beiden Händen von oben umfassen und hochheben.

Fütterung: Ähnlich wie beim Kaninchen mindestens zweimal täglich Grünfutter unterschiedlicher Arten, ergänzt durch Heu zur freien Aufnahme und Zweige von Laubbäumen, nicht jedoch von Nadelgehölzen, was sich günstig auf den Abrieb von Backen- und Schneidezähnen auswirkt und auch zur Beschäftigung beiträgt. Auch Obst verschiedener Arten wird gern genommen. Fertigfuttermittel sollte nur in geringen Mengen verabreicht werden. Sie haben allerdings den Vorteil, dass sie mit Vitamin C ergänzt sind. Ein abrupter Futterwechsel ist unbedingt zu vermeiden, da es sonst zu erheblichen Verdauungsstörungen kommt.

Abb. 9-2 Gruppenhaltung von Meerschweinchen in gut strukturiertem Innengehege (MEGAZOO Schönefeld-Waltersdorf)

Tränkwasser: Zur freien Aufnahme aus Nippeltränken, ggf. mit Zusatz eines Vitamin-C-Präparats.

⚠

Stärkereiche, ölhaltige bzw. blähende Futtermittel, wie Getreide, Backerzeugnisse, Nüsse, Milchprodukte, Salat, Kohl sowie Fertigfuttermittel mit hohen Anteilen an den genannten Bestandteilen sowie an Honig, Melasse und tierischem Eiweiß nicht füttern!
Kreisrunde haarlose Stellen auf der Haut werden durch Hautpilze verursacht, die auf den Menschen übertragbar sind!

In jüngster Zeit werden auch *Wieselmeerschweinchen* in hellbraun und grau gezüchtet, die aus den Savannen Boliviens stammen. Die Haltung der tagaktiven monogam lebenden Tiere sollte in Außenanlagen von 3–5 m^2 Fläche mit Klettermöglichkeiten und einem Schutzraum erfolgen, die Fütterung wie oben beschrieben. Die Lebenserwartung beträgt 4 Jahre.

9.1.2 Frettchen

Das Frettchen (Mustela putorius f. furo) stammt vom Iltis ab, einem Raubtier, das in ganz Europa verbreitet ist und sich in Waldrändern, Gärten und Parks, aber auch in menschlichen Wohn- und Siedlungsbereichen aufhält. Schon vor Christi Geburt wurden Frettchen zur Mäusebekämpfung und zur Jagd gezüchtet. Sie sind dämmerungs- und nachtaktiv.

Die bei uns gehaltenen Frettchen unterscheiden sich in Körpergröße, Farbe und Felllänge. *Albinofrettchen* sind kleiner als *Iltisfrettchen*, eine Kreuzung zwischen Iltis und Frettchen, die farblich dem Iltis entsprachen, aber inzwischen in mehreren Farbvarianten und auch langhaarig gezüchtet werden. Ursprünglich zur Jagd auf Wildkaninchen genutzt, werden sie auch als Heimtiere gehalten und z. B. wie Hunde im Geschirr an der Leine ins Freie ausgeführt. Sie können handzahm werden. Die Rüden sind mit einem Körpergewicht von 1–2 kg doppelt so schwer wie die Fähen.

Durch Sekrete mit hoher Geruchsintensität markieren Frettchen ihre Umgebung, was sich besonders in der Ranzzeit verstärkt. Durch eine Kastration kann die Geruchsintensität nicht wesentlich gesenkt werden. Als Problem stellt sich bei Fähen dar, dass die Ranz im Zeitraum von Februar bis September bis zu 8 Wochen dauert, wenn die Tiere nicht gedeckt werden. Bei einem Drittel der Tiere kommt es zu einer Dauerranz, in deren Gefolge schwere gesundheitliche Störungen auftreten. Deshalb ist eine Kastration in jedem Fall zu empfehlen. Die Ranzzeit der Rüden, im gleichen Zeitraum wie die der Fähen, ist durch erhöhte Unruhe und gesteigerte Reviermarkierung gekennzeichnet. Nach einer Trächtigkeitsdauer von 40–45 Tagen werden 3–7 Welpen geboren, die 6 Wochen gesäugt werden.

Lebenserwartung: 12 Jahre
KRL: 35 cm

Haltung: Nicht einzeln, möglichst im Freien in Volieren mit einer Grundfläche von mindestens 5 m^2 bei einer Höhe von 2,5 m. Diese müssen z. T. überdacht und mit 2 festen Wänden, dazu mit einem 50 cm hohen Streifenfundament versehen, mit Stämmen und Ästen, Rohren und Hängematten strukturiert sein. Eine wärmegedämmte Schlafkiste und ausreichend Polstermaterial (Stroh, Baumwolltücher), das wöchentlich erneuert wird, gehören zur Ausstattung. Bei der Innenhaltung ist auf einen Standort zu achten, der sich im Sommer nicht über 30 °C erhitzt (Hitzschlag!). Nur wenn die Tiere täglich Freilauf erhalten, können Fläche und Raum geringer als bei der Freilandhaltung sein. Für die Kotecken eignen sich Katzentoiletten mit Katzenstreu, die einen niedrigen Rand zum Einstieg haben und täglich zu reinigen sind.

Fütterung: Die Ration sollte mindestens zu 80 % tierischen Ursprungs sein, der Rest Getreideprodukte. Geeignet sind mageres Fleisch von Rind, Schwein und Geflügel, wegen möglicher Ansteckungsgefahr (Salmonellen, Aujeszky u. a.) nach Erhitzung. In geringen Mengen können Obst, Gemüse, Eigelb und Innereien gefüttert werden. Es gibt auch spezielle Trockenfutter für Frettchen. Nicht geeignet sind alle Arten von Katzen- und Hundefertigfutter.

Keinesfalls Süßwasserfische, Milchprodukte und Eiweiß füttern!

9.1.3 Chinchilla

Es gibt 2 Arten von Chinchillas (Chinchilla laniger), die *Kurzschwanzchinchillas* mit 2 Unterarten, und die bei uns gehaltenen *Langschwanzchinchillas.* Zunächst zur Gewinnung ihres begehrten Pelzes gezüchtet, sind sie heute zu einem Heimtier geworden, obwohl sie als dämmerungs- und nachtaktive Tiere dazu nur bedingt geeignet sind.

Zu ihren anatomischen Besonderheiten gehört, dass die Hoden nicht im Hodensack, sondern in einer Ausbuchtung der Bauchdecke liegen. Bei unliebsamen Berührungen können sie ganze Fellpartien abstoßen. Weitere Schutzmechanismen sind bei männlichen Tieren die Abgabe von Geruchsstoffen aus dem Analbeutel und bei weiblichen Tieren das Harnspritzen. Da sie keine Schweiß- und Talgdrüsen haben, schützt ihr Fell nicht gegen Nässe und hohe Umgebungstemperaturen. Die Aufnahme von Blinddarmkot dient der Vitaminzufuhr. Chinchillas erfordern einen ruhigen Umgang, da sie sehr schreckhaft sind. Die Bildung einer Gruppe kann schwierig sein, wenn es sich um adulte fremde Tiere handelt, bei Jungtieren ist dies leichter. Gleichgeschlechtliche Gruppen bzw. weibliche Tiere mit einem kastrierten Männchen sind möglich. Die Fortpflanzungsreife tritt im Alter von 4–6 Monaten, die Zuchtreife im Alter von 7–9 Monaten ein. Nach einer Trächtigkeitsdauer von 110–115 Tagen werden die Jungtiere voll entwickelt geboren. Sie werden etwa 6 Wochen gesäugt.

Herkunft: Südamerika, wo sie in den Anden und in den Kordilleren in Familienverbänden leben und sich von rohfaserreichen, aber nährstoffarmen Pflanzenteilen ernähren.

Lebenserwartung: Bis 20 Jahre
KRL: 18–22 cm

Haltung: Chinchillas werden in dreidimensionalen Gehegen aus unbeschichtetem Metall mit einer Grundfläche von mindestens 0,5 m^2 bei einer Höhe von mindestens 1,5 m für 2 Tiere gehalten. Zur Ausstattung gehören Kletter- und Rückzugsmöglichkeiten und ein wärmegedämmter Liegeplatz sowie ein Sandbad, das nur einmal täglich zur Benutzung freigegeben wird, um eine Verschmutzung zu verhindern. Der Gehegeboden ist mit Holzstreu oder einem speziellen Tonmineral zu beschicken, normaler Quarzsand, Stroh- und Katzenstreu sind nicht geeignet. Ein Schlafhäuschen ist durch alle Tiere gleichzeitig zu nutzen. Die Raumtemperatur soll zwischen 12 und 25 °C liegen. Durch ruhigen Umgang können die Tiere an den Menschen gewöhnt werden, sie werden zutraulich und zahm.

Fütterung: Rohfaserreiche und zuckerarme Ernährung ist erforderlich: Zweimal täglich etwa 2 Esslöffel einer speziellen Pelletsorte, dazu frische oder getrocknete Kräuter in kleinen Mengen, zum Nagen Zweige von Birne, Apfel, Weide oder Haselnuss, außerdem Heu zur freien Aufnahme. Als geeignetes Substrat zum Nagen eignen sich Brocken des Baumaterials Ytong. Es gibt aber auch Nagesteine, die zur Zufuhr von Mineralstoffen und gleichzeitig zur Zahnabnutzung geeignet sind. Eine abrupte Futterumstellung ist zu vermeiden. Wasser sollte in einer Nippeltränke angeboten werden.

ⓘ **Weitere Informationen:** www.ig-chinchilla.de

⚠

Obst, Gemüse, Nüsse und für andere Tierarten bestimmte Futtermischungen sowie Zweige von Eiche, Kastanie und Nadelgehölzen nicht füttern!
Um das Abwerfen der Haare zu vermeiden, die Tiere nie von oben anfassen, sondern mit einer Hand unter dem Bauch, der anderen Hand an der Schwanzwurzel.

9.1.4 Degu

Degus (Octodon degus) werden seit etwa 30 Jahren in Deutschland gehalten. Sie sind tagaktiv und leben in Gruppen. Ursprünglich gehörten die Tiere zu unterschiedlich großen Typen, heute sind es häufig Kreuzungen. Neben den wildfarbenen Tieren gibt es blaue und gescheckte Tiere. Sie erreichen ein Gewicht von mehr als 200 g und zeichnen sich durch einen etwa 12 cm langen Schwanz aus, der behaart ist und eine Quaste trägt. Charakteristisch sind auch die großen Ohren. Sie sind tag- und dämmerungsaktiv. Zwischen männlichen Tieren werden häufig Kämpfe zur Verteidigung des Territoriums ausgetragen. Bei begrenzter Haltungsfläche ist ein Ausweichen nicht möglich, deshalb sind die Tiere dann zu trennen. Aber es gibt auch harmlose Kämpfe, die ohne Verletzungen abrupt enden. Die Geschlechtsreife tritt bei weiblichen bzw. männlichen Tieren mit 2 bzw. 3 Monaten ein. Die Trächtigkeitsdauer liegt bei 3 Monaten, die Wurfstärke bei 3–6 Jungtieren. Im Unterschied zum ursprünglichen Lebensraum fallen die Würfe über das ganze Jahr. Die Jungtiere verlassen schon am 2. Lebenstag das Nest, nehmen aber erst am Ende der 1. Lebenswoche selbstständig Futter auf. Degus haben eine genetische Disposition zum Katarakt (grauer Star).

Herkunft: Chile
Lebenserwartung: 6 Jahre
KRL: 15–18 cm

Haltung: Nur Gruppen aus weiblichen Tieren oder mit kastrierten Männchen. Da Degus sehr nageaktiv sind, erfolgt die Haltung in Glasterrarien (Lüftung beachten!) oder nagesicheren Metallkäfigen mit mehreren Ebenen und einer guten Strukturierung (Steine, Äste, Wurzeln), Höhlen und zum Graben geeignetem Untergrund (Kleintierstreu) sowie einem Sandbad (Chinchillasand). Die Umgebungstemperatur liegt bei 20–25 °C, Zugluft sollte vermieden werden. Es ist auf einen gleichmäßigen Tag-Nacht-Rhythmus zu achten. Für bis zu 3 Tiere ist wie bei den Chinchillas eine Fläche von 1,0 × 0,5 m und eine Höhe von 1,5 m erforderlich. Kot ist täglich zu entfernen. Degus können mit einer unter den Bauch geschobenen Hand und Daumen und Zeigefinger seitlich im Schulterbereich ergriffen werden.

Fütterung: Entsprechend ihrem ursprünglichen Lebensraum sollte das Futterangebot rohfaserreich und nährstoffarm sein. Deshalb ist Heu die Grundnahrung, die durch Mengen von bis zu 10 g Trockenfutter/Tag ergänzt wird. Neben speziellen Mischungen für diese Tierart kann jedoch auch pflanzliches Trockenfutter für Meerschweinchen im Verhältnis 2 : 1 gereicht werden. Zusätzlich können sie an 2–3 Wochentagen zur Abwechslung Möhren, Gurken, Tomaten, Löwenzahn, Wegerich oder Sauerampfer in kleinen Mengen erhalten. Um das Nagebedürfnis zu befriedigen, sind Zweige von Obstbäumen, Linde, Eiche u. a. geeignet.

Kohl, Klee, Obst, Bohnen und Futter mit leichtverdaulichen Kohlehydraten wegen Diabetesgefahr nicht füttern!
Degus niemals am Schwanz ergreifen, da dessen Haut leicht einreißt, was dann zum Verlust des Schwanzes führen kann.

9.1.5 Farbmaus

Die verschiedenen Farbmäuse einschließlich der Albinomaus stammen von der grauen Hausmaus (Mus musculus) ab, die aus den asiatischen Steppen und Halbwüsten stammt. Die *Albinomaus* ist besonders als Versuchstier bekannt. Mäuse sind tag- und nachtaktiv und leben in festen Gemeinschaften. Sie werden mit 6–8 Wochen geschlechtsreif und bringen nach einer Tragzeit von 28–31 Tagen bis zu 15 Jungtiere zur Welt, die etwa 28 Tage gesäugt werden, jedoch von der 3. Lebenswoche an selbstständig Futter aufnehmen.

Lebenserwartung: Maximal 4 Jahre
KRL: 7–9 cm

Haltung: Gruppen von Weibchen oder Weibchen mit kastrierten Männchen, wobei die Gruppenbildung nur im jungen Alter problemlos möglich ist. Geräumige Terrarien oder Gitterkäfige mit einer Grundfläche ab 0,7 × 0,5 m bei einer Höhe von 0,7 m mit einem Gitterabstand < 7 mm sind hinsichtlich der Belüftung vorteilhaft. Der Standort sollte Zimmertemperatur haben, zugfrei und vor direkter Sonneneinstrahlung, starken Temperaturschwankungen und hoher Luftfeuchtigkeit geschützt sein. Als Einstreu eignen sich Hobelspäne oder Holzwolle, in den Urinecken nicht verklumpende Katzenstreu. Sägemehl kann zu Verdauungsstörungen führen, da es beim Putzen aufgenommen wird. Auch ein Sandbad (Chinchillasand) sollte angebracht werden. Mehrere Ebenen, Klettermöglichkeiten und Röhren (Plastik erfordert regelmäßige gründliche Reinigung, deshalb besser Wegwerf-Pappröhren), Sitzbretter und

Äste sowie ein Schlafhäuschen gehören zur Ausstattung des Behältnisses (Abb. 9-3 und 9-4). Mäuse sind neugierig und zutraulich, werden handzahm, wenn man sich mit ihnen beschäftigt. Sie können an der Schwanzwurzel und zusätzlich in der Genickfalte ergriffen werden, wenn sie nicht von allein auf die flache Hand kommen.

Fütterung: Die Grundration besteht aus Getreidekörnern, Sämereien oder speziellen Pellets, zusätzlich Grünfutter, Obst und Hackfrüchte sowie Zweige von Obst- und Weichholzbäumen und -sträuchern. Als Ergänzung sind geringe Mengen eiweißhaltiger Futtermittel, wie Mehlwürmer, Hundekuchen oder Quark, geeignet.

Kohl, Zwiebeln, Orangen, Kiwis und Kartoffeln nicht füttern!

Weitere Arten echter Mäuse, die teils tagaktiv, teils tag- und nachtaktiv sind:

- *Afrikanische Knirpsmaus* (Mus minutoides)
- *Akazienratte* (Thallomys sp. Thomas)
- *Eurasische Zwergmaus* (Micromys minutus sp. Pallas)
- *Vielstreifengrasmaus* (Lemniscomys barbarus)
- *Vielzitzenmaus* (Mastomys sp. Thomas)

Abb. 9-3 Terrarium für Mäuse (TH Dresden)

Abb. 9-4 Durch Röhren verbundene Käfige für Mäuse (TH Dresden)

Lebenserwartung: 2–4 Jahre
KRL: 3–15 cm

Haltung und **Fütterung:** Siehe Farbmäuse.

9.1.6 Farbratte

Aus der wildfarbenen *Wanderratte* (Rattus norvegicus) wurden im Verlauf von 200 Jahren Albinos, gescheckte und unterschiedlich *gefärbte Ratten* (Rattus norvegicus f. domestica) gezüchtet. Viele Jahre war die *Albinoratte* als Versuchstier am bekanntesten, in neuerer Zeit kamen als Heimtierratten die unterschiedlichsten Farb- und Zeichnungsvarianten dazu.

Ratten sind sozial lebende tag- und nachtaktive Tiere, die sich an menschliche Lebensräume angepasst haben. Ihr Gewicht liegt zwischen 250 und 500 g. Die Geschlechtsreife tritt bei beiden Geschlechtern sehr zeitig, schon ab der 4. Lebenswoche ein. Sie sind jedoch erst mit 6–8 Monaten ausgewachsen und werfen nach einer Trächtigkeitsdauer von 20–24 Tagen 8–12 Junge, die bis zu 6 Wochen gesäugt werden.

Lebenserwartung: 2–3 Jahre
KRL: 22–28 cm

Haltung: Gruppen von bis zu 6 gleichgeschlechtlichen oder weiblichen Tieren mit kastrierten Männchen. Bewährt hat sich eine Altersstaffelung, d. h. die gemeinsame Haltung von Tieren unterschiedlichen Alters. Käfige aus Metall mit einer Grundfläche von 0,8 × 0,6 m und einer Höhe von 1,5 m können bis zu 6 Tiere aufnehmen. Dabei ist großer Wert auf eine vielseitige Möblierung (Äste, Höhlen, Röhren, Seile u. a.) in unterschiedlichen Ebenen zu legen, die von Zeit zu Zeit verändert wird, mit Schlafhöhle oder -häuschen in den oberen Etagen. Als Nestmaterial dient Heu, Stroh oder Packpapier, als Einstreu eine Schicht aus Strohpellets oder Kleintierstreu. An die Umgebungstemperatur werden keine besonderen Ansprüche gestellt, die Räume sollen frostfrei sein. Für den Umgang mit Ratten ist eine regelmäßige Beschäftigung mit Herausnehmen und Streicheln erforderlich. Auch Freilauf unter Aufsicht sollte ihnen gewährt werden. Die Tiere nicht am Schwanz oder im Nacken ergreifen, sondern mit der ganzen Hand von oben im Halsbereich. Um das Beißen zu verhindern, kann der Daumen den Unterkiefer fixieren.

Fütterung: Das Futterangebot sollte vielseitig sein mit einer Körnermischung (15–20 g/Tier und Tag) als Grundration, die durch Obst und Gemüse ergänzt wird.

⚠

Zitrusfrüchte, Zwiebeln, Kohl, Rettich, Bohnen, Rhabarber und Steinobst mit Steinen nicht füttern!
Hautveränderungen sind meist Bissverletzungen, aber Ratten können auch mit Kuhpocken infiziert sein, die auf den Menschen übertragbar sind!

9.1.7 Syrischer Goldhamster

Der Syrische Goldhamster (Mesocricetus auratus) ist nachtaktiv, lebt außerhalb der Paarungszeit als Einzelgänger und ist gegen Artgenossen außerordentlich aggressiv. Er legt über 2 m tiefe ausgedehnte Baue mit Schlaf-, Vorrats- und Kotkammern an, in denen er den Tag verschläft, um dann mit Beginn der Dämmerung weite, zum Teil kilometerlange Strecken zur Futtersuche zurückzulegen. Das Körpergewicht adulter männlicher bzw. weiblicher Tiere erreicht 150 bzw. 180 g. Zunächst wurde der Goldhamster in Europa als Versuchstier gehalten, erst seit 1950 zunehmend als Heimtier. Aus dem Hamster mit goldfarbener Decke wurden unterschiedliche Rassen (*Langhaar-, Satinhamster*) gezüchtet. Die Geschlechtsreife tritt mit 2 Monaten ein, die Reproduktion findet nur im 1. Lebensjahr statt. Nach einer Trächtigkeit von 15–18 Tagen werden 10–14 Jungtiere geboren, die 3–4 Wochen gesäugt werden.

Herkunft: Wüste Aleppo in Syrien
Lebenserwartung: 2–3 Jahre
KRL: 10–15 cm

Haltung: Zur Vermeidung von Verletzungen und Dauerstress stets Einzelhaltung! Am besten geeignet sind Gitterkäfige mit Querverdrahtung, deren Gitterspalten maximal 1 cm breit sind, mit einer Fläche von 1,0 × 0,5 m und einer Höhe von 0,4 m auf einem 0,3–0,4 m tiefen Unterteil aus Plexiglas oder Plastik mit Kleintierstreu oder Hobelspänen. So haben die Tiere die Möglichkeit, verzweigte Gänge mit unterschiedlichen Funktionen anzulegen, in denen sie sich überwiegend aufhalten. Die Haltung in Terrarien ist zumindest für kürzere Zeit möglich. Dabei ist durch die Begrenzung der Höhe auf 0,4 m und eine Abdeckung mit einem Gitter die Luftzufuhr zu gewährleisten. Äste und Wurzeln, aber auch Rollen aus Pappe, doch keinesfalls aus Kunststoff, regen zu Bewegung und Erkundung an. Wenn die Tiere nicht die Möglichkeit haben, einen Bau anzulegen, bauen sie in einer Ecke oder einem Schlafkasten aus naturbelassenem Holz ein Nest aus Heu, Stroh oder Zellstoff, in dem sie schlafen und ihre Vorräte lagern. Regelmäßig ist die Stelle des Urinabsatzes zu säubern. Zum Nestbau sind Heu und Zellstoff geeignet. Da Hamster außerordentlich bewegungsaktiv sind, können Hamsterräder eingesetzt werden, die weniger genutzt werden, wenn eine hohe Grabeschicht vorhanden ist. Sie müssen an einer Seite offen, an der gegenüberliegenden geschlossen sein, einen festen Stand haben und geräuscharm laufen. Die Raumtemperatur soll bei 18–25 °C liegen, keinesfalls unter 10 °C fallen, da dann eine Kältestarre einsetzt. Temperaturen unter 0 °C sind tödlich. Hamster werden handzahm, wenn man sich regelmäßig mit ihnen beschäftigt. Man ergreift sie mit der Hand von oben.

Fütterung: Mischungen verschiedener Getreidekörner oder eine spezielle Hamstermischung, zusätzlich in kleinen Mengen Heu sowie Rüben, Gurken, Wiesenkräuter und Obstbaumzweige mit oder ohne Blätter.

⚠

Zwiebeln, Kohl, Zitronen, Orangen, Kiwi, Zweige von Nadelhölzern, Bohnen, Steine von Kirschen und Pflaumen und fetthaltige Sämereien nicht füttern! Sogenannte Hamsterwatte wegen der Gefahr von Gliedmaßenabschnürungen nicht als Nestmaterial verwenden!

9.1.8 Zwerghamster

Es werden mehrere Arten von Zwerghamstern gehalten:

- *Dschungarischer Zwerghamster* (Phodopus sungorus) (Abb. 9-5)
- *Campbell-Zwerghamster* (Phodopus campbelli)
- *Roborowski-Zwerghamster* (Phodopus roborovski)
- *Chinesischer Streifenhamster* (Cricetus griseus)

Sie sind nachtaktiv und ernähren sich von der kargen, trockenen Vegetation. Als besonderes Merkmal haben sie einen Aalstrich, überwiegend einen Stummelschwanz. Nur der Chinesische Streifenhamster hat einen bis über 2 cm langen Schwanz. Das Verhalten der Zwerghamster ist dem des Goldhamsters ähnlich. Sie leben überwiegend einzeln und sind gegen Artgenossen aggressiv.

Herkunft: Steppen Chinas, der Mongolei, der Mandschurei und Westsibiriens
Lebenserwartung: 2 Jahre
KRL: 7–12 cm

Haltung und **Fütterung**: Siehe Syrischer Goldhamster (Kap. 9.1.7), zusätzlich geringe Mengen an tierischem Eiweiß (Mehlwürmer, Grillen, Katzentrockenfutter). Im Unterschied zum Goldhamster können sie auch als Paar gehalten werden.

Abb. 9-5 Dschungarischer Zwerghamster (BNA, Hirt)

Abb. 9-6 Turkmenischer Maushamster (BNA, Hirt)

9.1.9 Turkmenischer Maushamster

Maushamster (Calomyscus mystax) sind kleiner als der Syrische Goldhamster. Sie haben einen etwa 10 cm langen Schwanz und große Ohren, aber keine Hamstertaschen und ähneln stark den Mäusen (Abb. 9-6). Sie sind Einzelgänger und nachtaktiv.

Herkunft: Felsige Bergregionen des Irans und angrenzender Länder
Lebenserwartung: 3–5 Jahre
KRL: 8–10 cm

Haltung und **Fütterung**: Entsprechend den unter Kapitel 9.1.7 und 9.1.8 behandelten Arten. Neben der Einzelhaltung ist auch die Haltung eines männlichen mit bis zu 3 weiblichen Tieren in einem ausreichend großen Käfig oder Terrarium möglich.

9.1.10 Wüstenrennmaus

Die Wüstenrennmaus (Meriones unguiculatus) wird auch als *Mongolische Rennmaus* oder als *Gerbil* bezeichnet (Abb. 9-7). Die Tiere sind tag- und nachtaktiv und leben in monogamen Paaren mit ihrer Nachzucht in einem Höhlensystem mit Schlaf- und Vorratskammern. Ursprünglich wildfarben, sind sie bei uns in zahlreichen Farben und gescheckt vertreten. Sie werden bis zu 130 g schwer. Ihre großen schwarzen Augen sind besonders charakteristisch, ebenso die Eigenschaft, sich auf die Hinterbeine zu stellen, um die Umgebung zu erkunden. Die Geschlechtsreife tritt bis zur 10. Lebenswoche ein. Die Trächtigkeit dauert 25–26 Tage, die 3–6 Jungtiere werden 3 Wochen

Abb. 9-7 Wüstenrennmaus (BNA; Hirt)

gesäugt. Das Weibchen kann wenige Tage nach der Geburt wieder gedeckt werden. Werden die Nachzuchttiere geschlechtsreif, kann es zu schweren Kämpfen unter den männlichen Tieren kommen, die zum Tode führen, wenn keine Fluchtmöglichkeit besteht.

Herkunft: Steppen und Halbwüsten der Mongolei und der Mandschurei
Lebenserwartung: 6 Jahre
KRL: 10–12 cm

Haltung: Es müssen das große Bewegungsbedürfnis und eine rege Wühltätigkeit berücksichtigt werden. Deshalb ist eine Grundfläche von 1,0 × 0,5 m bei einer Höhe von 0,5 m erforderlich, zusätzlich ein 30 cm hoher Gitteraufsatz. Sand in einer Schichtdicke von 15 cm ist als Einstreu besonders geeignet. Ein Sandbad (Chinchillasand) sollte erhöht angebracht werden. Röhren aus unterschiedlichem Material schaffen ein stabiles Röhrensystem, unbedrucktes Papier und Heu werden zerkleinert und in den Boden eingearbeitet. Zum Nestbau wird Heu oder Holzwolle benötigt. Terrarien sind zur Haltung geeignet, nicht jedoch Nagerkäfige. Die Umgebungstemperatur sollte bei 20–24 °C liegen. Wüstenrennmäuse können sehr schreckhaft sein. Zum Greifen werden ihre Körper von einer Hand leicht an den Boden gedrückt und mit der andern von unten umfasst. Niemals am Schwanz hochheben, da die Haut leicht einreißt!

Fütterung: Fettarme Samengemische mit einem Getreidezusatz, die in Mengen von etwa 10 g pro Tag verabreicht werden. Diese Ration kann durch kleine Mengen an Grünfutter, Möhren und Äpfel ergänzt werden. An 2 Tagen in der Woche sollten kleine Mengen an tierischem Eiweiß angeboten werden, z. B. hartgekochtes Ei, Trockenfutter für Katzen, Heuschrecken oder Mehlwürmer. Zum Nagen eignen sich Zweige von Weichhölzern und Obstbäumen.

⚠

Kohl, grüne Bohnen, säurehaltige und zuckerreiche Obstarten nicht füttern!

Zunehmend werden weitere Arten von Rennmäusen gehalten, wie:
- *Blasse Rennmaus* (Gerbillus perpallidus)
- *Buschschwanzrennmaus* (Sekeetamys calurus)
- *Fette Sandratte* (Psammomys obesus)
- *Fettschwanz-Rennmaus* (Pachyuromys duprasi)
- *Persische Rennmaus* (Meriones persicus)

Sie haben eine Körperlänge zwischen 10 und 20 cm, sind überwiegend gesellig, tag-, dämmerungs- oder nachtaktiv und unterscheiden sich in den Ansprüchen an die Haltung und Fütterung sowie in der Lebenserwartung nicht von der Wüstenrennmaus.

9.1.11 Wühlmaus

Zu den bei uns gehaltenen Wühlmäusen gehören der *Graue Steppenlemming* (Lagurus lagurus) (Abb. 9-8) und die *Levante-Wühlmaus* (Microtus guentheri). Sie haben einen gedrungenen Körper mit Stummelschwanz, sind tagaktiv und

Abb. 9-8 Wühlmaus (BNA, Hirt)

sozial lebend, werden im Alter von 6 Wochen geschlechtsreif und werfen nach einer Trächtigkeit von 20 Tagen bis zu 12 bzw. bis zu 4 Junge. Für beide Arten gelten gleiche Haltungsanforderungen.

Herkunft: Steppen, Halbwüsten und Graslandschaften von der Ukraine bis China, Balkan und Türkei
Lebenserwartung: 2–3 Jahre
KRL: 8–15 cm

Haltung: Terrarien mit 15 cm hoher Bodenschicht aus Kleintierstreu, Stroh und Heu, Ästen, Wurzeln und Versteckmöglichkeiten und einer Fläche 1,0 × 0,5 m bei einer Höhe von 0,5 m für bis zu 4 Tiere.

Fütterung: Gras, Unkräuter, Heu, Möhren, Gurken, Wellensittichfutter, Katzentrockenfutter als Eiweißgabe.

Wegen der Disposition zu Diabetes kein zuckerreiches Obst füttern!

9.1.12 Springmaus

Bei uns werden die Arten *Kleine Wüstenspringmaus* (Jaculus jaculus), *Große Springmaus* (Jaculus orientalis) und *Vierzehen-Pferdespringer* (Allactaga tetradactyla) gehalten. Sie unterscheiden sich nicht in den Haltungsansprüchen. Charakteristisches Merkmal sind die behaarten Sohlen, die das Einsinken im Sand verhindern.

Herkunft: Wüsten und Halbwüsten Afrikas und des Iran
Lebenserwartung: 4–5 Jahre
KRL: 10–12 cm

Haltung: Paarweise oder in kleinen Haremsgruppen in Terrarien mit den Maßen 2,5 × 2,0 × 0,8 m mit Sand als Bodenbelag, die Wände mit Kork ausgekleidet zur Verringerung des Aufpralls beim Springen. Eine 30 cm hohe Abtrennung einer Fläche mit einem Gemisch aus Heu, Torf und Kleintierstreu dient zum Anlegen des Baus. Außerdem gehört zur Ausstattung ein Schlafhäuschen/Schlafkiste und eine Wärmequelle. Springmäuse werden bei Zimmertemperatur gehalten.

Fütterung: Hauptfuttermittel ist Sittichfutter, ergänzt mit Hafer und Weizen, Möhren, Insekten und geringer Menge Katzentrockenfutter.

9.1.13 Kaktusmaus

Die Kaktusmaus (Peromyscus eremicus) ist nachtaktiv und lebt im Sozialverband. Nach 21 Tagen Trächtigkeit werden 2–3 Jungtiere geboren, die 4 Wochen gesäugt werden und schon mit 6 Wochen geschlechtsreif sind.

Herkunft: Wüsten der USA und Mexikos
Lebenserwartung: 3–4 Jahre
KRL: 5–7 cm

Haltung: Terrarien mit den Maßen 1,0 × 0,5 × 0,4 m für bis zu 6 Tiere. Zur Ausstattung gehören Kleintierstreu, Heu und Stroh als Nistmaterial, Kletter- und Versteckmöglichkeiten sowie ein Sandbad.

Fütterung: Wellensittich- und Kanarienfutter, Gemüse, Katzentrockenfutter.

9.1.14 Stachelmaus

Es gibt eine Vielzahl von Unterarten der Gattung Stachelmäuse (Acomys) (Abb. 9-9). Sie zeichnen sich durch ihre Rückenhaare aus, die wie Stacheln geformt und innen hohl sind. An Bauch und Flanken haben sie normale Fellhaare. Sie sind dämmerungs- und nachtaktiv, erfordern einen behutsamen Umgang, um sie an den Menschen zu gewöhnen, wiegen 30–80 g und haben einen etwa 10 cm langen beschuppten Schwanz. Als besondere Eigenschaft gilt ihr „Hebammeninstinkt“, der sich in Geburtshilfe und gemeinsamer Aufzucht der Jungen äußert. Die Trächtigkeit liegt mit 35–38 Tagen über der anderer Mäuse.

Abb. 9-9 Goldstachelmaus (BNA, Hirt)

Herkunft: Unterschiedliche Klimazonen in Afrika, Vorderasien, dem Nahen Osten, Mittelmeerländern.
Lebenserwartung: 4 Jahre
KRL: 9–13 cm

Haltung: Als Paar oder in Gruppen aus weiblichen Tieren. Nachzuchttiere sind von den Eltern zu trennen, da es sonst zu folgenschweren Rangauseinandersetzungen kommen kann. Die Bildung von Gruppen aus adulten Tieren unterschiedlicher Herkunft ist äußerst schwierig. Terrarien mit einer Fläche von 0,8 × 0,4 m bei einer Höhe von 0,4 m. Wichtig sind eine gute Belüftung, eine Umgebungstemperatur von etwa 22 °C und die Schaffung von Sonnenplätzen. Das Ergreifen von Tieren darf nie am Schwanz erfolgen. Bewährt hat sich, einen Plastikbehälter über das Tier zu stülpen oder das Tier seitlich in einen Behälter zu schieben.

Fütterung: Vogelfuttermischungen, Haferflocken, Hirsekolben, Obst und Gemüse. Außerdem regelmäßig kleine Gaben eiweißreichen Futters in Form von Mehlwürmern, Hunde- oder Katzentrockenfutter. Zur Abnutzung der Schneidezähne geeignetes Nagematerial, wie Sämereien, Nüsse und Zweige.

9.1.15 Afrikanischer Zwergschläfer

Charakteristisch für das auch als *Pinselschwanzbilch* (Graphiurus murinus) (Abb. 9-10) bezeichnete flinke Tier ist der lange buschige Schwanz. Es ist nachtaktiv und lebt in festen Sozialverbänden und verteidigt sein Territorium gegen Artgenossen.

Abb. 9-10 Afrikanischer Zwergschläfer (BNA, Hirt)

Herkunft: Wälder Südafrikas
Lebenserwartung: 4–5 Jahre
KRL: 6–9 cm

Haltung: Terrarium 1,0 × 0,5 × 0,8 m für bis zu 6 Tiere, Kleintierstreu, Schlafkästen, trockene Zweige, Wände mit Korkplatten zum Klettern, Zimmertemperatur.

Fütterung: Mischung aus 2 Teilen Hamsterfutter, 4 Teilen lebender Insekten und/oder Katzentrockenfutter und 4 Teilen süßer Früchte.

⚠

Sinkt die Umgebungstemperatur unter 15 °C, fallen die Tiere in eine lebensbedrohliche Kältestarre.

9.1.16 Kurzohrrüsselspringer

Kurzohrrüsselspringer (Macroscelides proboscideus) haben eine für die Namensgebung charakteristische Nase, sind Einzelgänger und nachtaktiv, nehmen jedoch Sonnenbäder am Tage. Geschlechtsreife wird im 6. Lebensmonat erreicht, nach einer Tragzeit von 60 Tagen werden 1–2 Jungtiere geboren, die Nestflüchter und schon nach 3–4 Wochen selbstständig sind.

Herkunft: Wüsten und Halbwüsten Südafrikas
Lebenserwartung: 4–5 Jahre
KRL: 10–12 cm

Haltung: Für Einzeltier Terrarium 1,2 × 0,5 × 0,8 m, für Paar doppelt so groß, Sandboden, Steine, Höhlen, Röhren, Zimmertemperatur, tagsüber 30 °C unter Wärmequelle.

Fütterung: Täglich lebende oder getrocknete Insekten, wie Heimchen, Grillen, Heuschrecken oder Mehlwürmer, dazu Obst, Gemüse und kleine Sämereien.

⚠

Reagiert empfindlich auf Lärm, erreicht im Lauf 20 km/h, deshalb bei Erschrecken Verletzungsgefahr!

9.1.17 Kurzschwanzopossum

Das Kurzschwanzopossum (Monodelphis domestica), auch als *Haus-Spitzmausbeutelratte* bezeichnet, ist nachtaktiv und ein Einzelgänger. Der Schwanz wird als Greiforgan benutzt. Zur Abwehr von Feinden drohendes Maulaufreißen. Junge Tiere werden zahm.

Herkunft: Tropische Wälder Südamerikas
Lebenserwartung: 5–6 Jahre
KRL: 15–18 cm

Haltung: Terrarium 1,0 × 0,5 × 1,0 m, Kleintierstreu, Kletter- und Versteckmöglichkeiten, zusätzliche Wärmequelle, Temperatur tagsüber 22–26 °C, nachts 18 °C.

Fütterung: Ausschließlich carnivore Nahrung, wie Mäuse, Heuschrecken, Heimchen, Grillen, Mehlwürmer, Hunde- und Katzentrockenfutter, zusätzlich Banane, hartgekochtes Ei.

9.1.18 Sibirisches Streifenhörnchen

Sibirische Streifenhörnchen (Eutamias sibiricus) leben häufig in menschlichen Bereichen, sind tagaktiv und ziehen sich bei Gefahr oder gegen Abend in ihre 1–1,5 m tiefen Baue zurück, die neben Schlafhöhlen auch Vorrats- und Kothöhlen haben. Sie leben in Kolonien, jedoch in eigenen Territorien, die sie gegen Artgenossen verteidigen. Ihr charakteristisches Merkmal sind 5 Längsstreifen auf dem Rücken und der buschige Schwanz. Sie wiegen 100–130 g und halten in freier Natur je nach Witterung von Oktober bis April Winterschlaf, nicht jedoch bei Wohnungshaltung. Dazu legen sie einen Futtervorrat an. Die Geschlechtsreife erreichen sie mit 10–11 Monaten, die Tragzeit beträgt 30–35 Tage, die Wurfstärke 2–7 Jungtiere.

Herkunft: Ursprünglich Norden Asiens, derzeit weltweit verbreitet
Lebenserwartung: 9 Jahre
KRL: 10–13 cm

Haltung: Einzel- oder Paarhaltung, weil es bei der Haltung in begrenztem Raum zu Dauerstress und Verletzungen kommt. Streifenhörnchen können auch handzahm werden. In Innenräumen sollen Volieren eine Grundfläche von mindestens 1,5 m^2 bei einer Höhe von etwa 2 m und eine reiche Strukturierung mit Astwerk haben. Eine Schlafkiste nutzen sie anstelle des Erdbaus zum Ruhen, aber auch zur Lagerung von Futtervorräten. Zum Nestbau wird

Heu oder Holzwolle benötigt. Als Einstreu eignen sich Erde, Sägespäne, Kleintierstreu und Laub. Eine Freilandhaltung entspricht den artgemäßen Bedürfnissen. Dazu ist eine Voliere mit einer Bodenfläche von mindestens 2 m^2 bei einer Höhe von 2 m, sowie ein Innenraum von halber Größe erforderlich, in der sich eine Schlafkiste befindet, die auch zum Winterschlaf dient und deshalb wärmegedämmt sein muss. Zum Witterungsschutz sind ein Dach und 2 feste Wände zu empfehlen. Um ein Entweichen sicher zu verhindern, sind eine Eingangsschleuse sowie mindestens 0,8 m tiefe Streifenfundamente erforderlich. Die Strukturierung sollte sowohl im Innen- als auch im Außenraum durch Stämme und Zweige erfolgen.

Fütterung: Nicht reine Pflanzenfresser, benötigen auch tierisches Eiweiß. Es kann spezielles Hörnchenfutter verabreicht werden oder eine Mischung aus Getreide, Ölsaaten und Sämereien (20 g/Tag), zusätzlich Nüsse, Eicheln, Hagebutten, Wildkräuter, Obst oder Salat sowie tierisches Eiweiß in Form von hartgekochtem Ei, magerem Fleisch und Insekten. Wichtig ist Nagematerial zur Abnutzung der Zähne, wie Zweige von Obst- und Weichholzbäumen.

Mandeln, Steinobst, saure Milch, Quark und Joghurt nicht verfüttern!

9.1.19 Chinesisches Baumstreifenhörnchen

Das Chinesische Baumstreifenhörnchen (Tamiops swinhoei) ist tagaktiv und lebt in festen Sozialverbänden. Die Geschlechtsreife erreicht es mit 11 Monaten, die Trächtigkeitsdauer beträgt 30–35 Tage, die Wurfstärke 3–8 Jungtiere. Es hält keinen Winterschlaf, auffällig ist die ausgeprägte stimmliche Kommunikation.

Herkunft: Dschungel und Buschland Chinas und Vietnams
Lebenserwartung: 6–8 Jahre
KRL: 10–16 cm

Haltung und **Fütterung:** Siehe Sibirisches Streifenhörnchen (Kap. 9.1.18).

9.1.20 Assapan

Der Assapan (Glaucomys volans) hat große Augen und einen langen Schwanz, wird auch als *Zwerggleithörnchen* oder *Südliches Gleithörnchen* bezeichnet, ist tagaktiv und lebt paarweise oder in Haremsgruppen.

Herkunft: Wälder von Honduras und des Ostens der USA
Lebenserwartung: 10–14 Jahre
KRL: 15 cm

Haltung und **Fütterung:** Siehe Sibirisches Streifenhörnchen (Kap. 9.1.18). Haltung paarweise oder in Haremsgruppen in Terrarien mit Versteck- und Klettermöglichkeiten sowie Raum zum Gleitflug.

9.1.21 Richardson-Ziesel

Die auch als *Prärie-Ziesel* bezeichneten Richardson-Ziesel (Spermophilus richardsonii) sind größer als die Hörnchen, tagaktiv und leben in Familiengruppen. Die Geschlechtsreife tritt mit ca. 1 Jahr ein, die Trächtigkeitsdauer beträgt 23 Tage, die Wurfstärke 3–6 Jungtiere.

Herkunft: Prärien Nordamerikas und Kanadas
Lebenserwartung: 3–5 Jahre
KRL: 23–26 cm

Haltung: Paarweise in Terrarien mit den Maßen 2,0 × 1,0 × 1,0 m mit einer 30 cm dicken Bodenschicht aus Sand-Torf und/oder Rindenmulch, in der sie einen Bau anlegen, der mit Stroh und/oder Heu ausgepolstert wird, sowie Ästen und Wurzeln. Da Kot und Urin sehr geruchsintensiv sind, ist eine tägliche Reinigung erforderlich. Für die Winterruhe ist ein unbeheizter Raum (8–16 °C) mit Dämmerlicht geeignet. Eine Außenhaltung mit Schutzraum ist möglich. Die Begrenzungen müssen tief genug sein, um ein Entweichen zu verhindern. Weibchen werden nach der Paarung häufig aggressiv, dann müssen sie einzeln gehalten werden.

Fütterung: Präriehundfutter, Heu, Gemüse, Kleinsaaten, Insekten, zur Vorbereitung der Winterruhe energiereiches Futter (Getreide).

Ganzjährige Verabreichung energiereicher Futtermittel führt zur Verfettung!

Es werden weitere Arten gehalten, wie *Dreizehnstreifen-Ziesel* (S. tridecemlineatus), *Europäisches Ziesel* (S. citellus), *Daurischer Ziesel* (S. dauricus) und *Mexikanischer Ziesel* (S. mexicanus), für die gleiche Anforderungen an Haltung und Fütterung gelten.

9.1.22 Schwarzschwanz-Präriehund

Schwarzschwanz-Präriehunde (Cynomys ludovicianus) sind tagaktiv und leben in großen Gruppen in ausgedehnten Bauen. Die Geschlechtsreife tritt mit 21 Monaten ein, die Trächtigkeitsdauer beträgt 35 Tage, im Mittel werden 6 Jungtiere geboren.

Herkunft: Nordamerikanische Prärien
Lebenserwartung: 10 Jahre
KRL: 27–35 cm

Haltung: Ausschließlich im Freien auf Flächen > 20 m^2, deren Einzäunung ein 2 m tiefes Fundament haben muss, um ein Entweichen sicher zu verhindern.

Fütterung: Heu, Gras, Unkräuter, Gemüse, Präriehundfutter.

Keine energie- und zuckerreichen Futtermittel verabreichen!

9.1.23 Sugar Glider

Die auch als *Kurzkopfgleitbeutler* bezeichneten Sugar Glider (Petaurus breviceps) (Abb. 9-11) haben eine charakteristische Kopfzeichnung und einen Aalstrich. Sie sind nachtaktiv und leben in Familiengruppen, haben vielfältige Lautäußerungen. Erst mit 8–15 Monaten werden sie geschlechtsreif. Nach nur 16-tägiger Trächtigkeit werfen sie 1–2 Junge, die dann 70 Tage im Beutel wachsen, sich dann weitere 20–40 Tage in einem Nest aufhalten und erst dann die Umgebung erkunden und selbstständig Futter aufnehmen. Im Alter von 4 Monaten sind sie selbstständig, bleiben jedoch noch bis zu weiteren 2 Monaten bei ihren Eltern. Männliche Tiere markieren ihr Territorium mit den Sekreten ihrer Bauch- und Stirndrüse.

Herkunft: Wälder Australiens und Neuguineas
Lebenserwartung: 6–10 Jahre
KRL: 12–20 cm

Haltung: Gruppen von 2–5 Tieren in Volieren mit den Maßen 2,0 × 1,0 × 2,0 m. Um ein Klettern zu ermöglichen sollten allseitig engmaschiges Drahtgeflecht, außerdem Äste und Seile vorhanden sein, aber auch Freiraum für weite Sprünge. Als Einstreu eignet sich Kleintierstreu, zur weiteren Ausstattung gehören Schlafkästen.

Abb. 9-11 Sugar Glider (BNA, Hirt)

Fütterung: Sie sind Allesfresser, es können Obst, Gemüse, Tomaten und Gurken verabreicht werden, zusätzlich Katzentrockenfutter, fettarmer Joghurt oder Quark und hartgekochtes Ei. Zur Sicherung der Darmflora dienen Akaziengummi oder Blütenpollen, eine Mineralstoffmischung deckt den hohen Kalziumbedarf.

Keine fettreichen Futtermittel verabreichen!

9.1.24 Gambia-Riesenhamsterratte

Die Gambia-Riesenhamsterratte (Cricetomys gambianus) ist tag- und nachtaktiv und ein Einzelgänger mit hohem Nagebedürfnis.

Herkunft: Wälder und Buschland Mittel- und Südafrikas
Lebenserwartung: 7 Jahre
KRL: 25–45 cm

Haltung: Einzeln oder paarweise in Metallkäfigen von 3–4 m^2, Kleintierstreu, Schlafboxen, Heu und Stroh zum Nestbau sowie Äste und Steine zur Strukturierung.

Fütterung: Ratten- und Papageienfutter, Obst und Gemüse, Katzentrockenfutter.

Starker Nager, deshalb Holzteile mit Metall verkleiden, keine Plastiknäpfe, stabiles Drahtgitter, Aggressivität!

9.1.25 Coruro

Coruros (Spalacopus cyanus) sind tag- und nachtaktiv, leben in Familienverbänden und überwiegend unterirdisch. Bemerkenswert sind ihre unterschiedlichen Lautäußerungen und die kräftigen Nagezähne. Nach einer Trächtigkeitsdauer von etwa 75 Tagen werden 1–4 Jungtiere geboren, die zwar schon nach wenigen Tagen festes Futter aufnehmen, aber doch bis zu 6 Wochen gesäugt werden.

Herkunft: Chile
Lebenserwartung: 5–6 Jahre
KRL: 7–12 cm

Haltung: Terrarien 1,0 × 0,5 × 0,6 m. Eine 20–30 cm hohe Schicht aus Kleintierstreu wird mit Stroh, Heu und Blättern sowie Äste von Obstbäumen oder Wiesen zur Erfüllung ihres starken Nagebedürfnisses, Steinen und Steinplatten ergänzt, um das Anlegen von unterirdischen Gängen zu ermöglichen, außerdem sind Schlafkästen notwendig.

Fütterung: Möhren, Rüben, Kartoffeln, Gemüse, Obst, Heu, kleine Mengen von Degufutter.

Um Stress zu vermeiden, Einstreu nie vollständig, sondern nur teilweise erneuern. Nicht in Holzkästen halten!

9.1.26 Südliche Zwergmanguste

Die Südliche Zwergmanguste (Helogale parvula) ist besonders durch Rudyard Kiplings Rikki-Tikki-Tavi als Mungo bekannt. Sie ist tagaktiv, neugierig, verspielt und lebt in Sozialverbänden. Ranghöchstes Tier ist ein Weibchen, junge Tiere stehen im Rang über den alten. In Gruppen pflanzt sich nur das ranghöchste Weibchen fort. Nach einer Trächtigkeitsdauer von 50–56 Tagen werden bis zu 7 Jungtiere geboren, die etwa 6 Wochen gesäugt werden. Obwohl die Geschlechtsreife bis zum 4. Monat eintritt, kommt es infolge der Sozialbeziehungen erst im Alter von 2–3 Jahren zur Fortpflanzung.

Herkunft: Südafrikanische Savannen
Lebenserwartung: 6–8 Jahre
KRL: 25 cm

Haltung: Hölzerne Terrarien mit einer Fläche von 8 m^2 für 2 Tiere, zuzüglich 1 m^2 für jedes weitere Tier. Höhlen dienen als Unterschlupf, Baue können bei geeignetem Bodengrund entstehen. Es ist für einen Sonnplatz mit Wärmelampe zu sorgen.

Fütterung: Insekten, Küken, Mäuse, hartgekochte Eier, Obst.

9.1.27 Nil-Flughund

Nil-Flughunde (Rousettus aegyptiacus) haben Ähnlichkeit mit Fledermäusen, haben wie diese ein Echoortungssystem, können jedoch im Ruhezustand ihre Körpertemperatur nicht niedrigen Umgebungstemperaturen anpassen. Sie sind nachtaktiv und sozial lebend, werden mit 9 Monaten geschlechtsreif und bringen nach einer Trächtigkeit von 4 Monaten 1 Jungtier zur Welt.

Herkunft: Flachland und Bergregionen Afrikas und Asiens
Lebenserwartung: 15–20 Jahre
KRL: 10 cm

Haltung: Die Tiere benötigen einen Flugraum mit einer Fläche von 10 m^2 und Zimmerhöhe, die Decke mit Drahtgeflecht bespannen, um ein Anhängen der Tiere zu ermöglichen. Eine Bodenheizung ist notwendig, um eine Raumtemperatur von 24–28 °C zu erreichen, die Luftfeuchtigkeit sollte 70 % betragen. Bei einer Strukturierung durch Äste und Rinden muss noch ausreichend Flugraum vorhanden sein.

Fütterung: In erhöht angebrachten Futternäpfen Obst, Beeren und Früchtebrei.

9.1.28 Afrikanischer Weißbauchigel, Ägyptischer Langohrigel

Afrikanische Weißbauchigel (Atelerix albiventris) ähneln unseren heimischen Igeln (s.a. Kap. 10.1), Ägyptische Langohrigel (Hemiechinus auritus aegypticus) haben deutlich größere Ohren und kürzere Stacheln. Beide Arten sind nachtaktiv und Einzelgänger. Die Geschlechtsreife tritt bereits mit 7–8 Wochen ein, die Zuchtreife erst 2 Monate später. Trächtigkeitsdauer etwa 40 Tage, Wurfstärke 3–5 Jungtiere, Säugezeit 6–7 Wochen. Trächtige Weibchen sind von den männlichen Tieren zu trennen. Eine Besonderheit des Ägyptischen Langohrigels ist, dass das Weibchen nur einmal pro Woche paarungsbereit ist.

Herkunft: Afrika
Lebenserwartung: 5–7 Jahre
KRL: 16–24 cm

Haltung: Einzeln oder paarweise in hölzernen Terrarien auf mindestens 2 m² Bodenfläche mit Kleintierstreu, Schlafkästen und Ästen. Die Tagestemperatur sollte bei 20–24 °C liegen, eine Nachtabsenkung ist bis 18 °C möglich.

Fütterung: Katzentrocken- und -nassfutter, Igelmischung, Insekten, kleine Mengen Obst.

Obst in einer Menge über 10 % der Ration führt zu Durchfall.

9.1.29 Kleiner Igeltanrek

Der Kleine Igeltanrek (Echinops telfairi) ist nachtaktiv und ein guter Kletterer. Er unterscheidet sich von Igeln durch kleinere Augen und eine spitzere Schnauze. Auch er braucht eine Winterruhe, weshalb seine Haltung problematisch ist. Die Geschlechtsreife tritt nach der Winterruhe ein. Trächtigkeitsdauer 60–65 Tage, Wurfstärke 1–10 Jungtiere, Säugezeit 5 Wochen, Männchen sind von tragenden Muttertieren zu trennen.

Herkunft: Buschland auf Madagaskar
Lebenserwartung: 7–10 Jahre
KRL: 14–18 cm

Haltung: Paarweise in hölzernen Terrarien 1,0 × 1,0 × 1,0 m. Ein männliches Tier kann mit mehreren weiblichen auf entsprechend größerer Fläche gehalten werden. Der Boden ist mit Torfmull und Laub bedeckt, mit Ästen und Rinden strukturiert. Eine Bodenheizung sorgt für eine Umgebungstemperatur von 24–28 °C, außerdem sollte ein Wärmeplatz mit 35 °C angeboten werden. Im Herbst erfolgt im Verlauf mehrerer Wochen die allmähliche Absenkung der Umgebungstemperatur auf 14 °C bis die Tiere die Nahrungsaufnahme einstellen und 3–5 Monate Winterruhe halten, deren Beendigung durch Temperaturanstieg im Terrarium erreicht wird und ein reichhaltiges Nahrungsangebot erfordert.

Fütterung: Katzennassfutter und Katzentrockenfutter, Insekten und Würmer sowie Obst. Auch in der Ruhephase kommt es vor, dass die Tiere aufwachen und Futter aufnehmen, deshalb sollten Wasser und Trockenfutter bereitstehen.

9.2 Vögel

Die Palette der von Zoofachhändlern und Privatzüchtern angebotenen Vogelarten ist sehr umfangreich. Die Mehrzahl stammt ursprünglich aus nichteuropäischen Ländern. Deshalb sind deren Besonderheiten in der Haltung und Ernährung zu berücksichtigen. Alle in Deutschland gehandelten Arten sind Nachzuchten, keine Wildfänge. Im folgenden Teil werden die am häufigsten gehaltenen Arten besprochen. Dabei werden neben dem Schulungsordner des Bundesverbands für fachgerechten Natur- und Artenschutz e. V. (BNA 2003) das „Gutachten über Mindestanforderungen an die Haltung von Kleinvögeln, Teil 1, Körnerfresser“ (BMELF 1996) und das „Gutachten über Mindestanforderungen an die Haltung von Papageien“ (BMELF 1995) sowie die „Checkliste zur Überprüfung von Vogelhaltungen in Zoohandlungen“ (TVT 2003) herangezogen.

Die Fortpflanzung kann bei Vögeln durch Wegnahme der Eier wirkungsvoll verhindert werden. Deshalb wird auf Angaben zu Brut und Aufzucht verzichtet.

Zur Haltung sind in Abhängigkeit von der Körpergröße und dem Verhalten Behältnisse in unterschiedlichen Abmessungen erforderlich. Käfige und Volieren ermöglichen den Luftaustausch besser als allseitig geschlossene Vitrinen oder Terrarien. Gitterstäbe und Drahtgeflecht müssen aus rostfreiem Material bestehen und ohne Beschichtungen sein. Materialstärke und Zwischenräume sind auf die Körpergröße abzustimmen, aber auch auf das Verhalten (Nagetätigkeit). Um Sittichen und Papageien das Klettern zu ermöglichen, sind punktverschweißte Gitter zu verwenden. Für nicht nagende Vogelarten können Käfige und Volieren preiswert aus Holzrahmen gebaut werden, die mit kleinmaschigem Drahtgeflecht bespannt werden. Sitzstangen aus Naturholz in unterschiedlicher Stärke, für einige Arten (Finken, Weichfresser, kleine Psittaciden) federnd, sowie frische Zweige gehören zur Ausstattung. Dabei ist darauf zu achten, dass ausreichender Flugraum zur Verfügung steht. Deshalb muss die Frontseite länger sein als die Querseite. Sitzstangen aus Kunststoff mit Längsrillen oder Sandpapier dürfen keinesfalls verwendet werden.

Da die Vögel aus einheimischen Zuchten stammen, sind sie weitgehend an die bei uns herrschenden klimatischen Bedingungen angepasst. Sie können in Räumen bei Zimmertemperatur gehalten werden, zum Teil in Außenvolieren mit einem Schutzraum, in dem die Besatzdichte pro m^2 maximal bei 10 Kleinvögeln, 6 mittelgroßen oder 4 großen Vögeln liegt. Voraussetzung für die Gruppenbildung ist die Verträglichkeit. Zugluft und abrupte Temperaturschwankungen sind zu vermeiden. Wenn das Tageslicht nicht ausreichend ist, kann durch Kunstlicht eine Tageslänge von etwa 12 Stunden simuliert werden. Vorteilhaft ist eine schwache Notbeleuchtung in der Nacht, die zur Orientierung der Tiere beiträgt und jederzeit eine Kontrolle durch die Betreuer ermöglicht.

Bei wild lebenden Vögeln wird mehr als ein halber Tag zur Futtersuche und -aufnahme aufgewendet. Damit ist eine Beschäftigung verbunden, die bei Käfighaltung durch mehrmalige Fütterung, aber auch durch Gaben von Obst, Gemüse und Beeren erreicht werden kann. Futter sollte nicht auf den Boden gestreut, sondern in Gefäßen angeboten werden, die regelmäßig zu reinigen sind. Sie sind so zu platzieren, dass eine Verschmutzung vermieden wird. Futtersilos haben den Nachteil, dass eine Kontrolle der Futteraufnahme nicht möglich ist, deshalb sind sie nicht zu verwenden. Körnerfressern muss Kalkgrit zur freien Aufnahme angeboten werden. Vitamingaben sind über das Tränkwasser zu verabreichen, wenn Grünfutter nicht zur Verfügung steht, ebenso in der Mauser. Die Mehrzahl der gehaltenen Arten ernährt sich fast ausschließlich von Körnern und Samen, in der Mauser benötigen sie zusätzlich tierisches Eiweiß. Für alle Arten gilt, dass Tränkwasser in Trinkwasserqualität zur freien Aufnahme zur Verfügung stehen muss. Dazu sind die im Handel erhältlichen Tränken zu verwenden, nicht jedoch offene Tränkgefäße. Eine Badegelegenheit oder für Taubader das Besprühen mit zimmerwarmem Wasser dienen dem Wohlbefinden und sind deshalb regelmäßig erforderlich.

Bei der Vielzahl der in Frage kommenden Arten ist die Zuordnung nicht ganz einfach. Sie kann unter Zuhilfenahme spezieller Publikationen erfolgen oder aber nach dem Besuch eines Zoofachgeschäfts, wenn die entsprechende Art dort angeboten wird. Das Personal sollte in der Lage sein, sachkundige Auskünfte zur Haltung und Fütterung zu geben.

Die Größenangabe erfolgt für Vögel als Länge (L) des Körpers einschließlich der Schwanzfedern.

9.2.1 Diamanttäubchen

Diamanttäubchen (Stictopeleia cuneata) werden schon seit langer Zeit in mehreren Farbschlägen gezüchtet.

Herkunft: Australien
Lebenserwartung: 7–10 Jahre
L: 19 cm

Haltung: Paarweise oder in Gruppen bis zu 4 Tieren in Käfigen von 1,2 × 0,6 × 1,0 m, die mit einem Sandbad ausgestattet sind. Da die Tiere sehr zutraulich sind und zahm werden, sollten sie regelmäßig Freiflug bekommen. Die Umgebungstemperatur sollte 18–25 °C betragen.

Fütterung: Wellensittich- oder Waldvogelfutter, zusätzlich Gaben von Salat und Vogelmiere, hartgekochte Eier ein- bis zweimal in der Woche.

9.2.2 Chinesische Zwergwachtel

Chinesische Zwergwachteln (Coturnix chinensis) gehören zu den Hühnervögeln. Sie sind Bodenbewohner mit ausgeprägtem Fluchtverhalten und werden auch als „Nutztiere" gehalten, da sie über 200 Eier pro Jahr legen.

Herkunft: Asien, Indonesien, Australien
Lebenserwartung: 4–6 Jahre
L: 13–14 cm

Haltung: Reich strukturierte Käfige (1,2 × 0,6 × 1,0 m) mit Scharrmöglichkeiten und gepolstertem Dach für bis zu 4 Tiere, Umgebungstemperatur 18–25 °C. Gruppen von einem Männchen mit mehreren Weibchen sind problemlos. Für größere Gruppen sind größere Flächen erforderlich, weil es sonst besonders in der Brutzeit zu territorialen Auseinandersetzungen kommen kann.

Fütterung: Wellensittichfutter, ergänzt durch Grünes und tierisches Eiweiß (Mehlwürmer, Ameisenpuppen).

9.2.3 Kanarienvogel

Der Kanarienvogel (Serinus canaria f. domestica) gehört zu den Finkenvögeln, er unterscheidet sich in Größe und Färbung von der Wildart.

Herkunft: Die Zuchtform stammt vom Kanariengirlitz ab, der auf den Kanarischen Inseln, Madeira und den Azoren heimisch ist.
Lebenserwartung: 10–15 Jahre
L: 11–24 cm

Haltung: Für den Kanarienvogel als Schwarmvogel ist eine Einzeltierhaltung, wie sie lange üblich war, abzulehnen. Eine Paarhaltung kann in Käfigen der Maße 1,2 × 0,6 × 0,8 m erfolgen. Sollen mehrere Hähne in einem Käfig gehalten werden, sind größere Volieren erforderlich, um Rangauseinandersetzungen zu vermeiden. Sitzstangen aus Naturholz in unterschiedlichen Stärken (10–12 mm) müssen so angebracht werden, dass die Tiere sowohl im Dreisprung von Ast zu Ast hüpfen als auch fliegen können. Die Umgebungstemperatur sollte bei 18–25 °C liegen.

Fütterung: Kanarien- und Waldvogelfutter mit täglicher Ergänzung durch Grünes, Keime, Obst, Gemüse oder Zweige von Obstgehölzen.

9.2.4 Prachtfink

Es gibt eine Vielzahl von Prachtfinken mit unterschiedlichen Farbmerkmalen. Zu ihnen gehören *Astrilden*, *Amadine* und *Finken* (Abb. 9-12 und 9-13). Sie sind bunt und äußerst lebhaft, überwiegend kleiner als Kanarienvögel. Eine Zuordnung zu einzelnen Arten ist nicht unbedingt nötig, weil die Anforderungen an die Haltung und Fütterung gleich sind.

Herkunft: Warme, zum Teil tropische Regionen Afrikas, Asiens und Australiens
Lebenserwartung: 7–12 Jahre
L: 10–17 cm

Haltung: Die meisten Arten können bei einer Umgebungstemperatur von 18–24 °C gehalten werden, für einige (Gouldamadine, Ringelastrild, Orangebäckchen, Veilchenastrild, Wellenastrild und Vielfarbenpapageiamadine) sollte die Umgebungstemperatur nicht unter 20 °C fallen. Sie sind vor abruptem Temperaturwechsel und Zugluft zu schützen. Die lebhaften Vögel sind in Gruppen zu halten, nur einige Arten paarweise. Um ihnen den Flug zu ermöglichen, sollten die Käfige 1,2–1,5 × 0,6 × 0,6 m groß sein. Besser geeignet sind Zimmervolieren doppelter Größe. Zur Ausstattung gehören Sitzstangen

Abb. 9-12 Gouldsamadine (BNA, Hirt)

Abb. 9-13 Zebrafink (BNA, Hirt)

aus Naturholz (ø 8–10 mm) mit Möglichkeit zum Dreisprung sowie Zweige zum Klettern, Schlafkästen und Bademöglichkeiten.

Fütterung: Gemisch aus kleinkörnigen Hirsesaaten und Glanz sowie Samen von Unkräutern, ergänzt mit gekeimten Saaten, grünen Blättchen von Vogelmiere, Löwenzahn oder Salat und tierischem Eiweiß (zerkleinerte Mehlwürmer, Ameisenpuppen, lebende Insekten, Insektenlarven).

9.2.5 Beo

Beos (Granula religiosa) gehören zur Familie der Stare, sie fallen unter den Anhang B der EG-Verordnung 338/97 und dürfen ohne Genehmigung gehalten werden. Jedoch muss der rechtmäßige Erwerb nachgewiesen und jede Änderung des Standorts der zuständigen Behörde mitgeteilt werden. Der Halter muss Sachkunde und die Voraussetzung für eine artgemäße Haltung nachweisen.

Herkunft: Regenwälder in Indien, Sri Lanka, Südchina und auf Inseln im Indischen Ozean
Lebenserwartung: 15–20 Jahre
L: 29 cm

Haltung: Da es gesellige Tiere sind, ist eine Haltung zumindest in Paaren anzustreben. Häufig sind es aber Handaufzuchten, die auf den Menschen geprägt sind und eine Vergesellschaftung kaum möglich machen. Volieren von 2,0 × 1,0 × 1,8 m bei Zimmertemperatur oder mit Schutzraum (> 10 °C) im Freien sind mit Schlafkasten, Sitzstangen und Bademöglichkeit auszustatten.

Fütterung: Vielseitig, mehrmals täglich kleine Mengen unterschiedlicher Futtermittel. Zu Obst als Grundration kommen spezielle Beo-Mischungen in feuchter Form sowie Lebendfutter (Heimchen, Mehlwürmer u. a.) und hartgekochte Eier.

Eisenhaltiges Gemüse und Wasser, saures und Vitamin-C-reiches Obst nicht füttern!

9.2.6 Chinesische Nachtigall

Die Chinesische Nachtigall (Leiothrix lutea) wird auch als *Sonnenvogel* bezeichnet und wegen der Sangeskünste der Männchen gehalten, sie ist ein soziales Tier mit einer festen Partnerbindung.

Herkunft: Südchina und das Gebiet um den Himalaya
Lebenserwartung: 10 Jahre
L: 5 cm

Haltung: Für ein Paar Käfig 1,2 × 0,5 × 0,5 m, besser jedoch Zimmervolieren von zwei- bis dreifacher Größe, in denen dann auch mehrere Tiere untergebracht werden können, mit Naturästen, Gestrüpp und einer Badegelegenheit.

Fütterung: Überwiegend Weichfutter, zusätzlich Früchte, Obst, kleinkörnige Sämereien und Insekten.

9.2.7 Papagei

Besondere Merkmale der Papageienvögel (Psittaciformes) sind:
- starke, gebogene Schnäbel,
- kräftige Beine,
- Zehen, die es möglich machen, Gegenstände zu ergreifen und festzuhalten.

Über 300 Arten leben mit Ausnahme von Europa auf allen Kontinenten und in unterschiedlichen Klimazonen. Sie zeichnen sich durch hohe Intelligenz und ein starkes Sozialverhalten aus. Daraus sind hohe Anforderungen an die Haltung abzuleiten, die insbesondere einen Sozialpartner der gleichen Art erfordert. Da häufig Handaufzuchten vorgenommen und die Tiere dadurch auf den Menschen geprägt werden, ist ihnen ein artgemäßes Leben kaum möglich.

Es geschieht vielfach, dass Papageien ohne Kenntnisse der Anforderungen an eine artgemäße Haltung und mit falschen Vorstellungen erworben und dann abgegeben werden. Vielfach werden diese Tiere einzeln, in zu kleinen Käfigen und ohne die Möglichkeit zum Fliegen gehalten. Das führt dazu, dass sie sich die Federn ausreißen, sie haben häufig eine federlose und blutige Brustpartie (Abb. 9-14). Eine tierärztliche Behandlung ist erfolglos, da es sich um eine Verhaltensstörung handelt. Wenn die Tiere in eine andere Haltung kommen und ihnen die Möglichkeit zum Flug gegeben wird, verschwinden diese Symptome in kurzer Zeit. Ideal ist es, wenn sie einen Partner auf Dauer bekommen, was ihrem artgemäßen Verhalten entspricht.

Abb. 9-14 Amazone mit stark gerupften Hautpartien (Papageien-Partnervermittlung Großziethen)

Aus den genannten Gründen erfordert die Haltung von Papageien spezielle Kenntnisse und Unterbringungsmöglichkeiten. Immer sollte das Ziel sein, einen Partner zu finden. Deshalb ist die Vermittlung zur Einzelhaltung strikt abzulehnen. Vermittelt werden sollten Papageien nur als Paar oder nach vorheriger Prüfung zu einem bereits gehaltenen Tier mit dem Ziel der Paarbildung. Da Papageien in der Wahl ihrer Partner sehr wählerisch sind, kann dies schwierig sein und eine Probezeit erfordern. Spezialisierte Einrichtungen, privat oder als eingetragener Verein, bemühen sich gezielt um die Paarbildung (siehe auch www.papageien-partnervermittlung.de, www.herz-fuer-tiere.de sowie www.papageienschutz-aktuell.de) und die Überführung in eine artgemäße Paarhaltung in Flugvolieren (Abb. 9-15). Zu ihnen sollten die Tierheime Verbindung aufnehmen. Eine private Einrichtung konnte im Verlauf von 8 Jahren mehr als 3 000 Papageien zu einem artgleichen Partner verhelfen, mit dem sie Schulter an Schulter schlafen, sich gegenseitig füttern, spielen und turteln. Die Zeitdauer der Partnerfindung ist bei älteren Tieren kürzer als bei Jungtieren.

Abb. 9-15 Ara-Paar mit intaktem Gefieder in einer Flugvoliere (Gnadenhof Kunersdorf)

Eine kurzzeitige Unterbringung von Einzeltieren ist je nach Größe in handelsüblichen Käfigen möglich. Sie werden mit Zeitungspapier ausgelegt, weil so die Kontrolle der Ausscheidungen leicht möglich ist. Ein längerer Aufenthalt erfordert für kleine und mittlere Arten geräumige Volieren von mindestens 2,0 × 4,0 × 2,0 m, zusätzlich einen Schutzraum. Für die Großpapageien (Aras) sollten die angegebenen Maße um mindestens 50 % überschritten werden. Zur Ausstattung gehören Hanfseile, Dachlatten sind nicht geeignet. Papageien sind nach Arten getrennt zu halten.

Alle Papageien unterliegen dem Tierseuchengesetz, in dem es in § 17 g heißt:
„Wer Papageien oder Sittiche halten will, um
- *von diesen Tieren Nachkommen aufzuziehen oder*
- *mit diesen Tieren zu handeln,*

bedarf der Erlaubnis der zuständigen Behörde."

Der Halter hat darüber hinaus entsprechend der Psittakose-Verordnung die Tiere mit vorgeschriebenen Fußringen zu kennzeichnen sowie Schutzmaßregeln gegen Psittakose einzuhalten. Sind keine Fußringe vorhanden, ist durch einen Tierarzt eine Kennzeichnung mit einem Transponder vorzunehmen.

Lori

Loris gehören zur Familie der Loridiidae und kommen mit unterschiedlichen Farb- und Zeichnungsmerkmalen vor. Sie sind Nahrungsspezialisten, die überwiegend weiche Nahrung (Pollen, Blüten, Früchte, Beeren) aufnehmen. Daran angepasst ist ihr Schnabel fein, aber auch der Darm und damit die Darmpassage der Nahrung kurz und der Kot dünnflüssig, was eine häufige Reinigung der Haltungsfläche erfordert. Sie gehören zu den farbenprächtigsten Papageien, stellen aber hohe Anforderungen an die Haltung und als Nahrungsspezialisten besonders an die Ernährung und die Hygiene. Sie sind sehr laut!

Herkunft: Bewaldete Gebiete in Neuguinea, Mikronesien, Südaustralien, Tasmanien und Indonesien
Lebenserwartung: 10–20 Jahre
L: 13–42 cm

Haltung: Paarweise in Zimmervolieren 2,0 × 1,0 × 2,0 m mit Schlafhöhle, Bademöglichkeit und Ästen zum Klettern und Nagen. Außerdem ist ein täglicher Freiflug zu ermöglichen. Es ist auch eine Unterbringung in Außenvolieren von doppelter Größe mit Schutzraum möglich. Die Umgebungstemperatur sollte nicht unter 20 °C, im Schutzraum nicht unter 10 °C sinken.

Fütterung: Knospen, Blüten, Äpfel, Birnen, Weintrauben, Grünes, Keimfutter, auch „Lori-Suppen“.

Kakaduartige

Zu den etwa 20 Arten der Familie der Cacatuidae gehören *Kakadus* und *Nymphensittiche*. Ihr besonderes Merkmal ist eine aufstellbare Federhaube. Sie sind auf unterschiedliche Nahrung spezialisiert, was sich in einer unterschiedlichen Schnabelform zeigt, und leben in fester Sozialordnung, sind laut und sehr bewegungsaktiv.

Kakadu

Am häufigsten werden folgende Kakadus gehalten:
- *Gelbhaubenkakadu* (Cacatua galerita) (Abb. 9-16)
- *Inkakakadu* (Cacatua leadbeateri)
- *Gelbwangenkakadu* (Cacatua sulphurea)
- *Molukkenkakadu* (Cacatua moluccensis)
- *Weißhaubenkakadu* (Cacatua alba)

Abb. 9-16 Gelbhaubenkakadu (BNA, Hirt)

Sie haben etwa die gleiche Größe, unterscheiden sich aber in der Haubenform und Federfarbe und sind sehr laut!

Herkunft: Trockensavannen, offene Waldlandschaften und tropische Regenwälder auf den Philippinen, in Australien, Neuseeland und Neuguinea
Lebenserwartung: 25–50 Jahre
L: 32–50 cm

Haltung: Paarweise in Zimmervolieren 2,0 × 1,0 × 2,0 m mit Bademöglichkeit, Ästen zum Klettern und Nagen mit täglichem Freiflug oder in Außenvolieren von doppelter bis dreifacher Größe mit Schutzraum. Die Umgebungstemperatur sollte nicht unter 20 °C, im Schutzraum nicht unter 5 °C sinken.

Fütterung: Mischung von Hirse, Glanz, Buchweizen, Weizen, wenig Hanf und Sonnenblumensaat, Früchte, Gemüse, Kräuter, Samenstände, zweimal wöchentlich tierisches Eiweiß, Zweige, Knospen, Keimfutter.

Nymphensittich

Seine Zuchtform (Nymphycus hollandicus) umfasst eine breite Palette von Farben und Zeichnungen. Nymphensittiche neigen zu Gesundheitsstörungen, helle Farbschläge sind besonders anfällig für Hautkrankheiten.

Herkunft: Wälder, Halbwüsten, offene Savannen und baumbestandene Flussufer Australiens
Lebenserwartung: 25 Jahre
L: 32 cm

Haltung: Gruppen bei Zimmertemperatur, Zugluft und starke Temperaturschwankungen sind zu vermeiden. Um dem Aktivitätsbedürfnis der Tiere zu entsprechen, sollten für bis zu 4 Tiere Zimmervolieren von 2,0 × 1,0 × 2,0 m mit Bademöglichkeit, Ästen und Zweigen (Nagematerial) zur Verfügung stehen.

Fütterung: Körnermischungen mit einem geringen Anteil an Sonnenblumensamen und Nüssen sowie Obst, Gemüse und Salat, in der Mauser auch tierisches Eiweiß (Insekten, Mehlwürmer, hartgekochte Eier).

Eigentliche Papageien

Die eigentlichen Papageien gehören zur Familie der Psittacidae und zeichnen sich durch eine große Variationsbreite in der Größe und Färbung aus. In Deutschland gibt es in einigen Regionen seit Jahren freilebende Populationen einiger Papageienarten, die sich aus freigelassenen und entflogenen Tieren entwickelt haben. Einige Arten stellen hohe Anforderungen an die Haltung, Betreuung und Fütterung.

Herkunft: Tropische, zum Teil auch gemäßigte Regionen Afrikas, Mittel- und Südamerikas, Australiens, Neuseelands, Indiens, Indonesiens, Neuguineas und weiterer Inseln der südlichen Hemisphäre

Ara

Aras sind die größten Papageien. Sie sind laut und starke Nager. Zu ihnen gehören folgende Arten:

- *Hyazinthara* (Anodorhynchus hyacinthinus)
- *Grünflügelara* (Ara chloroptera)

Abb. 9-17 Gelbbrustara (BNA, Hirt)

- *Gelbbrustara* (Ara ararauna) (Abb. 9-17)
- *Hellroter Ara* (Ara macao)

Herkunft: Halboffene Savannen, Sumpfgebiete und Galeriewälder Südamerikas
Lebenserwartung: 40 Jahre
L: 75–100 cm

Haltung: Keinesfalls einzeln, sondern paarweise. Die früher übliche Haltung, angekettet auf Ständern, ist nicht zulässig, dagegen sind Volieren aus Metall mit Eisenstäben oder Drahtgeflecht mit einer Drahtstärke von mindestens 3 mm geeignet. Die Haltung in Zimmervolieren (4,0 × 2,0 × 2,0 m) ist möglich, wenn ihnen täglich die Möglichkeit zum Freiflug und zum Aufenthalt auf einem Kletterbaum gegeben wird. Außenvolieren müssen größer sein, etwa 5,0–6,0 × 2,0–3,0 × 2,0 m, und einen Schutzraum von mindestens 2 m² Grundfläche haben, in dem die Temperatur nicht unter 10 °C sinkt. Ein Kletterbaum und zusätzliche Äste zum Nagen sowie eine Bademöglichkeit gehören zur Ausstattung.

Fütterung: Papageien- oder Großsittichfutter (ohne Nüsse), Gemisch aus verschiedenen Getreidearten, Sonnenblumenkerne, Obst, Gemüse, Grünes, in geringen Mengen tierisches Eiweiß.

Amazone

Sie sind kleiner als Aras. Zu ihnen gehören *Blaustirn-* (Amazona aestiva), *Gelbscheitel-* (Amazona ochrocepala) (Abb. 9-18) und *Müllerамazonen* (Ama-

Abb. 9-18 Gelbscheitelamazone (BNA, Hirt)

zona farinosa), die jeweils mehrere Unterarten haben. Sie nagen gern und sind laut.

Herkunft: Wälder und halboffene Savannen Südamerikas
Lebenserwartung: 30–50 Jahre
L: 30–40 cm

Haltung: Auch für sie gilt, dass sie paarweise gehalten werden müssen. Hinsichtlich Volierengröße und Ausstattung gelten die gleichen Anforderungen wie für Aras.

Fütterung: Papageien- und Großsittichfutter (ohne Nüsse) oder Körnermischungen, dazu Obst, Gemüse, Grünfutter, in der Mauser tierisches Eiweiß.

Sperlingspapagei

Es werden die Arten *Augenring-Sperlingspapagei* (Forpus conspicillatus) und *Grüner Sperlingspapagei* (Forpus passerinus) gehalten. Sie kommen in mehreren Unterarten vor und haben etwa Sperlingsgröße.

Herkunft: Wälder, halboffene Buschlandschaften Südamerikas
Lebenserwartung: 10 Jahre
L: 12 cm

Haltung: Bei einer Umgebungstemperatur von 18–25 °C paarweise in Kistenkäfigen von mindestens 1,0 × 0,5 × 0,5 m mit einer vorderen Gitterseite, die mit Naturästen und Zweigen zum Nagen, Nistkästen mit Kleintierstreu sowie einer Bademöglichkeit ausgestattet sind. In Außenvolieren nicht bei Temperaturen < 10 °C halten.

Fütterung: Körnermischung von kleinen Saaten, Kolbenhirse, auch angekeimt, Grünfutter, Samenstände von Gräsern und Unkräutern, Obst, Möhren, Gurken.

Sittich

Sittiche sind sehr farbenprächtig und unterschiedlich gezeichnet. Zu den am häufigsten gehaltenen Arten gehören:

- *Katharinasittich* (Bolborhynchus lineola) (Abb. 9-19)
- *Mönchsittich* (Myiopsitta monachus)
- *Bourkesittich* (Neopsephotus bourkii)
- *Sonnensittich* (Aratinga solstiliatis)
- *Königsittich* (Alisterus scapularis)
- *Ziegensittich* (Cyanoramphus novaezelandiae)
- *Pennantsittich* (Platycercus elegans)
- *Stanleysittich* (Platycercus icterotis)
- *Bergsittich* (Polytelis anthopeplus)
- *Schildsittich* (Polytelis swainsonii)
- *Singsittich* (Psephotus haematonotus)
- *Prachtrosella* (Platycercus eximius)

Sie sind etwa gleich groß wie Amazonen, einige Unterarten etwas kleiner:

- *Feinsittich* (Neophema chrysostoma)
- *Glanzsittich* (N. splendida)
- *Schmucksittich* (N. elegans)
- *Schönsittich* (N. pulchella)

Herkunft: Savannen, offenes Busch- und Waldland Südamerikas
Lebenserwartung: 10–20 Jahre
L: 30–40 cm bzw. 20–23 cm

Haltung: Paarweise und vorzugsweise in Außenvolieren (3,0 × 1,0 × 2,0 m) mit Naturästen > 4 cm Durchmesser zum Laufen, frischen Zweigen zum Knabbern und einem Schutzraum, Schlafmöglichkeiten in offenen Schlafkästen, Nistkästen oder Naturstammhöhlen und einer Bademöglichkeit. Das Temperaturoptimum liegt bei 18–20 °C.

Fütterung: Körnermischung von kleinen Saaten, Kolbenhirse, auch angekeimt, Grünfutter, Obst, Möhren, Gurken.

Abb. 9-19 Katharinasittich (BNA, Hirt)

Halsbandsittich

Der Halsbandsittich (Psittacula krameri) wird auch als kleiner Alexandersittich bezeichnet. Er lebt in großen Schwärmen und brütet in Kolonien.

Herkunft: Zentralafrika, Indien, Sri Lanka, durch freigelassene Tiere auch in Deutschland stabile Populationen (Wiesbaden, Köln, Stuttgart), deshalb einzige auf den Kontinenten Afrika, Asien und Europa verbreitete Art!
Lebenserwartung: 20–30 Jahre
L: 40 cm

Haltung: Paarweise in Käfigen bzw. Volieren mindestens 2,0 × 1,0 × 2,0 m, möglichst im Freien mit Schutzraum, strukturiert mit Zweigen und Ästen sowie Nagematerial.

Fütterung: Körnermischung aus Hirse, Hafer, Weizen, Sonnenblumenkerne, dazu Keimfutter, Möhren, Kräuter.

Alexandersittich

Der Alexandersittich (Psittacula eupatria) wurde schon vor über 2000 Jahren als Heimtier gehalten und wird seit dem 19. Jahrhundert in Europa gezüchtet. Er lebt in Gruppen und darf nicht mit anderen Arten vergesellschaftet werden.

Herkunft: Laubwälder und landwirtschaftliche Nutzflächen in Sri Lanka und Indien, Unterarten auch in Afghanistan, Pakistan, Nepal, Bangladesh, Thailand, Laos, Kambodscha und Vietnam
Lebenserwartung: 30 Jahre
L: 50–58 cm

Haltung und **Fütterung**: Siehe Halsbandsittich.

Wellensittich

Der Wellensittich (Melopsittacus undulatus) gehört zu den beliebtesten Heimtieren und kommt in vielen Farbvariationen vor. Die Einzelhaltung, noch dazu in den üblichen kleinen Käfigen, ist nicht artgerecht. Da sie Schwarmvögel sind, sollten sie mindestens zu zweit gehalten werden.

Herkunft: Offene halbtrockene und trockene Landschaften Australiens
Lebenserwartung: 10–20 Jahre
L: 18 cm

Haltung: Bei einer Umgebungstemperatur von 18–25 °C bis zu 4 Tiere in Käfigen 1,2 × 0,6 × 1,0 m. Zur Ausstattung gehören Sitzstangen unterschiedlicher Stärke (10–12 mm), Zweige zum Nagen und eine Bademöglichkeit. Bei der Außenhaltung ist ein Schutzraum erforderlich, in dem die Temperatur nicht unter 10 °C sinkt.

Fütterung: Wellensittichmischungen, Kolbenhirse, Obst, Gemüse, Grünes.

Um eine Verfettung zu verhindern, Hanfsaat und Sonnenblumenkerne nicht füttern!

Agaporniden

Agaporniden, auch als Unzertrennliche bezeichnet, sind in den Tierheimen in großer Zahl vertreten. Sie kommen in mehreren Farben vor und werden nach der Farbe des Kopfes als *Grau-* (Agapornis cana), *Pfirsich-* (A. fischeri), *Rosen-* (A. roseicollis), *Schwarz-* (A. personata) oder *Rußköpfchen* (A. nigrigenis) (Abb. 9-20) bezeichnet.

Herkunft: Wälder, Grasland und baumbestandene Savannen Afrikas und Madagaskars
Lebenserwartung: 16 Jahre
L: 13–15 cm

Abb. 9-20 Rußköpfchen (BNA, Hirt)

Haltung: Bei einer Umgebungstemperatur von 18–25 °C paarweise in Kleinvolieren von 1,2 × 0,6 × 1,0 m mit vorn offenen Schlafkästen (Abb. 9-21) und regelmäßigem Freiflug oder in großen Volieren. In Außenvolieren ist ein Schutzraum erforderlich. Agaporniden sind nicht mit anderen Vogelarten zu vergesellschaften.

Fütterung: Mischungen aus kleineren Körnern, Obst , Gemüse, Grünfutter

⚠

Ölhaltige Samen und Nüsse nicht füttern!

Abb. 9-21 Innenvoliere für Agaporniden zur Paarfindung (Papageien-Partnervermittlung Großziethen)

Graupapagei

Graupapageien (Psittacus erithacus) sind sehr beliebte Heimtiere. Sie werden schon seit dem 19. Jahrhundert in Europa gezüchtet. Dennoch werden sie vielfach nicht artgerecht gehalten. Sie leben monogam in Paaren, bilden außerhalb der Brutzeit Schwärme.

Herkunft: Savannen, Berg- und Mangrovenwälder West- und Zentralafrikas
Lebenserwartung: 40–50 Jahre
L: 32–37 cm

Haltung: Nur paarweise, der Mensch kann den Artgenossen nicht ersetzen! Der häufigste Haltungsmangel liegt im Fehlen von Beschäftigung, was dann häufig zum Federnausreißen führt. Bei der Haltung in Zimmervolieren aus Metall (Drahtstärke 3 mm) mit mindestens 2,0 × 1,0 × 2,0 m Größe sollten eine Bademöglichkeit und Äste zum Sitzen, Klettern und Benagen vorhanden sein, zusätzlich ist täglicher Freiflug zu gewähren. Günstiger ist eine Haltung in Außenvolieren von mindestens doppelter Größe mit einem wärmegedämmten Schutzraum, dessen Innentemperatur nicht unter 10 °C fällt. Großer Wert ist auf eine vielseitige Ausstattung mit unterschiedlichen Ästen und Stämmen zu legen, um den Tieren Nagematerial und Anreize zum Erkunden zu bieten.

Fütterung: Körnermischungen für Großpapageien mit maximal 50 % Anteil an fetthaltigen Saaten, dazu Obst, Gemüse, Grün- und Keimfutter, während der Mauser tierisches Eiweiß.

Keine Nüsse füttern!

9.3 Reptilien

Bei der Haltung von Reptilien sind die folgenden gesetzlichen Regelungen zum Artenschutz zu berücksichtigen:

- Washingtoner Artenschutzübereinkommen (WA) CITES mit Anlage 1–3, seit 1976 in der BRD in Kraft
- Verordnung (EG) Nr. 338/97 mit Anhang A–C
- Fauna-Flora-Habitat-Richtlinie 92/43 EWG 1992 (FFH-RL)
- Bundesnaturschutzgesetz (BNatSchG) von 2002
- Bundesartenschutzverordnung (BArtSchV)

- Gutachten über die Mindestanforderungen an die Haltung von Reptilien (BMELF 1997)
- Unfallverhütungsvorschriften

Die Bundesartenschutzverordnung regelt u. a. Haltung, Zucht und Vermarktung geschützter Wirbeltiere, deren Kennzeichnung und die Anzeigepflicht. Weiterhin ist zu beachten, dass die Vertreter einiger Reptilienarten als potenziell gefährliche Tiere gelten, deren Haltung mit besonderen Schutzmaßnahmen zu verbinden ist. Nach einer Zusammenstellung des BNA (2004) gehören dazu:
- Schildkröten, z. B. Schnappschildkröte, Geierschildkröte, Weichschildkröte
- Panzerechsen, z. B. Alligator, Krokodil
- Giftschlangen, z. B. Giftnatter, Seeschlange, Viper, Otter
- Riesenschlangen, z. B. Boa, Python, Anakonda
- Krustenechsen, z. B. Skorpion-Giftechse, Gila-Krustenechse
- alle Warane
- Leguane, z. B. Kubaleguan, Nashornleguan

In den Bundesländern Bayern, Berlin, Bremen, Hessen, Niedersachsen, Mecklenburg-Vorpommern, Saarland, Sachsen-Anhalt und Schleswig-Holstein gibt es Verordnungen zum Halten gefährlicher Tiere, die zu beachten sind. Nicht nur Tiere frisch importierter Arten können Salmonellen ausscheiden. Deshalb ist ein Hautkontakt mit ihnen und ihren Ausscheidungen zu vermeiden.

Da Reptilien nur in Ausnahmefällen in Tierheime aufgenommen werden und die Artenzuordnung schwierig ist, wird auf eine detaillierte Darstellung der einzelnen Regelungen verzichtet. Es ist zu empfehlen, unverzüglich mit der für den Artenschutz zuständigen Behörde des Landkreises bzw. der Stadt Verbindung aufzunehmen. Diese ist für das weitere Vorgehen im Rahmen der gesetzlichen Regelungen zuständig.

Wegen der Vielzahl der gehaltenen Arten würde es den Rahmen sprengen, wenn ausführliche Angaben zur Haltung und Ernährung gemacht würden. Da zudem die Haltung im Tierheim vorübergehend sein soll, werden nur wesentliche Angaben gemacht. Aus den angegebenen Herkunftsgebieten sind weitere Anforderungen abzuleiten.

Die bei uns gehaltenen Reptilienarten stammen überwiegend aus Ländern mit anderen klimatischen Verhältnissen. Deshalb muss es das Ziel jeder Haltung sein, sie dem ursprünglichen Lebensraum anzupassen. Dazu gehören die Umgebungstemperatur, die Luftfeuchte, die Bodenbeschaffenheit und die Ausstattung mit Steinen oder Ästen. Einige Arten können in der warmen Jahreszeit im Freien gehalten werden.

Die Haltung erfolgt in Terrarien mit Wänden aus Holz, Spanplatten oder Blech und einer Vorderfront aus Glas, wobei ausreichend große Flächen aus einem Metallgitter bestehen sollten, damit eine ausreichende Frischluftzirkulation erfolgt, möglichst durch Diagonallüftung. Gaze ist nicht geeignet. Einige Arten müssen in Aquaterrarien gehalten werden, die einen Wasserteil mit einem Anteil von bis zu 50 % der Bodenfläche haben. Dazu sind Plastikschalen geeignet, die durch Steine fixiert werden und einen schrägen oder stufenförmigen Einstieg haben. Auch Aquarien können umfunktioniert werden, indem mit Steinen eine Insel von entsprechender Größe gestaltet wird.

Reptilien gehören zu den Schautieren, die kaum eine Interaktion mit dem Menschen zeigen und zum Teil als Einzelgänger, total oder auf Zeit, einzeln gehalten werden müssen. Sie sind im Unterschied zu den homoiothermen (gleichwarmen) Säugetieren und Vögeln nicht in der Lage, die Körpertemperatur durch ihren Stoffwechsel konstant zu halten. Als poikilotherme (wechselwarme) Tiere sind sie auf Wärmeaufnahme aus der Umwelt angewiesen, vor allem auf Sonnenstrahlung. Deshalb ist für die Haltung von Reptilien entsprechend den Bedingungen in ihren ursprünglichen Biotopen die Schaffung unterschiedlicher Temperaturbereiche in den Terrarien erforderlich, was durch Strahler und/oder eine Bodenheizung erreicht werden kann. Die Temperatur und die Luftfeuchtigkeit sind im Aufenthaltsbereich der Tiere durch digitale Messgeräte zu erfassen und zumindest nach der Neuaufnahme von Tieren zu dokumentieren.

Reptilien bevorzugen mit Wärme verbundene Lichtquellen, deshalb sind Strahler geeignet, die möglichst ein dem natürlichen Licht entsprechendes Spektrum besitzen. Da Terrarientiere nicht dem natürlichen Licht ausgesetzt sind, ist zudem eine UV-Bestrahlung zwingend notwendig.

Ultraviolette Strahlung hat unterschiedliche Wellenlängen und Wirkungen auf die Tiere:

- **UV-A** (315–380 nm): fördert die Pigmentierung.
- **UV-B** (280–315 nm): fördert die Vitamin-D3-Bildung in der Haut und sichert so einen physiologischen Knochenaufbau und -erhalt. Mangel dieses Vitamins führt zu Rachitis und Osteomalazie.
- **UV-C** (100–280 nm): wirkt zellschädigend, ist in der Tierhaltung nicht zu verwenden.

Die Grundbeleuchtung kann durch Leuchtstoffröhren (LED)erfolgen, die das gesamte Terrarium ausleuchten, keine Wärme erzeugen und wenig Strom verbrauchen. Besonders geeignet sind Fabrikate, die gleichzeitig ultraviolette Strahlen (UV-B) aussenden. Spotstrahler haben eine begrenzte Strahlungsbreite und erzeugen Wärme. Sie sind deshalb für Wärmeplätze geeignet. Um Verbrennungen zu vermeiden, ist auf einen ausreichenden Abstand zum Tier zu achten oder ein Lampenschutzgitter anzubringen.

Für große Terrarien eignen sich Mischlichtstrahler, die eine hohe Licht- und Wärmeleistung und gleichzeitig eine UV-Strahlung haben. Es ist darauf zu achten, dass sie entsprechende Filter haben, welche die Abgabe von UV-C-Strahlen verhindern.

Erfolgt die Beleuchtung durch normale Glühlampen oder Leuchtstoffröhren, ist zumindest eine zeitweise Bestrahlung mit konventionellen UV-Strahlern erforderlich, die UV-A- und UV-B-Strahlung abgeben. Zu beachten ist, dass diese Strahler nur eine begrenzte Wirkungsdauer (Strahlungsdauer) haben und deshalb nach den Angaben der Hersteller auszuwechseln sind, auch wenn sie noch leuchten! Es gibt UV-B-Strahler mit unterschiedlicher Leistung. Strahler mit geringer Abgabe von UV-B-Strahlung sind zur Beleuchtung über den ganzen Tag geeignet. Der Abstand zum Tier muss 30–40 cm betragen. Sie sind entsprechend den Angaben des Herstellers zu ersetzen, weil die UV-B-Strahlung begrenzt ist. Dagegen dürfen starke UV-B-Strahler (300 W) nur dreimal wöchentlich für 10–20 Minuten und im Abstand von 1 m zum Tier eingesetzt werden. Rotlichtstrahler sind wegen der Gefahr von Hautverbrennungen ungeeignet. Weiterhin muss beachtet werden, dass UV-Strahlen Glasscheiben nicht durchdringen.

Bei Bodenheizungen ist für eine Abdeckung zu sorgen, die verhindert, dass die Tiere in direkten Kontakt mit diesen kommen, was zu Verbrennungen führen würde. Um unterschiedliche Wärmebereiche zu schaffen, darf die Bodenheizung höchstens die halbe Bodenfläche bedecken. Am günstigsten ist, wenn eine Fläche mit Bodenheizung mit niedriger Heizleistung vorhanden ist und ein Wärmeplatz mit einem die Sonne imitierenden Strahler, der dadurch auch hell ist. Bei der Haltung mehrerer Tiere in einem Terrarium ist darauf zu achten, dass sich alle Tiere auf dem hellen Wärmeplatz gleichzeitig aufhalten können.

Die Beleuchtungsintensität richtet sich nach den ursprünglichen Lebensräumen. Sie muss bei den Tieren aus Steppen und Savannen höher als bei den aus Regenwäldern stammenden sein, einem Tag-Nacht-Rhythmus entsprechen und mit einer Tag-Nacht-Temperaturdifferenz durch eine Nachtabsenkung der Umgebungstemperatur verbunden sein. Dies kann durch niedrigere Heizstufen oder die Ausschaltung einzelner Wärmequellen erreicht werden.

Für Reptilienarten aus dem tropischen Regenwald ist eine hohe Luftfeuchtigkeit von 70–90 % erforderlich, eine niedrigere für die aus Wüstengebieten stammenden. Die Luftfeuchtigkeit kann durch mehrmaliges Besprühen am Tage oder eine Beregnungsanlage reguliert werden. Dabei ist zu verhindern, dass ein verschlammter Untergrund entsteht.

Der Boden von Terrarien kann mit Rindenmulch (wegen des möglichen Gehalts an Pflanzenschutzmitteln und Schimmelpilzen nicht aus dem Baumarkt!) oder einem Sand-Lehm-Gemisch bedeckt werden. Nicht geeignet ist Kleintierstreu aus Holz oder Stroh, egal ob lose oder pelletiert, sowie purer Fluss- und Vogelsand. Im Handel sind spezielle Arten von Terrariensand erhältlich. Eine Körnung von 0,2–0,6 mm hat sich bewährt, eine Körnung von 0,05–1,0 mm ist angefeuchtet zur Höhlenbildung geeignet. Für Schlangen haben sich Einlagen aus Fließ- oder Zeitungspapier bewährt, letztere jedoch wegen der Druckerschwärze nur für kurze Zeit. Der Untergrund ist in Abhängigkeit von der Besatzdichte und Beschaffenheit regelmäßig, mindestens alle 2–6 Wochen, oder bei Bedarf in kürzeren Abständen zu wechseln. Kot ist täglich zu entfernen. Eine Bepflanzung der Terrarien ist je nach Herkunft der gehaltenen Tiere möglich und schafft Kletter- und Versteckmöglichkeiten. Jedoch ist die Auswahl und Pflege der Pflanzen nicht ganz einfach, deshalb kann im Tierheim bei vorübergehender Haltung darauf verzichtet werden. Zur Gestaltung von Schauterrarien ist spezielle Beratung (zoologische Fachgeschäfte, Zoos, erfahrene Hobbyhalter) bzw. entsprechende Literatur heranzuziehen.

Die Größe der Haltungseinrichtung muss sich nach der aktuellen und der zu erwartenden Größe des gehaltenen Tiers richten. Die Fläche muss so groß sein, dass die unterschiedlichen Funktions- und Temperaturbereiche in der nötigen Größe und Distanz vorhanden sind.

Für die Versorgung der Tiere gilt: Neu aufgenommene Terrarientiere müssen sich zunächst an die neue Umgebung gewöhnen und sind deshalb erst nach 2–3 Tagen zu füttern. Die Mehrzahl der Reptilien sind Fleisch- und Insektenfresser. Zu den wichtigsten Futtertieren kleinerer Reptilien gehören Heuschrecken, Schwarzkäferlarven (Mehlwürmer), Schaben, Grillen, Heimchen, Wachsmotten, Asseln, Essig- und Fruchtfliegen, Regenwürmer, Tubifex und Schnecken, die im Zoofachhandel erhältlich sind. Regenwürmer aus von Geflügel begangenen Flächen sind wegen der Gefahr der Parasiteneinschleppung nicht zu verfüttern. An größere Arten werden Eintagsküken, Wachteln, Mäuse, Ratten, Meerschweinchen, Forellen, Weiß- und Karpfenfische ausschließlich nach tierschutzgerechter Tötung entweder als Ganzkörper oder entsprechend der Körpergröße in kleinen Portionen verfüttert.

Die Fütterung muss überwiegend individuell erfolgen, indem das Futter mit einer Pinzette angeboten wird. Dabei ist darauf zu achten, dass die Tiere nicht verletzt werden. Weiterhin ist zu berücksichtigen, dass Reptilien ihre Nahrung nicht kauen können und deshalb die Größe der Futterbrocken auf die Körpergröße abzustimmen ist. Eine Lebendfütterung ist möglich, wenn sich sowohl die Reptilien als auch die Insekten oder Würmer auf dem Boden aufhalten. Es empfiehlt sich, überlebende Futtertiere nach 1–2 Stunden aus dem Terrarium zu entfernen und wegen der Gefahr einer Erregerübertragung keinesfalls an andere Tiere zu verfüttern. Verbleiben sie im Terrarium, ist eine Fütterung erforderlich, damit sie nicht die Terrariumtiere angreifen.

Für Pflanzenfresser eignen sich Grünfutter, wie Chicoree, Löwenzahn, Huflattich und Vogelmiere, Heu und Stroh sowie Obst (Steinobst ist zu entsteinen) und Gemüse. Im Handel erhältliche Spezialfuttermischungen sind als Alleinfutter nur bedingt geeignet, dürfen deshalb nur einen Teil der Ration ausmachen und sind durch Obst und Grünfutter zu ergänzen.

Wichtig ist ein Zusatz von speziellen Mineralstoff- und Vitaminpräparaten. Besonders Insekten enthalten wenig Calcium. Sie sind deshalb in jedem Fall mit calciumhaltigen Präparaten zu bestäuben. Wegen eventueller Geruchsabweichung durch Vitamin- und Mineralstoffmischungen sind diese an neu aufgenommene Tiere erst nach einigen Tagen zu verabreichen, wenn die Tiere sich an die Nahrungsaufnahme gewöhnt haben.

Im Zoofachhandel besteht das Bestreben, unter dem Motto „Neue Arten braucht das Land“ das Sortiment zu vergrößern. Unter www.hoch-rep.com werden in jüngster Zeit angebotene Arten, wie Agamen, Anolis, Chamäleons, Geckos, Leguane und Schildkröten und deren Haltungsansprüche behandelt. Durch die beigefügten Fotos wird eine Zuordnung erleichtert.

Die Größenangabe erfolgt bei Schildkröten als **Panzerlänge (PL)**, für die unter Kapitel 9.3.3–9.3.8 behandelten Echsen als **Gesamtlänge (GL)** ausgewachsener Tiere, für Schlangen als **Länge (L)** ausgewachsener Tiere.

9.3.1 Landschildkröte

Gehalten werden überwiegend die folgenden Arten:

- *Vierzehen-Landschildkröte* oder *Steppenschildkröte* (Testudo horsfieldii)
- *Griechische Landschildkröte* (Testudo hermanni)
- *Breitrandschildkröte* (Testudo marginata)

Für erstere Art gilt Anhang B, für die beiden anderen Arten Anhang A der Verordnung (EG) Nr. 338/97. Die einzelnen Arten unterscheiden sich in der Panzerlänge, in der Zeichnung und Farbe sowie der Form des Panzers. Sie sind tagaktiv und in den Ansprüchen an Haltung und Fütterung gleich.

Herkunft: Trockene südeuropäische oder asiatische Regionen mit Gras- und Buschbestand
Lebenserwartung: 40–70 Jahre
PL: 25–35 cm

Haltung: In den Sommermonaten im Freiland in sonnigen Gehegen mit natürlichem Aufwuchs von Gras und Kräutern, deren glatte Begrenzung aus Drahtgeflecht, Stein oder Holz 40 cm hoch sein sollte. Erforderlich sind höhlenartige Rückzugsmöglichkeiten und eine Badegelegenheit. Vor der Überwinterung muss dafür gesorgt werden, dass sich der Darm entleert. Deshalb ist die Fütterung etwa 2 Wochen vor der geplanten Winterunterbringung einzustellen. Durch ausgedehntes Duschen mit warmem Wasser wird die Darmentleerung erreicht. Die Überwinterung bei 4–6 °C kann im Keller, aber auch in einem Kühlschrank erfolgen, wobei durch regelmäßiges Öffnen der Türen für einen Luftwechsel bei gleichzeitiger Kontrolle der Innentemperatur zu sorgen ist. Jungtiere mit geringer Körpermasse können auch über den Winter in Innenräumen bei Zimmertemperatur gehalten werden. Selbstverständlich müssen sie dann auch gefüttert werden. Dies bereitet keine Schwierigkeiten, da in frostfreien Perioden Gräser und Kräuter im Freiland zur Verfügung stehen, ansonsten ganzjährig unterschiedliche Salatarten durch den Lebensmittelhandel angeboten werden.

Fütterung: Abwechslungsreiches Grünfutter, wie Gras und Kräuter, Salat und Gemüse, nur in geringen Mengen Obst und Fertigfutter (Abb. 9-22). Das Futter muss zur Verhinderung der Aufnahme von Sand auf einer Fläche aus Stein, Schiefer oder Hartholz angeboten werden. Die Ca-Versorgung kann durch Gaben von Eierschalen erfolgen.

Tränkwasser: Aus Tonschalen, Ofenkacheln oder Blumentopfuntersetzern zur freien Aufnahme, häufige Erneuerung, da die Tiere sie durchqueren und so verunreinigen.

Alleinige Verabreichung von Fertigfutter ist nicht geeignet. Wachsende Tiere nicht intensiv füttern, da dies zu Verformungen der Panzerplatten führt.

Abb. 9-22 Abwechslungsreiches Futter für Landschildkröten (MEGAZOO Schönefeld-Waltersdorf)

9.3.2 Wasserschildkröte (Sumpfschildkröte)

Bei uns werden überwiegend die *Gelbwangenschildkröte* (Trachemys scripta scripta) und die *Rotwangenschildkröte* (Trachemys scripta elegans) gehalten, doch zunehmend auch andere Arten:

- *Mississippi-Höckerschildkröte* (Graptemys p. kohnii)
- *Dickkopf-Schlangenhalsschildkröte* (Chelodina reimanni)
- *Moschusschildkröte* (Sternotherus odoratus)
- *Chinesische Dreikielschildkröte* (Mauremys reevesii)
- *Pelomedusenschildkröte* (Pelusios castaneus)

Sie leben abwechselnd im Wasser und auf dem Land, sind tagaktiv und zum Teil aggressiv. Sie werden in Zoofachgeschäften als Jungtiere in der Größe von 3–5 cm Panzerlänge gekauft und in vielen Fällen ausgesetzt, wenn sie 10–20 cm lang sind.

Herkunft: Nordamerika, Kanada, China, Korea, Westafrika, Indonesien (Insel Neuguinea)
Lebenserwartung: 40 Jahre
PL: 30–38 cm (Gelb- und Rotwangenschildkröte) bzw. 9–18 cm bei den anderen Arten

Haltung: Die Tiere werden in Aquaterrarien mit einem Landteil von einem Drittel der Gesamtfläche gehalten, bedeckt mit einem Sand-Erde-Gemisch (Abb. 9-23). Ein Wärmeplatz mit 35–40 °C sollte vorhanden sein, die Wassertemperatur bei 25–28 °C liegen, der Wasserstand je nach Größe der Tiere bei 25–50 cm. Wasserpflanzen sind bei Jungtieren zu empfehlen, auf Bodengrund ist aus Gründen der Hygiene zu verzichten. Eine Haltung in Gartenteichen ist möglich, das Entweichen muss sicher verhindert werden. Überwinterung in Innenräumen.

Fütterung: In Abhängigkeit von der Tiergröße Insekten, Regenwürmer, Schnecken, Fische, Obst. Wichtig ist die Zufuhr von Rohfaser durch Wasserpflanzen und Kräuter.

Wasserschildkröten können Ausscheider von Krankheitserregern sein. Um eine Übertragung auf andere Reptilienarten zu verhindern, ist eine räumliche Distanz zu schaffen. Die Pflegegerätschaften sind strikt zu trennen, die Personalhygiene muss unbedingt eingehalten werden.

Abb. 9-23 Aquaterrarium für Wasserschildkröten (TH Leipzig, Anderle)

9.3.3 Gecko

Obwohl Farbe und Zeichnung der gehaltenen Arten unterschiedlich, sind ihre Ansprüche an die Haltung und Fütterung etwa gleich. Sie sind überwiegend dämmerungs- und nachtaktiv, nur einige Arten auch tagaktiv. Gehalten werden die Arten:

- *Leopardgecko* (Eublepharis macularius) (Abb. 9-24)

Abb. 9-24 Leopardgecko (BNA, Hirt)

- *Laos-Gecko* (Gekko petricolus)
- *Tokee* (Gekko gecko)
- *Asiatischer Hausgecko* (Hemidactylus frenatus)
- *Goldstaub-Taggecko* (Phelsuma laticauda)
- *Großer Madagascar-Taggecko* (Phelsuma madagascariensis)
- *Streifengecko* (Gekko vittatus)
- *Dünnfingergecko* (Stenodactylus stenodactylus)
- *Zwerggecko* (Lygodaktylus)

Herkunft: Leopardgecko und Laos-Gecko stammen aus Trockengebieten mit steinigem Untergrund. Die weiteren aufgezählten Arten kommen ursprünglich aus Trocken- bis Regenwäldern, aber auch aus der Wüste, sind anpassungsfähige Kulturfolger. Dünnfingergeckos haben im Unterschied zu den anderen Arten Krallen statt Saugnäpfen, sie klettern nicht.
Lebenserwartung: 4–20 Jahre
GL: 7–28 cm

Haltung: Terrarien in Abhängigkeit von der Größe der Tiere 0,5 × 0,5 × 0,8 m bis 1,2 × 1,0 × 1,0 m groß für 2 Tiere. Männliche Tiere sind zum Teil unverträglich. Umgebungstemperatur 26–28 °C, Nachtabsenkung auf 20–23 °C, Wärmeplatz mit Strahler 35 °C, Luftfeuchtigkeit 70–90 %, Rindenmulch und Sand-Erde-Gemisch, Steine, zum Klettern waagerechte Äste und Kork an den Wänden, flache Badeschale.

Fütterung: Grillen, Heimchen, Heuschrecken, Schaben, für die größeren Arten auch nestjunge Mäuse, süßes Obst. Da einige Arten Wasser nicht aus Gefäßen aufnehmen, ist mehrmals am Tage ein Beträufeln mit der Hand erforderlich.

9.3.4 Anolis

Anolis sind tagaktiv. Die Männchen haben ein stark territoriales Verhalten. Gehalten werden überwiegend die Arten:

- *Bahamaanolis* (Anolis sagrei)
- *Rotkehlanolis* (Anolis carolinensis)
- *Dickkopfanolis* (Anolis cybotes)
- *Ritteranolis* (Anolis equestris)
- *Weißlippenanolis* (Anolis coelestinus) (Abb. 9-25)

Herkunft: Trockenwälder bzw. Regenwälder der USA und der Karibik, teilweise Kulturfolger
Lebenserwartung: 7–10 Jahre
GL: 20 cm bzw. 55 cm (Ritteranolis)

Abb. 9-25 Weißlippenanolis (BNA, Hirt)

Haltung: Terrarien 0,5 × 0,5 × 0,8 m bzw. 1,0 × 0,8 × 0,8 m für Ritteranolis, Umgebungstemperatur 24–26 °C, Wärmeplatz 35 °C, nachts 20 °C, Luftfeuchtigkeit 60–90 %, Sand-Erde-Gemisch, Versteck- und Klettermöglichkeiten (Zweige, Korkwand), Trinkgefäß im oberen Bereich, tägliches Besprühen, UV-B-Strahler.

Fütterung: Insekten, süßer Fruchtbrei, Vitamine und Mineralstoffe (Calcium!).

⚠

Neigung zu Rachitis und Osteomalazie!

9.3.5 Basilisk

Basilisken leben in Wassernähe und sind tagaktiv. Besonderes Merkmal sind die langen Zehen. Zu den gehaltenen Arten gehören der *Streifenbasilisk* (Basiliscus vittatus) und der *Stirnlappenbasilisk* (Basiliscus plumifrons).

Herkunft: Tropische und subtropische Regenwälder
Lebenserwartung: 10 Jahre
GL: 75 cm bzw. 80 cm

Haltung: Terrarien1,5 × 1,0 × 1,5 m, Umgebungstemperatur tagsüber 26–28 °C, Wärmeplatz 35–40 °C, zeitweise konventionelle UV-Strahler (UV-

A und -B) , nachts 20–23 °C, Luftfeuchtigkeit 70–90 %, nachts 90–100 %, Rindenmulch, waagerechte Äste, Korkröhren und -platten, großer Wasserteil.

Fütterung: Insekten, nestjunge Mäuse, Grünfutter (Löwenzahn, Kresse, Klee, Luzerne, Wegerich), Keime, Sprossen, Obst, Möhren, Tomaten, Vitamine und Mineralstoffe.

Männliche Tiere sind untereinander unverträglich!

9.3.6 Leguan

Alle Leguanarten sind tagaktiv. Ein besonderes Merkmal sind ihre langen Zehen. Einige Arten ernähren sich ausschließlich vegetarisch, die meisten jedoch von grünen Pflanzen und Insekten. Für eine regelmäßige Zufütterung von Vitaminpräparaten und Mineralstoffmischungen (Calcium-Phosphat-Verhältnis: 2 : 1) sowie auf eine hohe Luftfeuchtigkeit ist zu achten. Eine zeitweise UV-A- und UV-B-Bestrahlung ist erforderlich. Wenn nicht besondere Angaben zur Tränkwasserdarbietung gemacht werden, sollte diese in flachen Schalen erfolgen. Aus der großen Anzahl der gehaltenen Arten sind im Folgenden einige der am häufigsten gehaltenen aufgeführt.

Grüner Leguan

Die Jungtiere des Grünen Leguans (Iguana iguana) (Abb. 9-26) ernähren sich von tierischer, die Alttiere von pflanzlicher Kost.

Herkunft: Tropische Wälder Südamerikas entlang von Flüssen
Lebenserwartung: 15–20 Jahre
GL: 1,3–2,0 m

Haltung: Terrarium oder Aquaterrarium mindestens 2,0 × 2,0 × 2,0 m, für 2 ausgewachsene Tiere 5,0 × 2,0 × 2,0 m, Umgebungstemperatur 25–28 °C, Wärmeplatz 40–45 °C, Luftfeuchtigkeit 60–80 %, nachts Absenkung auf 20–25 °C bzw. 50–70 %, waagerecht angebrachte unterschiedlich starke Äste, größerer Wasserteil, Rindenmulch als Boden, Rückzugsmöglichkeiten in Form von Röhren oder Platten aus Kork.

Fütterung: Löwenzahn, Klee, Wegerich, Luzerne, Kresse, zerkleinerte Möhren, Paprika, Tomaten, zusätzlich Insekten.

Abb. 9-26 Grüner Leguan (BNA, Hirt)

Große Exemplare können tiefe Bisswunden verursachen!
Männliche Tiere sind untereinander unverträglich.
Gefahr der Rachitis!

Schwarzer Leguan

Die Alttiere des Schwarzen Leguans (Ctenosaura similis) leben auf Bäumen, die Jungtiere sind Bodenbewohner.

Herkunft: Trockenwälder Mittelamerikas
Lebenserwartung: 15–20 Jahre
GL: 1,0–1,2 m

Haltung und **Fütterung:** Siehe Grüner Leguan.

Große Exemplare können tiefe Bisswunden verursachen!
Männliche Tiere sind untereinander unverträglich.

Wüstenleguan

Wüstenleguane (Dipsosaurus dorsali) sind lebhafte Bodenbewohner auf sandig-steinigem Untergrund, die Erdbauten zum Schutz gegen zu starke Sonneneinstrahlung und Kälte graben und auf Steinen und Wurzeln ein Sonnenbad nehmen. Adulte Tiere haben einen schwach ausgeprägten Schuppenkamm.

Herkunft: Trocken- und Wüstengebiete der USA und Mexikos
Lebenserwartung: 15–20 Jahre
GL: 40 cm

Haltung: Terrarium 1,5 × 0,6 × 0,6 m für bis zu 3 Tiere, Umgebungstemperatur 25–30 °C, nachts 18–22 °C, Wärmeplatz 40 °C, Luftfeuchtigkeit 30–40 %, nachts 40–50 %, 8–10 cm Lehm-Sand-Gemisch, Steine. Da männliche Tiere untereinander aggressiv sind, Haltung eines männlichen mit 2 weiblichen Tieren oder von Gruppen weiblicher Tiere.

Fütterung: Salat, Löwenzahn, Luzerne, Gemüse, Obst, auch tierische Nahrung (Mehlwürmer, Käfer und Heuschrecken).

Winterruhe für 2 Monate bei Zimmertemperatur!

Blauer Stachelleguan

Der Blaue Stachelleguan (Sceloporus cyanogenys) ist lebendgebärend.

Herkunft: Trockene felsige Gebiete der USA
Lebenserwartung: 7 Jahre
GL: 50 cm

Haltung: Terrarium 1,5 × 0,6 × 1,0 m, Umgebungstemperatur 28–35 °C, nachts 18–22 °C, Wärmeplatz 40–50 °C, Luftfeuchtigkeit 30–40 %, nachts 40–45 %, Bodengrund aus feinem Sand und Rindenmulch, Steine, Äste.

Fütterung: Insekten, zusätzlich Salat, Löwenzahn, Luzerne, Kresse.

Winterruhe für 2 Monate bei Zimmertemperatur!

Malachit-Stachelleguan

Der Malachit-Stachelleguan (Sceloporus malachiticus) ist ein Baumbewohner und lebendgebärend. Er zeichnet sich durch unterschiedliche Färbung der Geschlechter aus.

Herkunft: Mittelamerika
Lebenserwartung: 7 Jahre
GL: 20 cm

Haltung: Terrarium 0,8 × 0,5 × 0,7 m, Umgebungstemperatur 25–30 °C, nachts 15–20 °C, Wärmeplatz 35–40 °C, Luftfeuchtigkeit 80–100 %, Bodengrund aus Sand-Erde-Rindenmulch-Gemisch, waagerechte Zweige.

Fütterung: Insekten, zusätzlich Salat, Kresse, Löwenzahn, Luzerne, Blüten.

Mexikanischer Stachelleguan

Der Mexikanische Stachelleguan (Sceloporus poinsetti) ist ein Felsenbewohner und lebendgebärend. Er zeichnet sich durch unterschiedliche Färbung der Geschlechter aus.

Herkunft: Mexiko
Lebenserwartung: 7 Jahre
GL: 30 cm

Haltung und **Fütterung**: Siehe Malachit-Stachelleguan.

Wüsten-Stachelleguan

Der Wüsten-Stachelleguan (Sceloporus magister) ist tagaktiv.

Herkunft: Wüsten und Halbwüsten der USA und Mexikos
Lebenserwartung: 6 Jahre
GL: 33 cm

Haltung: Terrarium 1,2 × 0,6 × 0,7 m, Umgebungstemperatur 25–30 °C, nachts 15–20 °C, Wärmeplatz bis 40 °C, Luftfeuchtigkeit 50–70 %, Sand-Erde-Rindenmulch-Gemisch, Steine, Wurzeln.

Fütterung: Insekten, zusätzlich Salat, Kresse, Löwenzahn, Luzerne, Blüten.

Wüsten-Halsbandleguan

Der Wüsten-Halsbandleguan (Crotaphytus collaris, Crotaphytus bicinctoris,) lebt in steinigen Landschaften mit geringer Vegetation und starken Temperaturschwankungen zwischen Tag und Nacht sowie Sommer und Winter. Winterruhe 3–7 Monate.

Herkunft: USA, Mexiko
Lebenserwartung: 6 Jahre
GL: 30–35 cm

Haltung und **Fütterung**: Siehe Wüsten-Stachelleguan.

9.3.7 Agame

Agamen stammen überwiegend aus unterschiedlichen asiatischen Regionen, einige aus Afrika und Australien. Charakteristisches Merkmal sind Stachelkämme an Kopf und Rumpf sowie die langen Zehen. Sie können in Gruppen (1 männliches Tier mit bis zu 4 weiblichen Tieren) gehalten werden, sind überwiegend tagaktiv, benötigen zeitweise UV-A- und UV-B-Bestrahlung und regelmäßige Mineralstoff- und Vitamingaben. Gegenüber stickiger Luft sind sie empfindlich. Tränkwasser ist in flachen Schalen anzubieten.

Siedleragame

Die Siedleragame (Agama agama) (Abb. 9-27) ist tagaktiv und ein Bewohner trockener Biotope.

Herkunft: Afrika
Lebenserwartung: 10 Jahre
GL: 40 cm

Haltung: Terrarium 1,5 × 1,0 × 0,7 m, hohe Lichtintensität, Umgebungstemperatur 26–28 °C, nachts 18–20 °C, Wärmeplatz bis 45 °C, Luftfeuchtigkeit 60–70 %, Sand, Kies, Steine, Wurzeln, Äste, feuchter Bodengrund an einer Stelle. Gruppen von 1 Männchen mit bis zu 4 Weibchen.

Fütterung: Insekten, zusätzlich süße Früchte, auch als Brei.

Abb. 9-27 Siedleragame, Namibia

Blutsaugeragame, Emmas Schönechse, Chinesische Bergagame, Große Winkelkopfagame

Die 4 Arten *Blutsaugeragame* (Calotes versicolor), *Emmas Schönechse* (Calotes emma), *Chinesische Bergagame* (Japalura splendida) und *Große Winkelkopfagame* (Gonocephalus grandis) haben die gleichen Anforderungen an Haltung und Fütterung. Sie sind überwiegend Baumbewohner in Regenwäldern.

Herkunft: Regenwälder in Süd-West-Asien, China, Indien, Thailand
Lebenserwartung: 7 Jahre
GL: 45 cm

Haltung: Terrarium 1,0 × 0,5 × 1,0 m, Umgebungstemperatur 23–30 °C, nachts 20–24 °C, Wärmeplatz 30–35 °C, Luftfeuchtigkeit 60–95 %, Rindenmulch, Kletter- und Versteckmöglichkeiten durch Äste, Wurzeln, Steine.

Fütterung: Insekten, entsprechend der Größe nestjunge Mäuse, regelmäßige Gaben von Mineralstoffen und Vitaminen.

Asiatische Wasseragame

Die Asiatische Wasseragame (Physignatus concincinus) ist tagaktiv und kann mit anderen Großechsen gleicher Haltungsanforderungen vergesellschaftet werden.

Herkunft: Regenwälder Südchinas und Thailands in Wassernähe
Lebenserwartung: 20 Jahre
GL: 100 cm

Haltung: Terrarium- bzw. Aquaterrarium 2,0 × 1,0 × 1,5 m, Umgebungstemperatur 26–28 °C, nachts 20–23 °C, Wärmeplatz 35 °C, Luftfeuchtigkeit 70–80 %, nachts >95 %, großer beheizter Wasserteil, Kletter- und Versteckmöglichkeiten.

Fütterung: Insekten, nestjunge Mäuse.

Bartagame

Bartagamen (Pogona vitticeps) werden seit Jahren bei uns gezüchtet. Sie werden zutraulich und lassen sich auf die Hand nehmen.

Herkunft: Trockengebiete Australiens mit Busch- und Baumbestand
Lebenserwartung: 9 Jahre
GL: 60 cm

Haltung: Eine Einzelhaltung ist möglich, männliche Tiere sind untereinander unverträglich. Terrariumgröße 1,5 × 1,0 × 0,8 m, Umgebungstemperatur 26–28 °C, nachts 20–23 °C, Wärmeplatz bis 45 °C, Luftfeuchtigkeit 30–40 %, nachts 50–60 %, Sand-Lehm-Gemisch 15–20 cm hoch feucht eingebracht, Kletter- und Versteckmöglichkeiten, 2. Ebene. Um den Verlauf der Jahreszeiten zu simulieren, wird die Beleuchtungsdauer von 12 Stunden im Sommer auf 10 Stunden im Frühjahr und Herbst gesenkt. Zur Vorbereitung der Winterruhe (2–3 Monate) wird die Umgebungstemperatur schrittweise auf 18 °C gesenkt, die Beleuchtungsdauer auf 7–8 Stunden verkürzt und die Futtermenge herabgesetzt. Halten die Tiere in geeigneten Ruheplätzen Winterruhe, werden Beleuchtung und Wärmequellen abgestellt und die Fütterung eingestellt. Trinkwasser sollte weiterhin vorhanden sein. Im Frühjahr werden Beleuchtung, Wärmequellen und Fütterung allmählich in umgekehrter Reihenfolge auf den Sommerbetrieb umgestellt.

Fütterung: Insekten, zusätzlich Salat, Kresse, Löwenzahn, Luzerne, Blüten.

⚠

Feiner loser Sand wird mit dem Futter aufgenommen und führt zu Verstopfungen! Die Tiere halten 2–3 Monate Winterruhe!

Biberschwanzagame

Neu im Handel sind Biberschwanzagamen (Xenagama batillifera, Xenagama taylori)

Herkunft: Äthiopien und Somalia
Lebenserwartung: 5–6 Jahre
GL: 15 bzw. 12 cm

Haltung: für 1 Paar gut beleuchtetes Terrarium 0,8 × 0,5 m, 25–30 °C, Sonnplatz 45–50 °C, Bodensubstrat zum Anlegen von Höhlen, das täglich leicht übersprüht werden sollte, um den Tieren auch die Aufnahme von Wasser zu ermöglichen.

Fütterung: wöchentlich 3–4 mal kleine Insekten verschiedener Arten, Jungtiere täglich, Vogelmiere, Sepiateile (Ca-Zufuhr).

Schmetterlingsagame

Schmetterlingsagamen (Leiolepis revesii) sind dämmerungs- und nachtaktiv. Sie sind Bodenbewohner und graben Gänge. Die Geschlechter sind unterschiedlich gefärbt.

Herkunft: Küstennahe Gebiete und spärlich bewachsene Strände in Südchina, Laos und Vietnam
Lebenserwartung: 7 Jahre
GL: 15 cm

Haltung: Terrarium 1,5 × 0,6 × 0,7 m, Umgebungstemperatur 26–28 °C, nachts 20–23 °C, Wärmeplatz bis 45 °C, Luftfeuchtigkeit 60–80 %, Lehm-Sand-Gemisch, Kletter- und Versteckmöglichkeiten.

Fütterung: Insekten, zusätzlich Salat, Kresse, Löwenzahn, Luzerne, Blüten, Äpfel, Bananen.

⚠

Der Boden sollte an einer Stelle stets etwas feucht gehalten werden!

9.3.8 Chamäleon

Zu den gehaltenen Arten gehören:

- *Jemenchamäleon* (Chamaeleo calyptratus) (Abb. 9-28)
- *Pantherchamäleon* (Furcifer pardalis)
- *Ostafrikanisches Dreihornchamäleon* (Chamaeleo jacksonii)
- *Fischers-Chamäleon* (Bradypodion fischeri)
- *Erdchamäleon* (Rhampholeon brevicaudatus)

Chamäleons sind grün und bräunlich gefärbt und weisen zum Teil unterschiedliche Zeichnungen auf. Sie sind tagaktiv und Einzelgänger. Charakteristisch ist für alle Arten ein Stachelkamm auf dem Rücken. Ihre Haltung ist nicht einfach.

Herkunft: Feuchtgebiete Afrikas und des südwestlichen Teils der Arabischen Halbinsel mit zum Teil extremen Tag-Nacht-Temperaturschwankungen
Lebenserwartung: 4–8 Jahre
GL: 30–50 cm bzw. 8 cm (Erdchamäleon)

Haltung: Terrarium 1,2 × 0,7 × 1,2 m, Umgebungstemperatur 25–28 °C, nachts 15–20 °C, Wärmeplatz 32–40 °C, Luftfeuchtigkeit 60–90 % (mindestens einmal täglich Wasser sprühen), Sand-Erde-Gemisch, Korkwände, Kletter- und Versteckmöglichkeiten, Bepflanzung mit Ficus-, Scindapsus-, Epipremnium- und Hoyaarten.

Abb. 9-28 Jemenchamäleon (BNA, Hirt)

Fütterung: Grillen, Heimchen, Heuschrecken, Schaben, Wachsmotten, Löwenzahn, Salat, Gurken, Mineralstoff- und Vitaminmischung.

Zur Sicherung einer guten Belüftung 2–3 Seitenteile aus Gaze.
Blickkontakt zu anderen Tieren verhindern.

9.3.9 Schlange

Beim Umgang mit Schlangen ist Vorsicht geboten, da sie teilweise beißfreudig sind! Sie sollten einzeln gehalten werden, zu zweit nur Tiere einer Art. Die Fütterung erfolgt mit getöteten Futtertieren (mit Fell oder Federn), die einzeln hin- und herbewegt werden. Nur wenn tote Futtertiere nach wiederholten Versuchen nicht angenommen werden, können als Ausnahme lebende Tiere gefüttert werden, die jedoch nicht länger als 1 Stunde im Terrarium verbleiben dürfen.

Es ist besonders auf die regelmäßige Gabe von Mineralstoffen und Vitaminen sowie UV-B-Bestrahlung zu achten. Das Terrarium ist regelmäßig zu besprühen, um eine Dehydrierung der Insassen und Störungen bei der Häutung zu verhindern.

Die Häufigkeit der Häutung hängt vom Alter und der Ernährung ab. Zum normalen Ablauf der Häutung tragen bei:

- grobe Steine, Äste oder Borke (besonders geeignet Robinienrinde, die nur geringgradig verrottet)
- Warmwasserbehandlung zum Erweichen der abzustoßenden Haut, anschließend vorsichtig Haut entfernen
- Brille muss bei Schlangen mithäuten
- Schwanzspitze (bei Echsen auch Zehenenden) muss unbedingt mithäuten, sie stirbt sonst ab.

Verletzungen häuten nicht mit und sollten auch nicht manuell gehäutet werden, sonst bricht die Narbe wieder auf. Nach 2–3 Häutungen häutet die verletzte Stelle wieder mit.

Boa

Boas (Boa constrictor constrictor) sind dämmerungs- und nachtaktiv. Es gibt mehrere Unterarten sowie Hybriden, die schwer zu unterscheiden sind.

Herkunft: Tropische Regenwälder bzw. Feuchtsavannen Südamerikas
Lebenserwartung: 20 Jahre
L: 2–3 m

Haltung: Terrarien 2,0 × 0,5 × 1,0 m pro Tier, Bodentemperatur 26–28 °C, Nachtabsenkung auf 22 °C, Wärmeplatz 35 °C, Luftfeuchtigkeit 60–80 %, Boden mit Rindenmulch, Versteck-, Kletter- und Bademöglichkeit.

Fütterung: Mäuse, Ratten (aus der Tiefkühltruhe, aufgetaut und auf 37 °C erwärmt), Fütterungsintervalle 2–8 Wochen, bei Jungtieren kürzer.

Python

Zu den am häufigsten gehaltenen Arten zählen:
- *Tigerpython* (Python molurus ssp.) (Abb. 9-29)
- *Netzpython* (Python reticulatus)
- *Königspython* (Python regius)
- *Teppichpython* (Morelia s. harrisoni)

Alle Arten haben etwa gleiche Haltungsansprüche, sind dämmerungs- und nachtaktiv.

Herkunft: Hinterindien, Südchina, Indochina, Philippinen, Java
Lebenserwartung: 20–30 Jahre
L: 5–6 m bzw. 1,3–1,8 m (Königspython, Teppichpython))

Haltung: Terrarien 3,0 × 2,0 × 2,0 m für 2 große bzw. die Hälfte für kleinere Exemplare, Bodentemperatur 26–28 °C, Nachtabsenkung auf 20–24 °C,

Abb. 9-29 Tigerpython (Albino) (BNA, Hirt)

Wärmeplatz 33 °C, Rindenmulcheinstreu, Klettermöglichkeiten, Verstecke, großes Wassergefäß.

Fütterung: Mäuse, Ratten, Kaninchen, Geflügel (aus der Tiefkühltruhe, aufgetaut und auf 37 °C erwärmt), Fütterungsintervalle 2–8 Wochen, bei Jungtieren kürzer.

Bei Kies- oder Sandboden Gefahr von Verstopfungen bei Aufnahme mit dem Futter!

Kornnatter

Kornnattern (Pantherophis [Elaphe] guttatus) (Abb. 9-30) sind sowohl dämmerungs- und nacht- als auch tagaktiv.

Herkunft: Mittlere USA, Mexiko
Lebenserwartung: 20 Jahre
L: 0,8–1,3 m

Haltung: Terrarien 1,2 × 0,6 × 0,8 m für 2 Tiere, Bodentemperatur 20–25 °C, Nachtabsenkung unter 20 °C, Wärmeplatz 30–35 °C, Sand-Lehm-Erde-Gemisch, Steine, Wurzeln, Kletter- und Versteckmöglichkeiten, Wasserschale.

Fütterung: Mäuse, Fütterungsfrequenz 7–14 Tage, bei Jungtieren kürzer.

Abb. 9-30 Kornnatter (BNA, Hirt)

Kettennatter

Kettennattern (Lampropeltis getula) haben eine charakteristische Schwarz-Weiß-Zeichnung und sind tagaktiv. Zu ihren Beutetieren gehören auch Schlangen!

Herkunft: Feuchte bis trockene Waldgebiete, Prärien und Wüsten von Nordamerika bis Mexiko
Lebenserwartung: 20 Jahre
L: 1,5–2,0 m

Haltung und **Fütterung**: Siehe Kornnatter.

9.4 Zierfische

In Tierheimen werden nicht selten Zierfische gehalten, die aus Beschlagnahmungen durch Behörden oder aus Insolvenzen stammen. Meist werden sie mit den Aquarien und Zubehör gebracht. Es können Süßwasser- (Warmwasser, Kaltwasser) oder seltener Meerwasserfische sein. Daraus ergeben sich unterschiedliche Haltungsanforderungen, auf die an dieser Stelle nur kurz eingegangen wird. Nähere Informationen geben z. B. die Mitarbeiter zoologischer Fachgeschäfte.

Warmwasserfische sind weit verbreitet, in neuerer Zeit aber auch Kaltwasserfische (z. B. Kois). Wichtig ist in jedem Fall, die erforderliche Wasserqualität zu sichern. Eine mechanische Vorreinigung geschieht mithilfe von Pumpen durch Filter, die grobe Partikel und Schwebstoffe zurückhalten. Eine biologische Wasserreinigung erfolgt durch geeignete Bakterien und eine mechanische Schlussreinigung durch feine Filter. Die Kapazität der Anlage ist auf das Wasservolumen und den Fischbesatz abzustimmen. Durch an die Pumpe angeschlossene Luftsprudler wird das Wasser bewegt und so die Sauerstoffaufnahme gefördert. Die erforderliche Wassertemperatur von 20–24 °C für Warmwasserfische ist durch eine Aquarienheizung zu gewährleisten, die durch einen Thermostaten gesteuert wird.

Die Einrichtung eines Aquariums beginnt mit dem Einbringen einer dünnen Schicht Flusssand (Körnung 1,5 mm) und einer etwa 3 cm dicken Schicht von dunklem Kies (Körnung 2–4 mm), der mehrfach in klarem Wasser gespült wurde, und einigen Steinen zur Dekoration. Nachdem die Aquarientechnik (Heizung, Filter) eingebaut ist, wird Wasser bis zu einem Drittel der Höhe eingefüllt, ohne dass der Bodengrund aufgewirbelt wird. Danach können die Pflanzen eingesetzt werden. Am nächsten Tag wird das Aquarium vollständig gefüllt. Einige Stunden später können die Fische eingesetzt werden. Die Besatzstärke sollte nicht über 1 cm Fisch je 1 l Wasser liegen. Deshalb sind die im Handel erhältlichen Nano-Aquarien nicht geeignet.

Zur Angleichung der Wassertemperatur sind die Transportbehälter (Gläser, Plastikbeutel) für einige Zeit in das gefüllte Aquarium einzuhängen, bevor die Fische in dieses entlassen werden.

Der Standort hat einen großen Einfluss auf eine unerwünschte Algenbildung, er sollte weit vom Fenster entfernt sein und tagsüber eine spezielle Beleuchtung erhalten. Einige Arten (Cichliden) werden ohne Pflanzen gehalten, weil sie im Boden wühlen. Steine unterschiedlicher Größe und Höhlen dienen zur Dekoration, aber einigen Fischarten auch als Versteck.

Die häufigsten Arten von Süßwasserfischen sind:

- *Barben*: Prachtbarbe, Sumatrabarbe, Zebrabarbe
- *Salmler und Salmlerähnliche*:Neonsalmler
- *Karpfenartige*
- eierlegende und lebendgebärende *Zahnkarpfen*: Guppy, Platy, Schwertträger, Black Molly
- *Labyrinthfische*: Blaue Gurami, Zwergfadenfisch, Kampffische
- *Buntbarsche* (Cichliden): Skalare, Purpurprachtbarsche, Schmetterlingsbuntbarsche
- *Welse* (beliebt, weil sie Algen vertilgen): Panzerwels, Antennenwels, Zwergharnischwels

Eine Vergesellschaftung von Barben, Salmlern und lebendgebährenden Arten ist möglich. Einige zugesetzte Panzerwelse vertilgen Algen. Jedoch dürfen Cichliden nur mit Artgenossen, männliche Schleierkampffische nicht mit gleichgeschlechtlichen Artgenossen gehalten werden.

Die zu den Karpfenfischen gehörenden Kois können in Garten- oder Zierteiche unterschiedlicher Größe eingesetzt werden. Wenn die Gefahr des Frierens bis zum Grund besteht, müssen die Fische im Winter anderweitig untergebracht werden. Dies kann in Kübeln oder Wannen in Kellerräumen erfolgen. Ihr Stoffwechsel wird bei Wassertemperaturen unter 15 °C stark herabgesetzt, deshalb sind weder eine regelmäßige Fütterung noch eine ständige Beleuchtung erforderlich. Bei hohem Besatz ist auch in Teichen ein Filter zu installieren.

Die Fütterung aller Fischarten erfolgt mit handelsüblichem Trockenfutter. Es ist darauf zu achten, dass nur die Menge gefüttert wird, die von den Fischen gleich aufgenommen wird. Ansonsten verschlechtert sich die Wasserqualität erheblich.

10 Wildtiere

Wildtiere haben eine natürliche Scheu vor Menschen, halten eine Mindestdistanz ein und flüchten. Ein Sonderfall bildet der Igel, der sich durch das Einrollen und seine Stacheln schützt. Deshalb ist es eine Ausnahme, wenn Wildtiere sich greifen lassen. Die Ursache kann bei adulten Tieren in Erkrankungen oder Verletzungen mit einhergehenden Schwächezuständen liegen. Dabei muss damit gerechnet werden, dass eine Infektionskrankheit vorliegt, die auch für den Menschen gefährlich werden kann. Als Beispiel sei die Tollwut genannt, die zwar in Deutschland als ausgerottet gilt, aber dennoch jederzeit wieder auftreten kann. Häufig wehren sich Wildtiere durch Beißen. Deshalb ist das Ergreifen in diesen Fällen nur mit entsprechend geeigneten Handschuhen, einem Kescher oder einer Fangstange zu empfehlen. Jungtiere in der Säuge- oder Nestlingsphase setzen sich weniger energisch zur Wehr.

Das Tierschutzgesetz macht keine Unterschiede zwischen Wildtieren und Haus- und Heimtieren. Jedoch unterliegen Wildtiere zusätzlich gesetzlichen Regelungen zum Natur- und Artenschutz und/oder zur Jagd. Deshalb ist es in jedem Fall zu empfehlen, Kontakt zur unteren Naturschutz- bzw. Jagdbehörde in den Landkreisen und kreisfreien Städten aufzunehmen, wenn Wildtiere ins Tierheim gebracht werden. Diese kennen Wildtieraufzuchtstationen und deren Möglichkeiten. Das liegt im Interesse der betroffenen Tiere, aber auch im Interesse des Tierheims, da Wildtierarten eine spezielle Haltung und Versorgung brauchen, für die ein zusätzlicher Aufwand zeitlich und materiell erforderlich ist. Wildtierauffangstationen verfügen über spezielle Einrichtungen und Erfahrungen, mit ihnen sollte man sich deshalb umgehend in Verbindung setzen. Falkner können Informationen zur Haltung und Ernährung von Greifvögeln geben und sind vielfach auch zu deren Aufnahme bereit.

Wildtiere sind deshalb nur in Notsituationen und für kurze Zeit in Tierheime aufzunehmen. Damit sie beim Transport nicht in Panik und Stress geraten, empfiehlt sich für Wildvögel als Behälter ein Karton, in dem sie bei ausreichender Luftzufuhr wenig Bewegungsmöglichkeiten haben. Für Säugetiere eignen sich Transportbehälter für Katzen und Hunde, die abgedeckt werden sollten. Im Tierheim sind die Tiere in einem geeigneten Behältnis (Korb, Karton, Transportkäfig), unter Umständen durch ein Tuch abgedeckt (für

Luftzufuhr sorgen!), in einem gesonderten Raum zu halten. Zunächst sollte kein Futter angeboten werden, wohl aber Wasser. Damit sie sich beruhigen, sollten Besuche stark eingeschränkt werden. Es wird sich in der Mehrzahl der Fälle um Jungtiere handeln. Um diese Tiere später auszuwildern, muss während der Haltungszeit die Distanz zwischen Mensch und Tier gewahrt bleiben, die bei den Haus- und Heimtieren nicht erwünscht ist. Damit soll eine Fehlprägung verhindert werden, die dazu führen kann, dass im späteren Leben der Fluchtreflex gegenüber dem Menschen fehlt. Die Fütterung muss weitgehend auf das natürliche Nahrungsspektrum abgestimmt werden. In den ersten Lebenswochen werden die Jungtiere in einer begrenzten nestähnlichen Behausung gehalten, unter Umständen mit einer Wärmequelle. Wenn sie diese verlassen, muss ihnen eine Umgebung geschaffen werden, die ihrem zukünftigen Lebensraum ähnlich ist und ihren Erkundungsdrang fördert. In jedem Fall ist die Auswilderung in einem der Tierart entsprechenden Habitat das Ziel. Jedoch darf dies nicht nur ein Freilassen sein, sondern muss schrittweise mit einer Übergangsfütterung erfolgen. Es ist zu empfehlen, die Auswilderung in Absprache bzw. Zusammenarbeit mit dem zuständigen Revierförster durchzuführen. Tiere mit körperlichen Mängeln als Folge von Verletzungen haben geringere Überlebenschancen in freier Wildbahn. Sie sollten in Abhängigkeit vom Grad der Behinderung in zoologischen Gärten oder Wildgehegen untergebracht oder, wenn dies nicht möglich ist, euthanasiert werden.

Da eine zeitweilige Unterbringung von Wildtieren in Tierheimen häufiger erforderlich wird, werden für einige Wildtierarten Angaben zur Haltung und Fütterung gemacht. Auf die Angabe der Lebenserwartung wird verzichtet, da die Tiere ausgewildert werden.

10.1 Igel

Igel gehören zu den besonders geschützten Arten nach BNatSchG. In Deutschland kommen die Arten *Braunbrustigel* (Erinaceus europaeus) und *Weißbrustigel* (Erinaceus concolor) vor. Sie sind in ländlichen, aber auch in urbanen Bereichen verbreitet und haben kaum natürliche Feinde. Ein breites natürliches Nahrungsspektrum und zunehmend auch die Nutzung von Katzenfutterstellen sind Voraussetzung für ihre sichere Existenz. Igel sind dämmerungs- und nachtaktiv, gehören deshalb zu den häufigsten Opfern des Straßenverkehrs, was jeder Kraftfahrer bestätigen kann. Die Folge ist, dass Jungigel verwaisen und sterben, wenn sie nicht vom Menschen aufgezogen werden. Am Tage oder nach einem Wintereinbruch aufgefundene Igel sind in der Regel hilfsbedürftig. Auch Gartenteiche und Kellerschächte werden vielen Igeln zum Verhängnis. Deshalb ist es zu begrüßen, dass sich viele Menschen engagieren, um verletzte Igel zu behandeln, verwaiste Jungtiere aufzuziehen und mögliche Todesfälle von Jungigeln zu verhindern, die mit unzureichenden Körperreserven in den Winterschlaf gehen.

Igel werfen einmal im Jahr im Zeitraum von Juni bis September. Die Säugezeit beträgt 6 Wochen, die Jungtiere wiegen dann etwa 300 g. Sie erreichen im Alter von 70 Tagen ein Gewicht von 600–800 g. Für die Überwinterung ist ein Gewicht von mindestens 600 g erforderlich, das spätgeborene Tiere vielfach nicht erreichen. Sie werden deshalb in Igelstationen zunächst gefüttert, wenn möglich noch im Herbst ausgewildert, überwintern andernfalls in Räumen mit winterlichen Temperaturen. Kellerräume in Wohngebäuden sind meist zu warm und deshalb nicht geeignet. Igel sind Einzelgänger und immer einzeln zu halten. Aufgefundene Igel sollten auf Verletzungen untersucht und gewogen werden. Sind sie unterkühlt, werden sie auf eine mit einem Handtuch umwickelte Wärmflasche gelegt. Außerdem ist ihnen frisches Trinkwasser anzubieten.

Zur Entlastung des Tierheims und wenn keine geeigneten Unterbringungsmöglichkeiten vorhanden sind, ist die Überführung in spezielle Igelstationen anzustreben.

KRL: 20–30 cm
Kennzeichnung: Für den Pflegezeitraum sollten die Tiere mit ungiftiger, wasserlöslicher Plakatfarbe markiert werden, die nach der Trocknung fest wird. Punkte in unterschiedlicher Zahl und Farbe werden auf die Stacheln getupft.

Haltung: Die Igel werden in Räumen bei maximal 15 °C in Kisten oder Kartons (z. B. von Fernsehern oder Haushaltsgeräten) mit einer Größe von etwa 1,0 × 0,8 × 0,5 m untergebracht. Der Boden wird mehrschichtig mit wasserdichter Folie und Wellpappe, Zeitungspapier oder Küchenrolle ausgelegt. Um die Kotbeschaffenheit zu beurteilen, muss ein täglicher Austausch erfolgen. Ein Schlafhäuschen aus Holz oder Pappe (0,4 × 0,3 × 0,35 m) mit einem Schlupfloch von 10 × 10 cm sollte mit zerkleinertem Toilettenpapier als Nestmaterial ausgelegt werden. Zur Unterbringung im Freien dienen schattige Gehege von 20–30 m^2, ebenfalls mit Schlafhäuschen ausgestattet, hier werden Trockenlaub und Heu als Nestmaterial eingesetzt.

Den Winterschlaf verbringen die Tiere in Räumen mit Außentemperatur, auch auf Balkons oder in Sommerlauben. Dazu werden Boxen mit 40–50 cm hohen Trennwänden mit Abweisbrettern und einer Fläche von 2 m^2 pro Tier aufgebaut. Zur Ausstattung gehört auch hier ein Schlafhäuschen aus Holz in den angegebenen Maßen sowie Heu und Laub zum Nestbau, das vom Igel in den Kasten eingetragen wird (Abb. 10-1). Der Boxenboden sollte aus Beton oder Holz bestehen und mit einer Sandschicht bedeckt sein.

Abb. 10-1 Igelquartier zur Überwinterung (Igelstation Frankfurt/Oder)

Fütterung: Um Körperreserven für den Winterschlaf zu schaffen, ist ein im Handel erhältliches Igelfutter geeignet, das einmal täglich angeboten wird. Es kann auch mit Katzenfutter, trocken oder feucht, im Verhältnis 1 : 1 gemischt und mit einem Zusatz von 2 bzw. 1 Esslöffel Haferflocken bzw. Weizenkleie verfüttert werden. Außerdem können hartgekochte Eier und gekochtes Hühnerfleisch gefüttert werden. Da der Winterschlaf mehrmals kurz unterbrochen wird, muss Trockenfutter und Wasser über die gesamte Winterschlafzeit vorhanden sein.

Tränkwasser: Zur freien Aufnahme aus flachen Schalen.

Auswilderung: Mit einem Gewicht von > 500 g bzw. nach dem Winterschlaf, wenn die Außentemperaturen am Tag über 14 °C und in der Nacht nicht unter 8 °C liegen (etwa ab April), können die Igel in geeignetem Gelände, das ihnen Nahrung und Versteck bietet und abseits vielbefahrener Straßen liegt, ausgewildert werden. Um ihnen den Übergang zur selbstständigen Nahrungssuche zu erleichtern, müssen sie unter Umständen noch einige Tage gefüttert werden. Tiere mit einem niedrigeren Gewicht sind einige Zeit in einer Außenvoliere zu halten, wobei auf Untergrabschutz zu achten ist.

Weitere Informationen: Auf der Internetseite www.pro-igel.de finden Sie Informationen zum Umgang mit Igeln sowie zu Igelstationen in Ihrer Nähe, auch zur tierärztlichen Versorgung. Es gibt außerdem eine Igel-Hotline: 0180-55 55 95 51.

⚠

Milch und Milchprodukte nicht füttern!
Da davon auszugehen ist, dass alle Igel Endoparasiten haben, sollten von jedem aufgenommenen Igel Kotproben untersucht und entsprechende Medikamente verabreicht werden. Vorhandene Ektoparasiten sind mit einer spitzen Pinzette abzusammeln.
Verlieren die Tiere ihre Stacheln, ist dies als Zeichen eines Vitaminmangels zu werten. Gaben von Biotin und eine zeitweilige UV-A- und UV-B-Bestrahlung sind wirksame Gegenmittel.

Aufzucht verwaister Jungigel

Altersbestimmung: Da die Ansprüche an die Haltung und Ernährung vom Lebensalter der Jungigel abhängig sind, muss eine Altersbestimmung erfolgen (Tab. 10-1).

Haltung: Zur Haltung sind feste Kartons geeignet. Um dem Wärmebedürfnis zu entsprechen, ist eine Wärmflasche erforderlich, die nicht die gesamte Bodenfläche bedeckt, mit handwarmem Wasser gefüllt, mit einem Handtuch und einigen Lagen Küchenpapier abgedeckt ist. Durch mehrere Lagen Zeitungspapier wird erreicht, dass die verbleibende Fläche in gleicher Höhe liegt und so von den Tieren wahlweise genutzt werden kann. Mit zunehmendem Alter sinkt der Wärmebedarf. Bei der Aufzucht von Jungigeln

Tab. 10-1 Angaben zur Altersbestimmung von Igelsäuglingen (nach Pro Igel 2007)

Alter	Hautfarbe	Stacheln	Fell	Augen/Ohren	Zähne	Gewicht
Geburt	rosa	weiß	ohne	geschlossen	keine	12–25 g
1 Woche	rosa/grau	einzelne dunkle	ohne	geschlossen	keine	30–50 g
2 Wochen	grau	dunkel	Flaum	öffnen sich	keine	60–80 g
3 Wochen	grau	dunkel	vorhanden	offen	stoßen durch	100–130 g
4 Wochen	grau	dunkel	dicht	offen	vollzählig	140–180 g

sind Sauberkeit und Hygiene Voraussetzungen für den Erfolg. Deshalb muss verunreinigtes Boden- und Nestmaterial in kurzen Abständen erneuert werden.

Fütterung: Die Aufzucht verwaister Jungigel stellt hohe Anforderungen an den Pfleger und erfordert viel Zeit und Geduld. Die Igelmilch ist sehr energiereich und hat einen niedrigen Kohlehydratgehalt (79 % Wasser, 10 % Fett, 7 % Eiweiß, 2 % Laktose). Milchersatzpräparate für Hunde oder Katzen, wie z. B. Esbilac, sind geeignet. Die Kunstmilch wird lauwarm und mit Fencheltee 3 : 1 verdünnt mit Injektionsspritzen aus Plastik verabreicht, beginnend mit einer Menge von 1 ml, dann bis auf 5 ml steigend. In den ersten Tagen werden die Mahlzeiten im Abstand von 2–3 Stunden gereicht, in den ersten 2 Wochen auch nachts. Schrittweise kann der Abstand verlängert und auf die Nachtfütterung verzichtet werden. Gegen Ende der 3. Lebenswoche sollte versucht werden, die Ersatzmilch in flachen Schalen (Untertassen) anzubieten, um die Tiere an die selbstständige Futteraufnahme zu gewöhnen. Ab der 4. Lebenswoche wird ein Futterbrei aus Esbilac und Katzenfeuchtfutter zunächst in kleinen Mengen angeboten, die nach und nach erhöht werden. Außerdem werden einzelne Regenwürmer und Schnecken (zukünftige Beutetiere!) angeboten. Allmählich kann zu energiereichen Futtermitteln mit einem Zusatz von gekochtem Geflügelfleisch übergegangen werden. In der ersten Aufzuchtphase sind tägliche Wägungen erforderlich, um sich über die Gewichtsentwicklung zu informieren, schrittweise kann dann zu wöchentlichen Wägungen übergegangen werden. Der Körpermassezuwachs steigt zunehmend und erreicht 100 g pro Woche. Die wöchentliche Gabe eines Mineralstoff- und Vitaminpräparats ist zu empfehlen.

Jungtiere sind in den ersten Lebenswochen gegen Infektionen durch Antikörper geschützt, die sie über das Kolostrum (Biestmilch) aufnehmen (passive Immunität). Erst nach 4–6 Wochen haben sie eigene Antikörper gegen die Erreger in ihrer Umwelt gebildet (aktive Immunität). Nur durch strenge Hygienemaßnahmen in der Aufzucht können Todesfälle vermieden werden.

Keine Kuh- oder Ziegenmilch verfüttern, da diese zu Durchfall führen!
Keine Medikamente gegen Endoparasiten verabreichen!
Das Absetzen und die Beseitigung von Kot und Urin erfolgt bei den Igelbabys durch das Lecken der Mutter, es ist nicht selbstständig möglich. Deshalb muss der Pfleger vor und nach der Nahrungsverabreichung ihre Bauch- und Analregion mit einem Wattestäbchen oder dem Finger massieren, bis Urin und Kot (grüne Kügelchen) abgegeben werden. Zur Körperpflege gehören die Entfernung aller Verunreinigungen auf der Haut und das Einreiben mit Baby-Öl.

10.2 Eichhörnchen

Eichhörnchen (Sciurus vulgaris) sind tagaktive Nagetiere und gehören zu den Baumhörnchen. Sie kommen als Kulturfolger vorwiegend in Parks und Gärten vor und können eine unterschiedliche Färbung von fuchsrot bis schwarz haben. Von Liebhabern wird eine Unterart, das *Sibirische Eichhörnchen*, gezüchtet. Im Alter von 8–18 Monaten werden sie geschlechtsreif, die Trächtigkeitsdauer beträgt 28–40 Tage. Die Jungtiere werden mit einem Geburtsgewicht von etwa 8,5 g geboren, sind Nesthocker und werden 6–9 Wochen gesäugt. Die Ursache für aufgefundene Jungtiere kann darin liegen, dass die Mutter sie beim Transport von einem Kogel zum anderen verloren hat oder dass Bäume und Hecken gefällt bzw. geschnitten wurden und das gesamte Nest am Boden gelandet ist. In diesen Fällen könnte das Nest mit geeigneter Fixierung in der näheren Umgebung angebracht werden, was meist von der Mutter angenommen wird. In vielen Fällen wird jedoch eine künstliche Aufzucht erforderlich, die sehr aufwändig ist. Aufgefundene junge Eichhörnchen sind häufig unterkühlt und leiden unter dem Stress ihres veränderten Daseins. Sie benötigen deshalb Wärme und Flüssigkeit zur Normalisierung ihres Kreislaufs, erst dann sollten sie gefüttert werden. Zur Flüssigkeitszufuhr eignet sich physiologische Kochsalzlösung, es kann aber auch leicht eine Lösung nach folgendem Rezept hergestellt werden:

- 200 ml abgekochtes Wasser
- 1 Messerspitze Kochsalz
- 3 Teelöffel Traubenzucker
- evtl. noch 1 Teelöffel Kondensmilch

Die Lösung wird mit einer kleinen Plastikspritze eingeflößt, wobei in Abhängigkeit von der Körpergröße nur geringe Mengen erforderlich sind. Erst nach einer 4–6-stündigen Ruhephase kann mit der eigentlichen Fütterung begonnen werden.

Altersbestimmung: Da Haltung und Fütterung vom Alter abhängig sind, muss eine Altersbestimmung erfolgen, zu der die in Tabelle 10-2 genannten Merkmale der Körperentwicklung herangezogen werden können.

Haltung: Bis zur 6. Lebenswoche ist eine Schlafkiste der Größe 0,4 × 0,3 × 0,2 m erforderlich, in der aus nicht faserndem Stoff ein Nest geformt wird, das mit einer Heizdecke oder Wärmflasche (37 °C) erwärmt wird. Es ist auch die Haltung in einem Tragebeutel möglich, der dem Kogel entspricht. Ein enger Kontakt mit der Betreuungsperson in dieser Zeit wirkt sich positiv aus und gefährdet nicht die spätere Auswilderung. Danach ist ein Innengehege von 1,0 × 1,0 × 1,5 m oder ein Zimmer mit Klettermöglichkeiten erforder-

Tab. 10-2 Angaben zur Altersbestimmung von Eichhörnchenjungen (nach Eichhörnchen-Schutz 2008)

Alter	Hautfarbe/Fell	Augen/Ohren	Zähne	Größe/Gewicht	Aktivität
1. Tag	rosa, haarlos	geschlossen	keine	flaschenkorken-groß, 8,5 g	lange Schlafphasen
1. Woche	rosa, haarlos	geschlossen	keine		lange Schlafphasen
2. Woche	rötliches Flaumhaar um Nase und Schnauze, stecknadelgroße Erhebungen an Oberarm und Bauch, aus denen später Tasthaare wachsen, Bauch und Beine haarlos und rosa	geschlossen	keine		lange Schlafphasen
3.–4. Woche	zunehmend weiches glänzendes Haarkleid	geschlossen	untere Schneidezähne brechen durch	bis 80 g	lange Schlafphasen
5.–7. Woche	Haarkleid geschlossen	Augen und Ohren beginnen sich zu öffnen	obere Schneidezähne brechen durch	bis 150 g	längere Wachphasen, steigender Bewegungs- und Erkundungsdrang
8. Woche	Haarkleid geschlossen	Augen und Ohren offen		bis 270 g	hoher Bewegungs- und Erkundungsdrang, Nagetätigkeit

lich. Um dem steigenden Bewegungsdrang zu entsprechen, sollte zusätzlich Auslauf in geschlossenen Räumen, nicht jedoch im Freien, gewährt werden. Haben die Tiere ein Alter von 9 Wochen erreicht, muss die Auswilderung vorbereitet werden. Dazu werden sie in eine strukturierte Außenvoliere von 3,0 × 2,0 × 2,5 m mit einem Nistkasten verbracht und an eine eigenständige Versorgung gewöhnt, um nach etwa 3 Wochen mit einem Körpergewicht von 220–350 g ausgewildert zu werden. Die Auswilderung sollte in einem Gebiet erfolgen, das gute Nist- und Futterbedingungen bietet.

Fütterung: Bis zur 6. Lebenswoche wird Aufzuchtmilch gefüttert. Das kann ein Fertigpräparat sein, wie Royal Canin Vital Milk 0-weaning, welches mit Fencheltee angerührt wird. Ist dieses nicht greifbar, kann Milchersatz für Säuglinge nach folgendem Rezept verwendet werden:

- 1 Teelöffel Humana SL
- 4 Teelöffel Fencheltee
- 2 Teelöffel Kondensmilch (7,5 % Fett)
- 0,5 Teelöffel Natur-Joghurt
- 1 Tropfen Multivitaminpräparat
- 1 Messerspitze Calciumkarbonat

Die Milch ist körperwarm mit einer Plastikspritze, u. U. mit einer Saughilfe, zu verabreichen. Auf strengste Sauberkeit und Hygiene der verwendeten Utensilien ist zu achten! Der Abstand zwischen den Mahlzeiten kann mit zunehmendem Alter verlängert werden, wie aus Tabelle 10-3 zu ersehen ist.

Ab der 6. Lebenswoche werden die Tiere schrittweise an feste Nahrung gewöhnt, zunächst breiig, dann trocken, wie Zwieback, Vollkornkekse, Sonnenblumenkerne und Haselnüsse ohne Schalen, Möhren und Äpfel. Zur Vorbereitung der Auswilderung sollten unterschiedliche Nüsse, zum Teil mit Schale, und Tannenzapfen angeboten werden.

Tab. 10-3 Fütterungsintervalle in den ersten Lebenswochen (nach Eichhörnchen-Schutz 2008)

Alter	Fütterungsintervall	Bei Nacht
1. Woche	1–2 Std.	1–2 Std.
2. Woche	2 Std.	2 Std.
3. Woche	2–3 Std.	2–3 Std.
4. Woche	3 Std.	3 Std.
5. Woche	3 Std.	einmal
6. Woche	4 Std.	nur im Bedarfsfall einmal

Weitere Informationen: Unter www.eichhörnchen-schutz.de finden Sie Tipps zur Aufzucht von Eichhörnchen.

Wegen der Gefahr der Gliedmaßenabschnürung keine Stofffasern in das Nest legen! Kot- und Urinabgabe bis zur 7. Lebenswoche durch Massage der Analregion fördern. Mandeln und Erdnüsse nicht füttern. Unbedingt auswildern, da in Volieren der hohe Bewegungsdrang nicht ausgelebt werden kann.

10.3 Waschbär

Waschbären (Procyon lotor) gehören zu den Kleinbären und stammen ursprünglich aus Amerika. Sie wurden in Deutschland in Farmen zur Pelzgewinnung gehalten. In den Jahren 1929–1935 wurden Waschbären in der Eifel, am Edersee und in der Schorfheide ausgesetzt, um die Palette der Wildtiere zu erweitern. Nachdem gegen Ende des 2. Weltkriegs bei Bombenangriffen weitere Tiere aus Pelztierfarmen frei kamen, vergrößerten sich die Bestände zunehmend und dehnten sich über ganz Mitteldeutschland aus. Auch in anderen west- und osteuropäischen Ländern sind sie heute zu finden. Ihr Lebensraum erstreckt sich von Waldgebieten bis in städtische Bereiche. Sie gelten nach § 10 Abs. 2 Nr. 5 BNatSchG als heimische Tierart und sind im BJagdG nicht als jagdbare Tiere aufgeführt.

Waschbären sind außerordentlich geschickt im Klettern, ihre Pfoten sind sowohl Laufwerkzeug als auch Tastorgan (Sie öffnen manche Tür!). Als Allesfresser ernähren sie sich zu je einem Drittel von Wirbellosen, Wirbeltieren und Pflanzen (Früchte, Samen). Die Geschlechtsreife der Rüden ist mit einer mehrmonatigen Wanderphase verbunden, auf der sie ihr Revier markieren. Die weiblichen Tiere werden mit etwa 10 Monaten geschlechtsreif und verändern ihr Verhalten. Die vorwiegend dämmerungs- und nachtaktiven Waschbären sind und bleiben Wildtiere und eignen sich nicht zur Haltung als Haustier. Aufgefundene Jungtiere, die offensichtlich verwaist sind, müssen nach ihrer Aufzucht in eine Wildtierstation oder einen Zoo überführt oder ausgewildert werden.

Haltung: Waschbärsäuglinge werden in der 1. Lebenswoche in Innenräumen bei einer Umgebungstemperatur von 28 °C gehalten, die bis zur 5. Lebenswoche allmählich auf 20–18 °C gesenkt wird. Wichtig ist ein enger Kontakt zum Pfleger sowie die Ausstattung mit Katzenklo und Schlafnest. Da die Tiere sehr geschickt und erfinderisch sind, müssen Behältnisse und Räume sicher verschlossen werden.

Fütterung: Gefüttert werden kann Milchersatz für Katzen aus einer Flasche mit Sauger, zunächst in Abständen von 2–3 Stunden rund um die Uhr, allmählich bis zur 8. Lebenswoche mit nächtlichen Pausen von 6–8 Stunden. Die Milchmenge soll zunächst 15 % des Körpergewichts betragen, bis zur 6. Lebenswoche wird sie auf 25 % gesteigert. Ab der 8. Lebenswoche werden steigende Mengen von Hunde- oder Katzentrockenfutter sowie süßes Obst, Nüsse, Rosinen, Früchtequark, rohe oder hartgekochte Eier und Geflügelfleisch angeboten.

Um eine Milchaufnahme in kleinen Schlucken zu erreichen und dadurch Blähungen zu vermeiden, nur Sauger mit kleinen Öffnungen verwenden! Abwechslungsreiche Futtermittel verhindern die Entwicklung zu Nahrungsspezialisten! Wegen der Infektionsmöglichkeit mit dem Aujeszky-Virus niemals rohes Schweinefleisch füttern! Sicherer Verschluss von Räumen, Behältnissen und Schränken!

10.4 Marderhund

Der Marderhund (Nyctereutes procyonoides) gehört zu den Hundeartigen und stammt aus Asien. Er hat ein beige-graues Fell und eine dem Waschbären ähnelnde Kopfzeichnung. Zunächst wurde er in Russland in Farmen zur Pelzgewinnung gehalten. Im Zeitraum 1928–1950 wurden in der Ukraine Tiere ausgesetzt, die sich stark vermehrten und sich nach 1960 auch in Deutschland ansiedelten. Gegenwärtig sind sie besonders in den Bundesländern Mecklenburg-Vorpommern und Brandenburg vertreten. Es sind scheue und nachtaktive Tiere, die in Wäldern mit dichtem Unterholz leben, aber nicht klettern. Ihre Lautäußerungen gleichen dem Miauen von Katzen. Als einzige Art der Hundeartigen halten sie einen Winterschlaf. Sie sind Allesfresser, ihr Nahrungsspektrum entspricht dem des Waschbären. In einigen Bundesländern sind sie als jagdbare Tiere eingestuft.

Haltung und **Fütterung**: Siehe Waschbär (Kap. 10.3).

10.5 Rotfuchs

Die Bestände des Rotfuchses (Vulpes vulpes) haben sich in den letzten Jahrzehnten sprunghaft vergrößert. Dies ist in erster Linie auf den Erfolg der jahrzehntelangen Impfung gegen die Tollwut zurückzuführen. Mit der Vergrößerung der Population ging eine Erweiterung des Lebensraums einher, der dazu führte, dass Füchse selbst in Großstädten heimisch geworden sind und ihre Fluchtdistanz sich verringert hat. Werden Fuchsbaue ausgegraben oder säugende Fähen im Straßenverkehr getötet, kann die Aufzucht der zurückgebliebenen Welpen erforderlich werden. Es ist auch schon vorgekommen, dass ein Karton mit „Hundewelpen" abgegeben wurde, die dann aber als Fuchswelpen erkannt wurden. Bei der Aufzucht muss ein enger Kontakt über die Säugezeit hinaus, in der Milch mit der Flasche verabreicht wird, zur Verhinderung einer Fehlprägung vermieden werden. Wird die Aufzucht von Fuchswelpen erforderlich, muss zunächst das Alter zumindest annähernd bestimmt werden.

Dazu sind die folgenden Merkmale heranzuziehen:

- 1. Lebenstag: Geburtsgewicht 100–120 g, Augen und Ohren geschlossen
- Bis 3. Lebenswoche: Fellfarbe nussbraun bis schiefergrau, weißer Brustfleck, weße Schwanzspitze
- Ab 3. Lebenswoche: brauner Schimmer am Kopf, der übrige Körper fahle Farbe, Gewicht ca. 400 g, Welpen laufen und beginnen mit fester Nahrungsaufnahme
- 14.–16. Lebenstag: Öffnen der Augen
- 18.–26. Lebenstag: Durchbruch der Milchzähne
- 5.–7. Woche: nicht mehr auf das Säugen angewiesen

Haltung: Die Haltung erfolgt in abgeschlossenen Räumen mit einer Wurfkiste oder in einem Freilandgehege mit einem mit Heu gepolsterten Schlafhaus als Bauersatz. Eine Wärmelampe ist nur bei tiefen Umgebungstemperaturen und für ganz junge Tiere erforderlich.

Fütterung: In den ersten 4 Lebenswochen werden ausschließlich Milchersatzpräparate für Hunde oder Heilnahrung für Menschen gefüttert, danach allmählich steigender Anteil von Mäusen, Ratten und Eintagsküken, zuerst zerteilt, dann als Ganzkörper mit Fell, zusätzlich Vitamin- und Mineralstoffpräparate für Hunde und Katzen.

Ausschließliche Fütterung mit reinem Fleisch führt zu Verdauungsstörungen infolge von Ballaststoffmangel!

10.6 Marderartige

Die Marderartigen gehören zu den fleischfressenden Landraubtieren. Zu ihnen gehören:

- *Mauswiesel* (Mustela nivalis)
- *Hermelin* (Mustela erminea)
- *Iltis* (Mustela putorius)
- *Baummarder* (Martes martes)
- *Steinmarder* (Martes foina)
- *Dachs* (Meles meles)

Werden die Muttertiere in Fallen gefangen, so bleiben häufig verwaiste Jungtiere zurück, die in menschliche Pflege genommen werden. Andererseits kommt es vor, dass auf Hausböden lebende Steinmarder ihre Jungen zeitweise verlassen, die nachts durch ihr Spiel beträchtlichen Lärm verursachen und leicht in Fallen gefangen werden können. Dies sollte aber unterbleiben, weil die Tiere ja nicht verwaist sind.

Haltung: In Abhängigkeit von der Art, der Größe und dem Alter sollte den Tieren ein Gehege ausreichender Größe (etwa 2,0 × 1,0 × 2,0 m) mit einem dunklen Unterschlupf zur Verfügung stehen. Besonders in den ersten Lebenswochen sind die Tiere kälteempfindlich. Deshalb ist eine Bodenheizung oder ein Strahler erforderlich, der eine Temperatur von 28–32 °C sichert, die dann allmählich reduziert wird.

Fütterung: Gefüttert werden in den ersten Lebenswochen Kunstmilch für Katzen, mit Schlagsahne aufgefettete Kuhmilch oder Ziegenmilch. Man beginnt in den ersten 2 Lebenswochen mit 9–10 Mahlzeiten bei einer 4–6-stündigen Nachtruhe und geht dann allmählich auf 4–6 Mahlzeiten über, die aus Plastikspritzen mit oder ohne aufgesetzte Sauger verabreicht werden. Nach der 2. Lebenswoche kommt eine Mahlzeit gemuste Leber, durch ein Sieb gestrichen und mit 2 Teilen abgekochtem Wasser versetzt, dazu. Mit 4–6 Wochen wird in der Prägephase allmählich auf Fleischkost in Breiform umgestellt (Babymäuse, Ratten, Geflügel).

10.7 Feldhase

Jungtiere des Feldhasen (Lepus europaeus) können aufgefunden werden, wenn ihre Mutter zu Tode gekommen ist. Da Hasenmütter sich von den Jungtieren entfernen, werden bisweilen aber auch junge Feldhasen gefunden und aufgenommen, weil angenommen wird, dass sie von der Mutter nicht versorgt werden, was in den meisten Fällen nicht stimmt. Junge Hasen sind Nesthocker und kommen voll behaart zur Welt, auch die Augen sind wenige Stunden nach der Geburt geöffnet. Die Säugezeit liegt zwischen 2 und 5 Wochen. Ab der 2. Lebenswoche nehmen sie schon zusätzlich feste Nahrung auf.

Haltung: Die Haltung der Jungtiere erfolgt zunächst in Meerschweinchenkäfigen, die mit Rasensoden ausgelegt sind, gegen Regen und Wind geschützt im Freien, dann in größeren Ausläufen. Eine Auswilderung in geeigneten Biotopen kann nach der 5. Lebenswoche erfolgen.

Fütterung: Gefüttert wird zunächst dreimal täglich, bis zur 3. LW kann schrittweise auf eine Mahlzeit reduziert werden. Da die Hasenmilch sehr fettreich ist (23–24 %), sind unterschiedliche Ersatzmilchpräparate mit Schlagsahne zu vermischen. Die Fütterung erfolgt zunächst mit einer Plastikspritze mit oder ohne Sauger, bald darauf kann die Milch in einer flachen Schale angeboten werden. Es ist nicht schlimm, wenn am ersten Tag keine Nahrung aufgenommen wird. Die Ursache dafür kann im Stress der Aufnahme liegen. Nach und nach soll unterschiedliches Grünfutter angeboten werden, ab der 7. Lebenswoche ist die Ernährung voll auf Grünfutter umzustellen.

10.8 Wildschwein

Die Frischlinge der Wildschweine (Sus scrofa ferus) haben im Verhalten und in ihren Bedürfnissen große Ähnlichkeit mit den Ferkeln der Hausschweine. Es kommt nicht selten vor, dass einzelne Frischlinge im Wald gefunden werden, wenn die Bache getötet wurde. Weibliche Tiere können auch als erwachsene Tiere als Haustiere gehalten werden. Keiler dagegen sollten kastriert werden, da sie aggressiv werden können. Vom Menschen aufgezogene Wildschweine sind so stark auf den Menschen geprägt, dass eine Auswilderung nicht möglich ist. Deshalb ist eine Eingliederung in Wildschweinrotten von Wildgehegen zu versuchen.

Haltung: In den ersten 4 Lebenswochen sind Frischlinge wärmebedürftig, d. h. sie brauchen einen Liegeplatz mit einem Wärmestrahler, erst danach können sie ihre Körpertemperatur selbst regeln.

Fütterung: Da sie von der Bache in den ersten beiden Wochen 10–15-mal innerhalb von 24 Stunden gesäugt werden, müssen die Frischlinge auch bei der mutterlosen Aufzucht entsprechend mit einer Ersatzmilch für Ferkel oder

Kuhmilch mit einem Zusatz von Kondensmilch aus einer Flasche mit Sauger versorgt werden. Sie lernen dann auch die Aufnahme der Milch aus flachen Schalen. In der 3. Lebenswoche wird mit der Zufütterung begonnen, die zunächst aus Haferbrei, Reis und gekochten Kartoffeln besteht und zunehmend durch rohes Obst und Gemüse sowie tierisches Eiweiß ergänzt wird.

10.9 Singvogel (Kleinvogel)

Die Singvögel sind ebenso wie Störche, Tauben, Eulen, Greifvögel und Segler Nesthocker, die nach dem Schlupf zunächst fast nackt, blind und hilflos sind. Die häufigsten Arten sind *Sperlinge, Finken, Meisen, Drosseln, Stare, Lerchen, Schwalben* und *Rabenvögel* (Kolkrabe, Dohle, Krähen, Häher). Sie werden als **Nestlinge** bezeichnet, solange sie auf Wärmezufuhr und Fütterung durch ihre Eltern angewiesen und nicht in der Lage sind, zu flüchten. Daran schließt sich die **Ästlingsphase**, in der die Jungvögel voll befiedert das Nest verlassen, aber noch nicht voll flugfähig sind, in dessen Umgebung bleiben und von den Eltern gefüttert werden. Es handelt sich deshalb nicht um verlassene Jungvögel! Sie sind keinesfalls zu greifen! Nur bei akuter Gefährdung, beispielsweise durch Katzen oder den Verkehr, sollten sie aus dem Gefahrenbereich gebracht und auf Sträucher oder Bäume gesetzt werden. Damit sie weiterhin Kontakt zu den Eltern halten können, muss die Distanz zur Fundstelle möglichst gering sein. In seltenen Fällen wird die Aufzucht von Nestlingen erforderlich. Hinsichtlich der Ernährung der adulten Singvögel ist zu beachten, dass es Körnerfresser mit einem kegelförmigen Schnabel und Weichfresser mit einem längeren und dünnen Schnabel gibt.

Haltung: Aus Heu und Stroh wird in einem Korb oder einer Blumenschale ein Nest geformt, keinesfalls aus faserndem Material, das mit Zellstoff oder einem Papiertaschentuch ausgelegt wird. Dieses wird in einen Vogelkäfig gestellt, um ein Entweichen der Insassen zu verhindern. Als Wärmequelle dient eine Glühlampe (40–60 W, möglichst mit rotem oder blauem Wasserfarbenanstrich) oder ein UV-Dunkelstrahler (Abstand beachten!) zur Erzeugung einer Umgebungstemperatur von 37 °C.

Fütterung: Da Nestlinge schwer einer der beiden Nahrungsgruppen (Körner- oder Weichfresser) zuzuordnen sind, werden sie zunächst einheitlich mit Insekten, Würmern und Schnecken sowie gekochtem Ei und Zwiebackbrei gefüttert. Wenn dann die Körnerfresser an der Schnabelform erkennbar sind, beginnt eine allmähliche Umstellung durch zusätzliche Verabreichung von Samen und Haferflocken oder handelsüblicher Kanarienaufzuchtmischung.

Die Fütterung geschieht tagsüber stündlich zweimal mit größter Vorsicht mit einer Pinzette in den aufgesperrten Rachen. Gesättigte Tiere liegen ruhig im Nest, das Sperren der Schnäbel erfolgt bei Hunger und kann durch leichte Erschütterung des Nests ausgelöst werden.

⚠

Natürliche Nester wegen der Gefahr der Parasiteneinschleppung nicht verwenden! Einige Arten (Kreuzschnabel, Girlitz, Grünling, Hänfling) sind absolute Vegetarier und dürfen keinesfalls Insekten, Würmer oder gekochtes Ei bekommen!

10.10 Greifvogel

Zu den Greifvögeln gehören *Uhu, Falke, Sperber, Bussard, Habicht, Roter Milan* und *Seeadler.* Der Fall eines jungen Uhus, der aus dem Nest gefallen und in eine Wildtierstation verbracht, von dem Uhu-Beobachter vermisst und nach wenigen Tagen zurück in seinen Horst zu Eltern und Geschwistern gesetzt wurde, zeigt, wie wichtig die Vernetzung von Wildtierstationen und -betreuern ist.

Neben im Straßenverkehr verletzten Bussarden werden auch Seeadler mit Bleivergiftung aufgefunden. Diese Tiere müssen umgehend in spezialisierte Einrichtungen verbracht und tierärztlich versorgt werden, obwohl auch dann die Sterblichkeitsrate hoch ist. Um Verletzungen durch Schnabelhiebe und die krallenbewehrten Fänge zu vermeiden, sind die Tiere mit geeigneten Handschuhen zu ergreifen oder mit einer Decke oder dergleichen zu bedecken, um die Fänge oder den Schnabel zu fixieren.

Haltung: Die Tiere sind in einem abgedeckten Behältnis (Transportbehälter oder Karton, mit ausreichenden Lüftungsöffnungen), dessen Maße in allen drei Raumdimensionen nur geringfügig über die Körperlänge hinausgehen, in einem ruhigen Raum abzustellen, damit sie zur Ruhe kommen. Einstreu ist nicht erforderlich, stattdessen eine Einlage von Papier oder einem Handtuch. Unverzüglich ist Kontakt mit der zuständigen unteren Naturschutzbehörde aufzunehmen, um eine Überführung in eine Wildtieraufnahmestation zu erreichen.

Fütterung: Jungtiere erhalten 3–6 Fütterungen am Tag, frisch getötete Ratten, Mäuse, Eintagsküken, zusätzlich faschiertes Fleisch von Geflügel und Kaninchen. Futterbrocken werden vor dem Schnabel bewegt, bis die Tiere sie aufnehmen. Wenn dies keinen Erfolg hat, kann das eine Folge der Aufregung durch Absturz aus dem Horst, Fang und Transport sein. Nach einiger Zeit erneut versuchen! Eine Zwangsfütterung sollte nur von erfahrenen Personen vorgenommen werden. Wenn die ersten Federn aus den Blutkielen geplatzt sind, muss die Ration mindestens zweimal in der Woche zu einer Mahlzeit Federn, Haare und kleine Knochen zur Gewöllebildung enthalten. Es ist darauf zu achten, dass das Gewölle vor der nächsten Fütterung ausgewürgt wurde.

10.11 Fledermaus

Weltweit gibt es 900 Fledermausarten, von denen 24 in unterschiedlicher Populationsdichte in Deutschland vorkommen, die nach BArtSchV als besonders geschützte Tiere gelten. Fledermäuse sind nachtaktiv und verbringen die Tage in Baumhöhlen oder auf Dachböden. Sie überwintern in Kellern oder verlassenen Gebäuden, in dickwandigen Baumhöhlen, Felsspalten oder Mauerrissen, in denen die Temperaturen konstant bei 7–12 °C liegen und eine hohe Luftfeuchte herrscht. In den Monaten August und September kann es passieren, dass unerfahrene Jungtiere einzeln oder in Gruppen durch angekippte Fenster in Wohnungen eindringen und an Gardinen und Vorhängen den Tag verschlafen. Problemlos verlassen sie ihr gewähltes Quartier abends durch ein geöffnetes Fenster. Durch Kippfenster können sie ein-, aber nicht ausfliegen!

Da Fledermäuse das Ergreifen als Angriff auffassen, wehren sie sich durch Beißen. Deshalb sollten sie nur mit Handschuhen ergriffen werden, zumal sie auch Träger eines Tollwutvirus sein können, das sich vom Virus der Wildtollwut unterscheidet, aber auch auf den Menschen und andere Tiere übertragbar ist. Werden Fledermäuse aufgefunden, sollte unverzüglich Verbindung zum NABU (www.fledermausschutz.de) aufgenommen werden, der in allen Bundesländern Landesarbeitsgemeinschaften zum Fledermausschutz mit regionalen Untergruppen hat.

Die Art- und Altersbestimmung ist für den Laien schwierig. Jungtiere werden blind und nackt geboren und sind erst im Alter von 3 Wochen voll behaart. Sie werden in Abhängigkeit von der Art bis zu 6 Wochen gesäugt, mit 6–8 Wochen sind sie als selbstständig anzusehen. Unverletzte Tiere sollten in der Nähe ihres Fundorts ausgesetzt werden, wobei wie folgt vorzugehen ist: Ein unten zugebundenes Säckchen mit der Fledermaus aufhängen, am Abend öffnen, um die Möglichkeit zum Ausflug zu geben.

Haltung: Fledermäuse werden locker mit der ganzen Hand ergriffen, mit den Händen wird dann eine Höhle gebildet. Für einen Transport wird ein kleiner Karton benutzt. Im Dunkeln beruhigen sich die Tiere. Für die vorübergehende Unterbringung sind Transportbehälter für Katzen geeignet, wenn die Lüftungsöffnungen nicht größer als 5 mm sind. Schuhkartons werden mit Luftlöchern versehen und auf eine Seite gestellt, um eine Höhe von etwa 20 cm zu erreichen. Sie müssen verschnürt werden, um das Entweichen zu verhindern. Um den Tieren das Hängen zu ermöglichen, sollte ein Papiertaschentuch oder ein Stück Stoff (nicht fasernd) an der höchsten Stelle befestigt werden.

Fütterung: Da die Tiere häufig ausgetrocknet sind, wird zunächst Wasser mit einer Pipette auf die Umgebung der Maulspalte getropft, das vom Tier aufgeleckt wird. Gefüttert werden Mehlwürmer in 5–7 Mahlzeiten, zunächst von Hand, dann aus einem Futtergefäß. Fledermäuse sind in der Lage, die Futtertiere nach ihren Bewegungsgeräuschen zu orten! Die Futtermenge beträgt 20–25 % des Körpergewichts, ein Fastentag pro Woche ist einzulegen.

Keinesfalls Unterbringung in Vogelkäfigen wegen der Gefahr von Frakturen der Flügelknochen und des Einreißens der Flughäute!
Hunde- oder Katzenfutter wird unter Umständen gefressen, führt jedoch zu Verdauungsstörungen!
Übergewicht führt zu Flugunfähigkeit, deshalb die angegebene Futtermenge einhalten!

Anhang

Literatur

Anonym. Heimtiere in mehr als einem Drittel der Haushalte, Zoologischer Zentralanzeiger (Zentralverband Zoologischer Fachgeschäfte, ZZF) 6/2012

Bundesverband für fachgerechten Natur- und Artenschutz e. V. Schulungsordner Kleinsäuger 2003.

Bundesverband für fachgerechten Natur- und Artenschutz e. V. Schulungsordner Terraristik 2004.

Bundesverband für fachgerechten Natur- und Artenschutz e. V. Schulungsordner Vögel 2003.

Deutscher Tierschutzbund. Das Tierschutzhandbuch – Praktischer Leitfaden für Tierschutzvereine und Tierheime im Deutschen Tierschutzbund e. V. 2. Auflage. Bonn: Deutscher Tierschutzbund 2003.

Deutscher Tierschutzbund. Tierheimordnung des Deutschen Tierschutzbundes e. V., Bonn 2010

Fröhlich T et al. Haltung und Betreuung von Tieren in Tierheimen, Teil 1: Hunde. Amtstierärztlicher Dienst 1/2002; 9: 36–9.

Hohmann U, Bartussek I. Der Waschbär. Reutlingen: Oertel + Spörer 2001.

Hollmann P. Tierschutzgerechte Unterbringung von Heimtieren – Tips für die Beratung in der Kleintiersprechstunde. Tierärztl. Prax. 1988; 16: 227–36.

Industrieverband Heimtierbedarf e. V. Umsatz- und Strukturdaten 2011. Zoologischer Zentralanzeiger 6/2012.

Kusan D et al. Gutachten über Mindestanforderungen an die Haltung und Betreuung von Tieren in Tierheimen, Teil 2: Katzen. Amtstierärztlicher Dienst 2/2003; 10: 176–9.

Langer H. Das Tierheim. Emmendingen: Verlag Kesselring 1985.

Lasar S. Untersuchungen zum Hygienemanagement in Tierheimen. Vet. Med. Diss. Leipzig 2013.

LdT Nordrhein-Westfalen. Leitfaden für die Betreuung von Tierheimen. CD. 2007.

Müller W, Schlenker G. Zucker B. Kompendium der Tierhygiene, 4. Auflage. Berlin: Lehmanns Media 2011.

Olbrich E. Nutzen der Mensch-Tier-Beziehung aus psychologischer Sicht. 10. Tagung der DVG-Fachgruppe Ethologie und Tierhaltung München, Gießen: DVG Service GmbH 2007.

Plass J. Tierfindlinge. Aufzucht, Pflege, Auswilderung. 2. Auflage. Stuttgart: Verlag Eugen Ulmer 2006.

Rogner M. Terrarium, Franck-Kosmos Verlag Stuttgart 2010

Rusch T. Tierärztliche Empfehlungen zu Einrichtung und Betrieb von Tierheimen für Hunde und Katzen. Vet.-med. Dissertation. Hannover 1998.

Sambraus HH, Steiger A. (Hrsg.). Das Buch vom Tierschutz. Stuttgart: Enke-Verlag 1997.

Verwaltungs-Berufsgenossenschaft. Arbeitssystem Tierheim. Leitfaden für eine präventive Arbeitsgestaltung in der Tierpflege. Wiesbaden: BC Verlags- und Mediengesellschaft 2004.

Wendland B. Die integrierte tierärztliche Bestandsbetreuung in der Kleintiermedizin am Beispiel der Betreuung eines Tierheimes, Prakt. Tierarzt 2010, 648–656

Wilson EO. In Search of Nature. London: Penguin Books 1996.

Wolff B. 300 Fragen zur Landschildkröte, GU-Kompass, Gräfe und Unzer Verlag, München 2011

Weiterführende Literatur

Von folgenden Verlagen liegen Publikationen zu zahlreichen Tierarten vor:

- Eugen Ulmer Verlag, Stuttgart
- Gräfe und Unzer Verlag, München
- Kosmos Verlag, Stuttgart
- Natur und Tier-Verlag, Münster
- Oertel + Spörer Verlag, Reutlingen

Hilfreiche Internetadressen

www.bag-kleinsaeuger.de
www.bioclimatic.de
www.dogworld-stiftung.de
www.eichhoernchen-schutz.de
www.exotische-kleinsäuger.de
www.fledermausschutz.de
www.herz-fuer-tiere.de

www.hoch-rep.com
www.ig-chinchilla.de
www.papageienschutz-aktuell.de
www.papageien-partnervermittlung.de
www.pro-igel.de
www.rodent-info.net
www.schlievet.de
www.tieraerzteverband.de
www.tierheim-stiftung.de
www.tierschutzbund.de
www.vbg.de

Gesetze und Verordnungen

Binnenmarkt-Tierseuchenschutzverordnung (BmTierSSchV) i. d. g. F. v. 6. April 2005.

Bundesartenschutzverordnung (BArtSchV) v. 16. Februar 2005.

Bundesjagdgesetz (BJagdG) v. 29. September 1976, zuletzt geändert durch Art. 3 G. v. 6.12.2011.

Bundesnaturschutzgesetz (BNatSchG) i. d. g. F. v. 25. März 2002.

Bürgerliches Gesetzbuch (BGB) i. d. g. F. v. 7. Juli 2005.

Gesetz zur Beschränkung des Verbringens und der Einfuhr gefährlicher Hunde in das Inland (Hundeverbringungs- und Einfuhrbeschränkungsgesetz – HundVerbrEinfG) v. 12. April 2001.

Gesetz zur Durchführung gemeinschaftsrechtlicher Vorschriften über die Verarbeitung und Beseitigung von nicht für den menschlichen Verzehr bestimmten tierischen Nebenprodukten (Tierische Nebenprodukte-Beseitigungsgesetz – TierNebG in der Fassung vom April 2006)

Österreich: Verordnung der Bundesministerin für Gesundheit und Frauen über Mindestanforderungen an Tierheime (Tierheim-Verordnung-THV) BGBl II Nr. 490/2004

Tiergesundheitsgesetz (TierGesG) v. 22. Mai 2013 (gültig ab 1. Mai 2014)

Tierschutzgesetz (TierSchG) i. d. g. F. v. 22. Juli 2009.

Tierschutz-Hundeverordnung (TierSchHuV) v. 2. Mai 2001.

Tierschutztransportverordnung (TierSchTrV) i. d. g. F. v. 11. Februar 2009.

Verordnung (EG) Nr. 1/2005 des Rates vom 22. Dezember 2004 über den Schutz von Tieren beim Transport und damit zusammenhängenden Vorgängen sowie zur Änderung der Richtlinien 64/432/EWG und 93/119/EG und der Verordnung (EG) Nr. 1255/97 (Amtsblatt der Europäischen Union v. 5. Januar 2005 L3/1–44).

Verordnung zum Schutz gegen Psittakose und Ornithose (Psittakose-Verordnung) i. d. g. F. v. 21. August 2002.
Verordnung(EG) Nr. 1069/2009 des Europäischen Parlaments und des Rates vom 21. Oktober 2009 mit Hygienevorschriften für nicht für den menschlichen Verzehr bestimmte tierische Nebenprodukte und zur Aufhebung der Verordnung (EG) Nr. 1774/2002 , Kategorie 2
Verordnung zur Durchführung des Tierische Nebenprodukte-Beseitigungsgesetzes (Tierische Nebenprodukte-Beseitigungsverordnung – TierNebV in der Fassung vom Juli 2007).

Gutachten, Empfehlungen und Leitlinien

Deutsche Impfempfehlungen für Hunde, Katzen, Frettchen und Kaninchen, BpT e. V., unterstützt von der Deutschen Gesellschaft für Kleintiermedizin (DGK-DVG) und mit Beteiligung der Deutschen Impfstoffindustrie 2006.
Gutachten über Mindestanforderungen an die Haltung von Greifvögeln und Eulen. BMELF 1995.
Gutachten über Mindestanforderungen an die Haltung von Kleinvögeln. Teil 1: Körnerfresser. BMELF 1996.
Gutachten über Mindestanforderungen an die Haltung von Papageien. BMELF 1995.
Gutachten über Mindestanforderungen an die Haltung von Reptilien. BMELF 1997.
Gutachten über Mindestanforderungen an die Haltung von Säugetieren. BMELF 1996.
Gutachten über Mindestanforderungen an die Haltung von Straußenvögeln (außer Kiwis). BMELF 1994.
Leitlinien zur Beurteilungen von Pferdehaltungen unter Tierschutzgesichtspunkten. BMVEL 2009.
Leitlinien für die Integrierte Tierärztliche Betreuung von Tierheimen, bpt 2011
Leitlinie zur Impfung von Kleintieren, Ständige Impfkommission Vet., 2. Auflage, Juli 2013

Merkblätter der Tierärztlichen Vereinigung für Tierschutz e. V.

Die Merkblätter stehen unter www.tierschutz-tvt.de zum Download zur Verfügung.

- Nr. 43: Empfehlung zur Haltung von Hauskatzen 2012

- Nr. 78: Kaninchenhaltung (herkömmlich, intensiv) 2009.
- Nr. 93: Artgerechte Ziegenhaltung 2003.
- Nr. 94: Artgemäße Haltung von Mini-Pigs 2003.
- Nr. 96: Artgemäße nutztierartige Straußenhaltung 2011
- Nr. 106: Zum Einsatz von Alleinfuttermitteln bei Hunden und Katzen 2006.
- Nr. 108: Verhalten beim Aufeinandertreffen mit einem freilaufenden Hund 2006.
- Nr. 110: Muster-Tierheimordnung 2006.
- Nr. 113: Hundeimporte aus Süd- und Osteuropa 2012.
- Nr. 120: Kastration von Hunden und Katzen 2011
- Nr. 126: Merkblatt zur Haltung von Miniponys 2010

Merkblätter für Tierhalter:
- Europäische Landschildkröten
- Degus
- Chinchillas
- Hamster
- Kaninchen
- Mäuse
- Meerschweinchen
- Ratten
- Rennmaus
- Kanarienvögel
- Zwerghamster

Weitere Merkblätter z.Zt. in Überarbeitung

Informationsblätter des Deutschen Tierschutzbunds e. V.

Die Informationsblätter stehen unter www.tierschutzbund.de zum Download zur Verfügung.
- Welches Tier passt zu mir?
- Tierschutz-Hundeverordnung
- Frei lebende Katzen
- Animal Hoarding – Die Sucht, Tiere zu sammeln
- Machen Sie ihr Haustier unverwechselbar
- Der Hund aus zweiter Hand/Die Katze aus zweiter Hand
- Haltung von Hunden, Katzen, Kaninchen, Meerschweinchen, Ratten, Farbmäusen, Goldhamstern, Kanarienvögeln, Wellensittichen, Pferden usw.

Sachverzeichnis

S

T